电子信息前沿技术丛书

基于频谱数据分析的
电磁行为识别
和网络结构挖掘

姚昌华　马文峰　田辉　王聪　阚常聚　著

清华大学出版社
北京

内 容 简 介

随着无线通信的快速发展和普及,电磁频谱空间安全已经成为国家战略关注的重点问题之一。其中,对无形的电磁信号进行行为识别,是电磁频谱空间军事对抗的核心技术,是对电磁空间进行有效管控的基础保证,也是维护网络空间安全以及相关反恐维稳行动的基础支撑。本书紧密围绕电磁行为识别和网络结构挖掘展开阐述。全书共 8 章,首先详细分析了电磁频谱空间的战略意义和电磁行为分析的重要作用,归纳了电磁频谱数据分析技术基础与研究现状,然后分别针对电磁行为识别和网络结构挖掘相关的重点技术,包括电磁通联行为识别、电磁辐射源无源定位、网络结构挖掘等进行了深入探讨,详细介绍了相关的问题分析、模型建立、算法设计和实验结果,系统梳理了近年来的研究成果,并提出开放性的探讨思路。

本书适合高等院校网络空间安全、无线通信及相关专业的本科生、研究生阅读,也可供从事电磁空间安全、频谱数据分析等研究的相关科技人员参考。

图书在版编目(CIP)数据

基于频谱数据分析的电磁行为识别和网络结构挖掘/姚昌华等著. —北京:清华大学出版社,2022.8
(2023.7重印)
(电子信息前沿技术丛书)
ISBN 978-7-302-60486-0

Ⅰ. ①基… Ⅱ. ①姚… Ⅲ. ①电磁波—频谱—数据处理—研究 Ⅳ. ①TN911.72

中国版本图书馆 CIP 数据核字(2022)第 057486 号

责任编辑:文 怡 李 晔
封面设计:王昭红
责任校对:韩天竹
责任印制:曹婉颖

出版发行:清华大学出版社
    网   址:http://www.tup.com.cn, http://www.wqbook.com
    地   址:北京清华大学学研大厦 A 座   邮   编:100084
    社 总 机:010-83470000   邮   购:010-62786544
    投稿与读者服务:010-62776969, c-service@tup.tsinghua.edu.cn
    质量反馈:010-62772015, zhiliang@tup.tsinghua.edu.cn
    课件下载:http://www.tup.com.cn,010-83470236
印 装 者:北京鑫海金澳胶印有限公司
经 销:全国新华书店
开 本:185mm×260mm 印 张:17.5   字   数:429 千字
版 次:2022 年 10 月第 1 版   印   次:2023 年 7 月第 2 次印刷
印 数:1501~2000
定 价:79.00 元

产品编号:095101-01

前言

FOREWORD

电磁频谱空间主导权争夺,是未来战场主动权掌控、反恐维稳、舆情控制、突发情况处置等重要事件处理的关键,相关技术具有广泛的应用前景。电磁频谱空间安全技术,是充满新的挑战和机遇的核心技术竞技场,是我国在非传统领域实现弯道超车、抢占战略技术制高点的希望所在。

国家对电磁行为分析的需求迅速增长,无论是国防系统、公安系统还是工业系统,尤其是军事、反恐维稳、民用发展、频谱秩序等领域,对于电磁行为的管控需求日益迫切。无线频谱数据分析在电磁频谱空间安全中的运用日益广泛和深入,是新兴的技术发展领域之一。

本书聚焦电磁频谱空间安全这一新兴关键领域的核心技术,重点关注基于非内容的通联行为识别和网络拓扑分析,不依赖于信号波形、通信协议等先验知识以及通信内容的解析,主要采用信号统计分析的方法,从频谱数据的宏观规律出发,从频谱数据中挖掘行为特征,避免传统技术基于内容分析所面临的信息获取难、隐私保护利益冲突、伪装数据难甄别等一系列技术和非技术困难,充分利用最新的大数据技术,从行为画像的角度提取有用信息,适应大数据时代的频谱分析和监管要求,减少对先验信息的依赖,增强方法的适用性。

本书基于作者在相关领域的研究和思考,系统梳理电磁行为识别和网络结构挖掘的特点,基于频谱数据分析方法挖掘其独有的潜力,选择合理的技术路线,对基于非内容获取的电磁行为分析问题进行探索。按行为分析的关键要素,从电磁通联行为识别、电磁辐射源无源定位、理想和非理想情况下的网络拓扑挖掘以及利用深度学习进行行为分析等几个方面,进行主题式的讨论和研究,给出问题、模型、方法以及实验结果,希望对读者的相关学术研究起到启发作用。本书写作以问题牵引的研究性风格为主,给予读者研究问题、解决问题的思维启发和技术引导,并提供进一步的开放讨论空间。

本书的主要内容包括:第1章,绪论;第2章,电磁频谱数据分析技术基础与研究现状;第3章,基于频谱数据分析的通联行为识别;第4章,基于分布式频谱监测的电磁辐射源无源定位;第5章,基于频谱数据分析的网络拓扑挖掘;第6章,非理想环境下的网络拓扑挖掘;第7章,基于时间特征的深度学习电磁通联行为识别;第8章,基于模型压缩快速学习的电磁通联行为识别。读者可以根据自身需要,按顺序或者选择性地阅读。本书面向的对象是高等院校网络空间安全、无线通信及相关专业的本科生、研究生,也可供相关科技人员参考。当然,本书只是作者在该领域研究的梳理和思考总结,如需更为全面地了解相关研究,可以仔细阅读本书所列参考文献以及更多的专业书籍和学术论文。

十分感谢韩贵真、刘昌坤、潘婷、张海波、王文宇等同志的全力支持,感谢朱磊、倪明放、俞璐、武欣嵘、王磊等老师的指导。本书的创作过程离不开很多人的帮助,无法在此一一列出进行感谢。感谢在写书的过程中我的家人对我的鼓励和信任。最后,感谢清华大学出版社以及文怡编辑全程对我的帮助。由于本人水平有限,书中难免存在纰漏,欢迎读者批评指正,不胜感激。

姚昌华

南京信息工程大学

2022 年 5 月

目录

CONTENTS

第1章

绪　　论

电磁频谱,是国家信息化时代必备的、稀缺的战略资源,也是大国竞争中的战略制高点之一,同时也是维护国家安全的重要战场之一。电磁频谱空间的争夺及其带来的技术发展,是信息化时代迅速崛起的、地位日益凸显的关键领域,同时也是充满新的挑战和机遇的核心技术竞技场,是我国在非传统领域实现弯道超车、抢占战略技术制高点的希望所在。

1.1　电磁频谱空间的战略意义

电磁频谱空间作为国家新型安全领域之一,是形成网络信息体系联合作战能力的有力支撑。随着军事信息化作战力量高速发展,战场用频设备数量呈现爆炸式增长。掌握了电磁频谱战的主动权将在信息化战争中占得先机。电磁频谱贯穿"海、陆、天、空、网"所有作战空间,是未来作战的搏杀重心,已成为可以与机械动力、火力相提并论的新型战斗力和战争资源[1]。电磁空间是唯一能够支持机动作战、分散作战和高强度作战的理想媒介。美国国防部将其称为第六作战空间,并已经开展行为学习自适应电子战(BLADE)、认知通信电子战计划和认知干扰(CJ)项目等研究项目,旨在以灵巧、迅速、有效的手段获取电磁频谱空间的主动权。

1.1.1　军事领域的重要意义

在军事领域,为有效应对未来信息化战争中的电磁频谱空间争夺,需要大力发展相关领域的理论和技术。从现代战场环境的角度来说,无线装备越来越多,战场电磁环境越来越复杂,严重威胁着武器装备的安全和效能发挥,争夺制信息权成为现在信息化作战的主要行动。随着社会和军队信息化程度的不断提高,在现代战争条件下,信息化战场上的电子装备种类和型号也日益繁杂,分为情报侦察、指挥通信、导航定位、电子对抗、武器控制等十几个种类、数千个型号,辐射源数量多,信号密度大,波形复杂多变,不同的辐射源在越来越宽的工作频段范围内重叠交叉,以及敌对双方对电磁资源的争夺与破坏,都导致战场空间的电磁环境空前复杂。充分认清和了解复杂电磁环境对作战的影响,合理运用己方的电子信息武器,构建有利于己而不利于敌的复杂电磁环境,是夺取制电磁权乃至夺取战争主动权的前提和基础。从军事行动方面来说,现代战争是多兵种协同作战的战争,由此促进了军队海陆空天信息化高速发展。空间电磁环境日益复杂,电磁空间的斗争空前激烈,对军事行动能否顺利展开产生了深远影响。在未来的信息化战场上,想要夺取制信息权,其基础是夺取制电磁权。所谓的复杂电磁环境,即战场上空,存在各种影响装备使用的辐射源信号,包括各种雷达信号、广播和通信信号、导航信号等,也包括目标回波信号、敌方干扰信号、噪声干扰等。要想夺取制电磁权,首先必须摸清战场上存在哪些电磁信号,这些电磁信号哪些是敌方的信号,哪些是我方的信号,哪些信号会对我方装备产生干扰。准确获取电磁频谱空间的态势、掌握分析电磁行为规律和电磁通联网络结构,是支撑未来军事行动的关键。我国在未来信息化战场将面临高技术强敌在电磁频谱空间的严重威胁,如果不能占据电磁空间争夺的主动权,某种意义上将使我军多年信息化建设的成果不能在未来军事行动中得到发挥,甚至成为受制于人的弱点。由此可见,在信息化条件下,夺取电磁频谱空间的主动权,是确保我军发挥信息化优势的关键保证。

1.1.2 民用领域的重要意义

在民用领域,电磁频谱已经成为信息时代不可或缺的国家战略资源,是支持移动通信的理想媒介。但电磁频谱资源同时面临资源利用和使用安全两方面的难题。从资源利用的角度来说,随着信息时代的飞速发展,移动互联网、物联网、互联网+、大数据、机器人等新兴技术和服务不断涌现,各类智能终端持续普及,新型无线多媒体业务量呈现爆炸式增长。无线数据业务的极速增长带来了频谱需求的迅猛增长,而频谱资源是有限的,频谱稀缺问题日益突出[2]。世界各国都在致力于研究如何更加充分地使用电磁频谱资源。从电磁频谱使用安全的角度来说,我国电磁频谱使用的安全性和可靠性正面临着前所未有的严峻挑战。一方面,随着软件无线电设备(如美国国家仪器公司生产的 USRP 和微软公司设计的 SORA)以及相关开源技术的普及,个人即可开发出集宽带感知和干扰于一体的智能无线攻击系统。这些系统往往以智能干扰为先期攻击手段,扰乱和破坏被干扰系统的正常工作模式,使其暴露出安全漏洞,作为后续攻击的基础。比如,近年来臭名昭著的"伪基站"系统,为迫使移动用户从安全协议相对完善的 4G 网络回降到漏洞较多的 2G 网络,大多采用对 4G 网络释放有针对性的灵巧干扰的方法。另一方面,随着我国无线电事业的迅猛发展,无线电新技术、新业务的广泛应用,无线通信设备数量的急剧增加,相应的干扰现象也更加严重,特别是对航空通信、水上通信等安全业务的干扰,直接威胁到社会稳定、国家安全和人民生命财产的安全。

综上所述,电磁频谱空间的战略意义重大,无论是军事竞争、民用发展还是国家安全,都离不开电磁频谱空间的有效掌控和高效使用。相关理论和技术进步日新月异,其发展必将成为大国战略竞争的主战场之一。

1.1.3 电磁空间主权的激烈争夺

电磁频谱空间的对抗,已经成为现代战场主动权争夺的首要和关键。获取制电磁权是打赢现代战争的先决条件,失去制电磁权,必将失去制海权、制空权。战场电磁环境更加错综复杂、瞬息万变,有效控制电磁频谱不仅能对情报侦察、火力打击、指挥控制、机动作战、后勤保障和部队防御等作战功能产生重要作用,更可为在陆、海、空、天和网络空间内实施威慑行动、维稳行动、人道主义救援行动、常规作战以及非常规作战等各类军事行动提供主动权支撑,便于掌控军事行动的各个阶段。面对世界范围内电磁频谱竞争的不断升级,美军先后出台联合频谱构想、国防部频谱战略规划以及"频谱战"战略等顶层指导文件,以解决作战行动中的制电磁频谱权的问题,即在满足己方部队用频需求的同时,拒止敌方对电磁频谱的有效使用。2014年美国国防部发布的2013电磁频谱战略报告[3]中指出为了充分掌握制电磁权,需要发展实时频谱操作的能力,提高应对正在发生的频谱管理和政策上变化的反应力,开发包含电磁频谱相关信息的军事任务地图,以评估并应对未来潜在频谱威胁(如频谱压制)对任务的影响。

美军自2010年起先后启动了自适应电子战行为学习(BLADE)、自适应雷达对抗(ARC)、认知干扰机(CJ)和认知电子战计划(CEW)等研究项目。相关成果在2016年后取得了实质性进展,陆续将研究成果部署到F-18、F-35、EA-18G电子战飞机、海军下一代干扰机等作战平台。

表1-1列举了部分美国和中国关于通信抗干扰的研究的典型项目。如表1-1所示,美国国防部高级研究计划局(DARPA)主导的极端RF频谱环境下通信(CommEx)项目旨在研究剧烈干扰条件下的可靠通信手段,竞争激烈环境中的通信(C2E)项目致力于研究难以被干扰检测的隐蔽通信技术,超宽带可用射频通信(HERMES)项目采用超宽带扩频通信解决抗干扰和信号破坏问题,频谱协同挑战赛(SC2)有力促进了人工智能与频谱对抗的融合。

在国内,近年国家自然科学基金也资助了多个智能抗干扰相关的研究项目,代表性项目主要包括:电子科技大学唐万斌教授的重点项目"面向复杂电磁环境的自进化智能抗干扰通信机理与方法",电子科技大学邵士海教授的面上项目"无线通信人工智能抗干扰关键技术研究",西安电子科技大学李赞教授的国家杰出青年科学基金项目"智能隐蔽通信理论与关键技术"以及厦门大学肖亮教授的面上项目"无人机智能抗干扰通信技术研究"。相关项目明显倾向于人工智能赋能的通信抗干扰研究,有力推动了通信抗干扰技术的智能化。

表1-1 部分通信抗干扰相关典型项目

序号	机 构	项 目
1	DARPA	极端RF频谱环境下通信(CommEx)
2	DARPA	竞争激烈环境中的通信(C2E)
3	DARPA	超宽带可用射频通信(HERMES)
4	DARPA	频谱协同挑战赛(SC2)
5	电子科技大学	面向复杂电磁环境的自进化智能抗干扰通信机理与方法
6	电子科技大学	无线通信人工智能抗干扰关键技术研究
7	西安电子科技大学	智能隐蔽通信理论与关键技术
8	厦门大学	无人机智能抗干扰通信技术研究

1.2 电磁频谱数据分析的重要作用

1.2.1 电磁频谱资源的管理地位日益凸显

频谱是无线信号赖以传输的媒介,是有限的宝贵资源。长期以来,为了保证各种无线业务和网络互不干扰地共存,频谱管理部门将可用的频谱资源划分成若干个非重叠频段,固定授权给各种无线业务和网络使用[4]。因其操作简单、维护和管理方便,这种静态的固定频谱分配方式在无线通信发展初期取得了很好的效果。然而,近年来,随着移动互联网与物联网的迅猛发展,个人无线设备(如智能手机、平板电脑、车载无线设备等)数量呈现指数级增长,人们对无线频谱资源的需求与日俱增,频谱赤字现象日益严峻:目前绝大部分可用频段都已授权给各种商用或军用无线通信系统,大量的新增无线业务与技术因难以获得稳定的频段而无法进行应用推广[5]。美国《时代》周刊 2010 年 3 月 22 日封面文章《对未来 10 年的10 个观点》(*10 ideas for the next 10 years*)[6]中提出,无线频谱将取代石油成为众人争夺的"黑金"(Black gold)。

在推动动态频谱接入发展的过程中,世界众多国家和地区政府部门积极参与其中,起到了很好的导向作用。特别是:2002 年 6 月,美国 FCC 率先成立频谱政策工作组(Spectrum policy task force)[7],主要使命为修订频谱政策,改善无线频谱使用情况;同年 12 月,发布了著名的《频谱政策工作组报告》(*Spectrum policy task force report*)[8],报告中重新回顾了过去 90 年的频谱政策情况,并明确指出,现行频谱政策难以满足市场不断增长的频谱需求;同时,该报告基于频谱实测分析指出,已授权频谱的利用率很低,存在严重的频谱浪费情况。2003 年,DARPA 的战略技术办公室(Strategic technology office)最先设立了基于动态频谱接入的下一代无线通信项目(neXt Generation program)[9],其目标是研发频谱动态使用的核心技术和系统,以支持全球范围内的军事通信。2004—2007 年,欧盟开展了 E2R(End-to-end reconfigurability)项目研究[10];在此基础上,2008—2009 年,欧盟进一步启动E3(End-to-end efficiency)项目[11],致力于将动态频谱接入技术整合进 Beyond 3G 系统,为用户提供无缝的异构网络接入服务。2005 年,我国在国家高技术研究发展计划(863 计划)中首次启动了课题资助"认知无线电与动态频谱接入"的项目;2009 年,我国在国家重点基础研究发展计划(973 计划)中启动了"频谱监测网络基础理论与关键技术研究"项目;同年,我国国家自然科学基金委信息科学部启动了认知无线电领域重点项目群的研究。2010年,电磁频谱管理作为我国军民融合重大研究课题,列入《统筹经济建设和国防建设十二五规划》二十个重大工程之中,频谱资源管理模式的转变问题引起国家和军队的高度重视。此外,近五年来,每年度的世界无线电通信大会(World Radiocommunication Conference,WRC)都将动态频谱接入作为会议的研讨主题之一,会上来自世界各国的频谱管理部门共同商讨频谱动态使用的具体规则的制定。

1.2.2　电磁频谱空间的安全问题日益突出

随着无线通信的迅猛发展,电磁频谱使用的安全问题日益增多。由于无线网络通信中无线信道的开放性,用户传输的信号极易被发射的电子信号影响,因此造成无线传输的有效性与可靠性下降。随着人们对移动互联网的需求日益增长以及各项新型移动业务的出现,持续增长的海量数据使无线通信面临前所未有的挑战。用频需求急速增长导致无线通信系统遭受各种各样的安全威胁[12]。无线网络以移动可便携与灵活性的优势取代了固定的有线网络,但是却更易遭受各种各样的干扰攻击。与有线网络相比,无线网络独特的传输介质差异使无线信道极易受到被动窃听攻击、欺骗伪装攻击、拒绝服务攻击以及主动干扰攻击等[13]。恶意用户可以通过窃听或者发送欺骗信号使自己获得信任的方式来窃取有用信息,或者可以通过在用户的工作频段上释放干扰信号使得用户通信质量下降甚至导致通信中断。此外,由于频谱资源的极度稀缺,伴随而来的用户间用频互扰问题也日益加剧[14-15]。

近年来,全世界范围内的无线公共通信系统恶意干扰事件屡屡发生。据外媒报道,2014年3月3日的克罗米亚半岛事件,俄军发动网络干扰攻击切断了政府与外界的联系。2017年6月,代号为"Petya"病毒在欧洲各国爆发,导致多家大型跨国企业遭受严重网络袭击。因此,无线通信的安全问题迫切需要得到重视。

无线信号影响民航接收机[16],对航空安全造成不良的影响;2018年12月17日广东省深圳市宝安区松岗片区基站受到干扰,近千名用户手机用户无法正常拨打电话和无法上网;电力无线专网受到相邻基站的影响,从而性能下降。而在战场环境中,不仅有自然干扰(由自然界中的物体和各种自然现象所辐射或反射的电磁波引起的干扰),还有人为的恶意干扰。

现有的干扰器一般分为4种。

(1)恒定干扰器(Constant jammer):恒定干扰器连续发射无线电信号或随机的比特序列,干扰网络中信号的合法传输。在存在恒定干扰的情况下,合法网络的传输信道被占用,因此合法的信息传输无法进行。恒定干扰的缺点在于:信号需要连续发送,并且需大功率发射信号。

(2)欺骗干扰器(Deceptive jammer):欺骗干扰器连续发出信号,但不像恒定干扰器,欺骗干扰器不会发出随机比特序列,而是模仿网络内用户发送的信号,这样的信号可以有效影响无线通信网络,也不需要大功率。这使得欺骗干扰器对于一般无线通信网络比恒定干扰器更有效,更有针对性。

(3)随机干扰器(Random jammer):像欺骗性干扰器一样,随机干扰器发射与网络内节点类似的信号,但与欺骗干扰器不同的是,随机干扰器间断地发射信号。随机干扰器通过内部的算法,随机选择时间释放伪装成无线通信网络中内部节点的欺骗信号。随机性使得随机干扰器更难被发现,也更容易伪装成无线通信网络中的一个合法节点。

(4)反应干扰器(Reactive jammer):像随机干扰器一样,反应干扰器通过间断发射信号来节省电力。反应干扰器在宽频段进行侦听,有数据传输时才发射干扰信号。侦听所需的功率比持续发射干扰信号的功率要少,因此可提供更长时间的干扰。

1.2.3 电磁频谱空间的态势获取日益重要

电磁频谱态势获取是电磁频谱对抗决策的基础,包括频谱态势感知和频谱态势生成两个重要方面。频谱态势生成是在频谱态势感知获取当前频谱状态的基础上,挖掘频谱状态间的相关性和规律性,获取频谱空间的综合形势,主要包括频谱态势信息表征和频谱态势补全、预测等方面。

由于电磁频谱空间的复杂性,叠加对抗双方行为的多变性,对抗态势的获取需要过多的感知设备、过强的数据融合支撑以及过长的数据分析时间。而对抗决策的时效性十分关键,需要研究有限时间和有限样本条件下的态势获取智能分析方法,得到实时的对抗态势数据支撑。

电磁频谱态势信息表征是对频谱态势的精准刻画和描述。在现有工作中,文献[21]基于稀疏空间采样,构建了空域干扰图,用于刻画认知蜂窝网络中的频谱态势。文献[22]分析了基于 Hadoop 数据架构的电磁频谱态势分析系统,该系统为多源频谱信息融合、综合态势决策提供了依据,为提高频谱资源的管理和控制水平奠定了基础。精准刻画频谱态势的方法已较为成熟。然而,获得精准的频谱感知结果却存在极大的挑战。无线信号传播过程中通常存在遮挡、衰落和多径等不利因素,导致感知不完全、精度低等问题。此外,由于可能受到恶意用户的干扰攻击,频谱态势感知的难度进一步加剧。频谱态势补全基于频谱感知结果对缺失的频谱态势进行估计和重建。现有工作主要利用数据驱动的机器学习方法,文献[23]将空间稀疏频谱数据的补全问题建模成矩阵补全问题,并提出了基于 FPCA(Fixed Point Continuation Algorithm)和 kNN(k-Nearest Neighbor)的频谱数据补全算法,对空域缺失的数据进行补全。文献[24]通过分析真实频谱环境,揭示了频谱演化的时-频相关性,将频谱数据的补全和恢复问题建模成对应的矩阵问题,提出了一种稳健的在线频谱预测框架,对不完全感知和损坏的频谱数据进行补全和恢复。

频谱态势预测是主动获取频谱态势的重要手段。现有工作主要研究频谱接入场景下基于隐马尔可夫模型(Hidden Markov Model,HMM)和机器学习的频谱态势预测。文献[25]提出基于改进 HMM 的合作式信道状态预测方法,考虑了响应延迟带来的影响,并且基于 USRP 在真实频谱环境中对该方法进行了实验验证。文献[26]研究了基于 HMM 的合作式频谱占用预测,基于历史数据,利用频谱数据的时域相关性进行频谱预测。文献[27]提出了基于频谱预测、用户移动性预测和信道选择的频谱管理策略,基于改进的 HMM,对频谱态势进行预测,提高了频谱利用率。文献[28]针对在有限观测条件下的频谱互补问题,提出一种基于观测值差分的频谱迭代补全方法,仿真结果表明该方法在精度与性能上具备一定优势。文献[29]提出在关联数据预测中的无监督视觉特征学习算法,在训练关联编码器时,仿真结合原数据的重构损失与对抗性损失,其效果远远大于只具有重构损失的数据补全方法,并且该关联编码器也可用于语义补全任务。文献[30]提出一种频谱张量补全与预测机制,首先该文献提出了基于位置、频率、时间和信号强度多维度的频谱张量,该方案利用改进的模型检测不完全测量信息,结果表明该张量补全机制具有良好效果。文献[31]利用卷积神经网络的特征提取能力,设计了基于 1D-CNN 的分类模型,实现了对目标干扰、宽带干扰、扫频干扰、距离假目标干扰等 12 种典型雷达干扰信号的有效分类;此外,考虑训练样本收集过程中的时间损耗及代价,提出了一种改进后的孪生神经网络以解决受限样本条件下的干扰分类问题。

1.3　电磁行为分析的应用需求日益迫切

随着无线通信技术的飞速发展,频谱的稀缺性越来越突出,无线电秩序与频谱安全的隐患越来越严重,加强对频谱信号的监测、分析以及对电磁频谱的管理越来越迫切[2,32]。面对越来越复杂的电磁频谱环境对无线电秩序与频谱安全所带来的重大挑战,加强电磁频谱信号的监测与分析对无线电秩序管理以及电磁频谱战具有重要意义[2]。高效的频谱监测是频谱管理的重要组成部分[33]。频谱监测活动在民用方面主要用于无线电频谱管理、干扰源排查等工作;在军事应用方面主要通过频谱监测与管制,保证在作战范围内拥有对频谱资源的主导权[33]。

频谱信号作为信息传输的媒介,对海量频谱监测数据进行深入的研究具有重要意义[34]。对海量频谱监测信号的挖掘分析主要集中于频谱态势展示、信号特征提取、信号分类等方面[33]。而进一步的研究分析,例如通联关系挖掘[33]、在海量信号传输中对包含潜在威胁的信息进行排查及识别[33]等更具价值。深入挖掘海量频谱信号隐藏的情报乃至通信目标之间的通信行为关系等研究在军事侦察、频谱管理等领域的需求更是日益迫切。

1.3.1　军事领域的需要

电磁频谱是指按照电磁波波长或频率连续排列的电磁波族,它既是传递信息的一种载体,也是侦察敌情的重要手段。在无线电监测中,通常能够获得某个地区内的电磁信息,采集到大量的频谱监测数据,而这些数据中隐含着大量有价值的信息,例如相互通信的设备之间产生信号的共有特征等。同时这些频谱数据包含很多来自同一信号源的监测数据。频谱信号作为承载信息的媒介携带着许多重要信息。尤其在反恐、通信安全、军事通信等相关领域,从频谱信号中挖掘出有价值的隐藏信息或者情报具有重要意义。

在军事领域,不同军事目标之间或军事目标与社会要素之间往往具有一定的联系和交互,运用数据挖掘技术对其进行关联性分析可以从中获取军事情报[35]。例如,可以利用电磁频谱等方面的海量数据,提取出军事活动情况。现代战场弥漫着承载各种信号的电磁波,这些信号暗含着各种作战单元之间的复杂关系,即便在加密条件下,不分析信号内容,仅凭信号的个性化特征和相互通联关系,也可以在海量数据的分析中,获取有关军事目标部署位置、活动情况及其相互关系[35]。

1.3.2　反恐维稳的需要

反恐维稳作为一种联合非战争军事行动,是维护国家安全稳定的重要部分[36]。随着恐怖行动的日益复杂化,需要多人参与并进行即时通信联络。由于无线通信在协同上的高效率,因此在实施恐怖行动时,会大范围使用各种无线电通信设备[37]。同时,恐怖行动往往在人口密集的城市区域进行,信号密集、种类繁多且动态变化,电磁环境十分复杂。电磁环境的不确定性和复杂多样性大大增加了安全保障和维稳工作的难度。

但同时,由于无线电通信的空间开放特性,恐怖活动的无线通信联络组织也同样可以被无线电监测获取。为了满足重大活动的安全保障,有效掌握并遏制恐怖分子的通信联络,在复杂未知的电磁环境下,通过分析无线电设备之间的通联关系和定位通信设备来分析异常的活动组织,对进一步精准地管控通信网络,防止恐怖分子的破坏行动具有重要的意义。这些都需要对电磁频谱进行精准的监测、分析和管理[38]。分析设备之间的通联关系能够获得通信网络结构的边结构,得到其逻辑拓扑,再结合通信设备的定位可以得到其物理拓扑。合理地利用数据挖掘[39]、机器学习[40]等技术手段进行电磁频谱数据研究,加强对反恐维稳行动中的通信网络管控,掌握目标区域的通信网络拓扑结构变得十分必要。如何利用电磁频谱对重大突发恐怖活动进行控制管理[41],已经成为当前一项重要研究课题。

1.3.3　维护电磁秩序的需要

随着无线通信技术的蓬勃发展,无线设备的种类不断增加,频谱资源的合理利用越发显得重要。为了加强无线频谱的管理,对频谱进行监测并分析出其隐藏信息将成为无线通信发展的一项重要内容。随着无线电技术种类、业务类型、台站设备数量的急剧增加,同一地区大量、密集地使用频谱资源,未来移动通信系统急需考虑超高聚集用户(大于 106 用户/km²),分布式自配置超高群集覆盖(大于 104 基站/km²),再考虑到海量连接即物联网的需求,可知电磁环境日益复杂,干扰日益严重。同时,由于频谱空间固有的开放性,使得个别拥有频谱需求的无线设备追求私利违规使用无线频谱,这将给无线频谱的有序使用带来各种安全威胁。更有恐怖分子或敌对势力,利用无线信号控制智能炸弹等灵巧武器破坏重大活动,破坏国家的安全稳定。无线电秩序管理与频谱安全已成为国家和社会安全稳定的重大课题。2016 年全国无线电管理工作的总体要求指出,要以频率精细化管理和监管能力提升为主要方向,加强重要行业专用频率保护性监测,配合有关部门严肃查处“伪基站”“黑广播”等涉及电信网络新型犯罪的违法设台行为,防范打击在国家重大考试中利用无线电设备作弊行为,营造良好的电磁环境。因此,维护空中电波秩序与安全,保证各种无线电业务的正常进行,防范非法用户,提升精细化动态化电磁行为分析的需求日益迫切[2]。

1.4 基于非内容获取的电磁行为分析

电磁行为分析的研究目前多数是通过基于通信内容信息获取的手段,进行波形识别、协议识别、网络结构分析等。但是,相关研究的假设前提在近年来日新月异的无线通信技术发展面前显得较为生硬,可行性越来越低,已经越来越不适应无线技术和设备快速更新迭代条件下的电磁对抗需要。本书研究从电磁对抗的高效性和适用性出发,主要关注基于非内容获取的电磁行为分析技术,通过数据分析手段达成统计意义上的行为规律分析,进而实现电磁行为识别。

1.4.1 电磁行为分析面临的挑战

无线通信用户的通信行为可以概括为通信个体在通信活动中表现出来的行为、方式或者意图,包括通联关系、通信方式(定频通信或者跳频通信)、通信时间、通信时长、通信次数、通信角色(发送方或者接收方)、通信意图等。研究通信个体之间的通信行为可以通过截获通信产生的频谱信号,对频谱信号携带的内容信息或者通信协议所规定的数据帧的帧结构信息进行破解,获取通信内容以及通信个体的通信行为、意图。

当前,对电磁行为的识别和网络结构的挖掘,主要是基于一些通信和组网的先验知识。即已经知道通信方的信号波形、格式、通信协议、组网原则等方面的部分信息,然后以此为基础,通过频谱监测得到的数据,进行行为识别和结构挖掘。例如,目前的通联关系研究主要通过频谱信号的截取,利用先验信息进行信号破解,破解信号所带的数据,破解数据帧所携带的帧结构。

然而,现代无线通信信息大多都具有加密手段,甚至其帧格式、协议细节等往往都是不公开的。更何况,对战场上的对手或者恐怖分子自制的通信器材来说,获取先验信息是不切实际的。在加密通信的环境下,传统的信号破解方法无法满足场景实时性的要求。要想通过基于破解信号内容的方法发现通联关系,所需要的代价往往是巨大的。从本质上说,需要依赖情报的事先获取和积累。在瞬息变化的战场和狡诈的恐怖分子面前,依赖大量的先验知识破解其通信内容的方法,不具有通用性,不能应变制敌。

1.4.2 电磁行为分析的新思路

海量频谱信号除了携带着通信信息外,信号本身的物理特征以及这些特征的统计规律也潜在地反映了通信个体的通联关系以及与通信行为相关的信息。频谱信号本身的物理特征是难以加密的,并且这些特征易于获取,通过研究从频谱信号中提取的物理特征和这些特征的统计规律,可以挖掘出通信个体之间的通联关系、乃至通信网络结构等隐藏信息。信息的传递使得不同通信目标之间往往具有一定的联系,这种通联关系构成通信网络的边结构,反映了通信目标之间的通信联系,对通信个体的通信时间、通信时长、通信次数等特征的统计规律、通信的先后顺序以及通信方向的分析,可以进一步推测、构建通信网络拓扑结构。通过对网络连通性、网络通信路径等信息的研究能够实现对网络结构、层级的分析以及节点在网络中位置层级的估计,进而分析并获取通信个体的通信行为。机器学习、人工智能等技术的深入发展为从海量频谱数据中挖掘通信个体的通信行为、隐藏信息提供了新的研究视角与技术支持。因此,采用数据分析手段对通信行为进行建模和分析,是对通过对通信内容进行破解而达成行为分析的传统方法的一种创新,同时也是一种有益补充,两者能相辅相成。

1.4.3 本书研究的技术途径

从实战需求出发,客观条件促使我们转变思路,即需要抛开利于分析处理但不符合实际情况的假设。数据分析手段的崛起,带给我们进行电磁行为识别和网络结构挖掘的新思路。除了破解频谱信号所携带数据外,还可以通过分析信号的物理信息,发掘目标与目标的通联关系。频谱信号的物理信息(如频谱信号的频率、信号的持续时间、信号的跳频周期、信号的起始时间等信息)很难加密,因此可以通过分析电磁通联行为的规律性而非具体内容,从总体行为规律描绘的角度去分析和识别。

从某种意义上来说,通过总体行为规律去框定一种电磁行为和网络结构,比基于内容的手段更为准确,更加让人不可逃避。在数字通信时代,有意地改变通信内容、通信协议、通信信号都较为容易,甚至有意加入伪造信息进行诱骗诱导,都十分便捷。但是,要想"伪造"其总体行为规律和通联组织结构,却是难上加难,或者说,需要付出极大的代价,得不偿失。因为,这种伪造,是基于大量的、无用的、浪费资源的假的通信行为,是在没有传递真实信息的情况下,白白地耗费通信方的频率资源、时间资源、能量资源进行行为伪造。可以说,如果能逼迫通信方采用这种手段来规避其电磁行为和网络结构的识别和挖掘,本身就是某种意义上的成功。因此,基于行为规律的分析,而非内容的分析,具有更强的可靠性和适用性。

综上所述,本书基于频谱数据分析的电磁行为识别和网络结构挖掘,集中于基于非内容的通联行为识别和网络拓扑分析,不依赖通信方信号波形、通信协议等先验知识以及通信内容的解析,而是主要采用信号统计分析的方法,从通信方的宏观规律出发去分析,以减少对先验信息的依赖,增强方法的适用性。

参考文献

[1] CJCSM 3320.01B,Joint Operations in The Electromagnetic Battlespace.

［2］ 吴启晖，任敬，等.电磁频谱空间认知新范式：频谱态势［J］.南京航空航天大学学报，2016，48（5）：625-632.

［3］ Department of Defense. Electromagnetic spectrum strategy［EB/OL］.［2014-02-20］. http://www. defense. gov/news/dodspectrumstrategy. pdf.

［4］ 中华人民共和国工业和信息化部.中华人民共和国无线电频率划分规定［M］.3 版.北京：人民邮电出版社，2010 年 10 月.

［5］ Cave M，Doyle C，Webb W. Essentials of Modern Spectrum Management［M］. Cambridge：Cambridge University Press，2007.

［6］ 10 ideas for the next 10 years：Bandwidth is the new black gold［OL］. http://www. time. com/time/specials/packages/article/0,28804,1971133_1971110_1971125,00. html.

［7］ FCC Spectrum Policy Task Force［OL］. http://transition. fcc. gov/sptf/.

［8］ FCC. Spectrum policy task force report［OL］. http://apps. fcc. gov/edocs_public/attachmatch/DOC-228542A1. pdf.

［9］ neXt Genetration program［OL］. http://www. darpa. mil/sto/smallunitops/xg. html.

［10］ End-to-end Reconfigurability［OL］. http://cordis. europa. eu/project/rcn/71158_en. html.

［11］ End-to-end Efficiency［OL］. http://ict-e3. eu/.

［12］ Cisco visual networking index：Global mobile data traffic forecast update 2014—2019 white paper ［OL］. Cisco，Inc，Visual Netw. Index，San Jose，CA，USA，2015.

［13］ Prasad S，Thuente D J，Jamming attacks in 802. 11g — A cognitive radio based approach［C］. 2011—MILCOM 2011 Military Communications Conference，Baltimore，MD，2011：1219-1224.

［14］ Yin S，Chen D，Zhang Q，et al. Mining Spectrum Usage Data：A Large-Scale Spectrum Measurement Study［J］. IEEE Transactions on Mobile Computing，2012，11（6）：1033-1046.

［15］ Hattab G，Ibnkahla M，Multiband Spectrum Access：Great Promises for Future Cognitive Radio Networks［J］. Proceedings of the IEEE，2014，102（3）：282-306.

［16］ 李景春.调频广播引起的民航接收机互调干扰信号分析［J］.中国无线电，2006，（8）：9-35.

［17］ Vadlamani S，Eksioglu B，Medal H，et al. Jamming attacks on wireless networks：A taxonomic survey［J］. International Journal of Production Economics，2016，172：76-94.

［18］ Grover K，Lim A，Yang Q. Jamming and anti-jamming techniques in wireless networks：a survey ［J］. International Journal of Ad Hoc and Ubiquitous Computing，2014，17（4）：197-215.

［19］ Mpitziopoulos A，Gavalas D，Konstantopoulos C，et al. A survey on jamming attacks and countermeasures in WSNs［J］. IEEE Communications Surveys & Tutorials，2009，11（4）：42-56.

［20］ Zou Y，Wang X，Hanzo L. A Survey on Wireless Security：Technical Challenges，Recent Advances and Future Trends［J］. Proceedings of the IEEE，2016，104（9）：1727-1765.

［21］ Zhang H，Jiang C，Beaulieu N C，et al. Resource Allocation for Cognitive Small Cell Networks：A Cooperative Bargaining Game Theoretic Approach［J］. IEEE Transactions on Wireless Communications，2015，14（6）：3481-3493.

［22］ Lin L，Zhang X，Zhang Q，et al. Research on Electromagnetic Spectrum Situation Analysis System Based on Hadoop［C］. 2019 IEEE International Conference on Power，Intelligent Computing and Systems（ICPICS），Shenyang，China，2019.

［23］ Tang M，Zheng Z，Ding G，et al. Efficient TV white space database construction via spectrum sensing and spatial inference［C］. 2015 IEEE 34th International Performance Computing and Communications Conference（IPCCC），Nanjing，China，2015.

［24］ Ding G，et al. Robust Online Spectrum Prediction With Incomplete and Corrupted Historical Observations ［J］. IEEE Transactions on Vehicular Technology，2017，66（9）：8022-8036.

［25］ Chen Z，Guo N，Hu Z，et al. Experimental Validation of Channel State Prediction Considering Delays in Practical Cognitive Radio[J]. IEEE Transactions on Vehicular Technology,2011,60(4): 1314-1325.

[26] Eltom H,Kandeepan S,Liang Y,et al. Cooperative Soft Fusion for HMM-Based Spectrum Occupancy Prediction[J]. IEEE Communications Letters,2018,22(10): 2144-2147.

[27] Zhao Y,Hong Z,Luo Y,et al. Prediction-Based Spectrum Management in Cognitive Radio Networks[J]. IEEE Systems Journal,2018,12(4): 3303-3314.

[28] Lu J,Zha S,Huang J,et al. The iterative completion method of the spectrum map based on the difference of measurement values[J]. 2018 IEEE 3rd International Conference on Signal and Image Processing (ICSIP),2018: 255-259.

[29] Pathak D,Krahenbuhl P,Donahue J,et al. Context encoders: Feature learning by inpainting[J]. Proceedings of the IEEE conference on computer vision and pattern recognition,2016: 2536-2544.

[30] Tang M,Ding G,Wu Q,et al. A joint tensor completion and prediction scheme for multi-dimensional spectrum map construction[J]. IEEE Access,2016,4: 8044-8052.

[31] Hassanpour S,Pezeshk A M,Behnia F. Automatic digital modulation recognition based on novel features and support vector machine[J]. IEEE 12th International Conference on Signal-Image Technology & Internet-Based Systems,2016: 172-177.

[32] 马琏. 认知无线电中跳频信号检测与参数提取[D].北京邮电大学,2012.

[33] 彭勃. 无线频谱监测与定位技术现状与未来趋势[J].中国无线电,2017(1): 35-37.

[34] Liu C,Wu X,Yao C,et al. Discovery and Research of Communication Relation Based on Communication Rules of Ultrashort Wave Radio Station[C]. 2019 IEEE 4th International Conference on Big Data Analytics(ICBDA). IEEE,2019: 112-117.

[35] 杨建. 基于大数据的态势感知运用分析[J].国防科技,2018,39(05): 11-15.

[36] Braithwaite A. The Logic of Public Fear in Terrorism and Counter-terrorism[J]. Journal of Police & Criminal Psychology,2015,28(2): 95-101.

[37] 何思宏. 认知跳频无线通信系统性能仿真研究[D].西南交通大学,2018.

[38] Tjelta T,Struzak R. Spectrum management overview[J]. Ursi Radio Science Bulletin,2017,85(1): 25-28.

[39] Xu L,Jiang C,Wang J,et al. Information Security in Big Data: Privacy and Data Mining[J]. IEEE Access,2017,2(2): 1149-1176.

[40] Jin L,Sun L,Yan Q,et al. Significant Permission Identification for Machine-Learning-Based Android Malware Detection[J]. IEEE Transactions on Industrial Informatics,2018,14(7): 3216-3225.

[41] Haykin S,Setoodeh P. Cognitive Radio Networks: The Spectrum Supply Chain Paradigm[J]. IEEE Transactions on Cognitive Communications & Networking,2017,1(1): 3-28.

第2章

电磁频谱数据分析技术基础与研究现状

本章对本书重点涉及的相关技术的研究现状和相关技术基础进行简要介绍,主要包括电磁频谱感知、电磁信号监测处理、电磁辐射源定位、网络结构分析、电磁通联行为分析以及相关的机器学习方法。

2.1 研究现状简介

2.1.1 电磁频谱感知研究

电磁频谱数据分析的首要基础就是要通过接收空中无线电信号的手段,检测到电磁信号,即进行频谱感知。大部分的频谱感知工作集中在对发射机的信号进行检测,最终判断电磁辐射源是否存在,通过接收机信号和干扰温度来检测监测频谱是否被使用的研究相对较少。目前,频谱感知技术主要分为单节点频谱感知技术和协同频谱感知技术两种。单节点频谱感知也称作本地感知,即利用频谱监测设备对监测频谱内的信号进行数据采样,进而根据不同技术方法对采样数据进行处理,判断电磁辐射源的存在。协同频谱感知除了频谱监测设备的本地感知之外还需要一个融合中心,即将不同频谱监测设备的本地感知的结果送到融合中心,融合中心根据不同算法将各个频谱监测设备的感知结果进行融合判决,最终判断电磁辐射源是否存在[1-2]。

图 2.1 给出了现有频谱感知技术的分类。可以看出,频谱感知包含了两种分类:一个是单节点频谱感知,一个是协同频谱感知。对单节点频谱感知而言,根据是否需要知道感知信号的先验信息可以进一步分为盲感知和非盲感知。盲感知不需要预先知道感知信号的任何先验信息,包括能量检测等。非盲感知需要知道感知信号的相应的信号特征,如匹配滤波检测特征检测等。对协同频谱感知来说,按照对感知结果处理方法的不同可以进一步分为硬判决融合技术和软判决融合技术等。硬判决融合技术的基本思想是每个频谱监测设备对本地感知结果进行判决,得到电磁辐射源是否存在的(0,1)二元数据结果并进行传输,融合中心根据该二元结果进行融合判决,如 AND 准则、OR 准则、Majority 准则等。软判决融合技术则不需要频谱监测设备进行本地感知的判决,其直接将本地感知结果传输到融合中心,

融合中心将各个频谱监测设备的感知结果进行统一融合判决,最终确定电磁辐射源是否存在,如线性融合和似然比融合等。下面给出能量检测的性能分析示例。

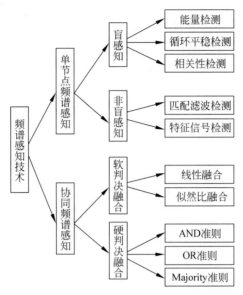

图 2.1　频谱感知技术分类图

首先需要说明的是,能量检测的阈值确定是十分重要的,直接决定检测性能的优劣。在某种信道模型(例如加性高斯白噪声信道、瑞利衰落信道等)下,不同的阈值会有不同的检测概率和虚警概率。将检测概率和虚警概率以曲线的形式反映出来的图形称为 ROC(Receiver Operating Characteristics)曲线,ROC 曲线直接可以表征检测性能的优劣。

这里,在不同的信道条件下,仿真单监测设备和多监测设备的 ROC 曲线,如图 2.2 和图 2.3 所示。共有 10 个监测设备,大多数原则(如 Majority)采用多于 6 个判为"存在"则合并判决为"存在",本地接收 SNR 为 10dB。曲线越靠左下方说明检测性能越好,可以看到,单监测设备的检测性能都没有合作多监测设备检测性能好,曲线上的不同的点标示不同的判决阈值,即使同一横坐标(纵坐标)上的不同的曲线的判决阈值也不尽相同。另外,不同的信道模型对检测性能的影响也较大,所以要合理选择适合实际信道的信道模型。

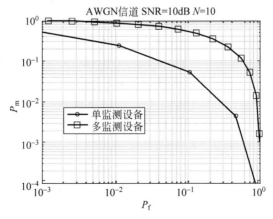

图 2.2　AWGN 信道条件下 ROC 曲线

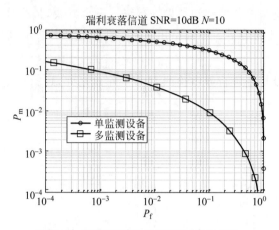

图 2.3   瑞利衰落信道条件下 ROC 曲线

2.1.2   电磁信号监测处理研究

目前,无线电监测接收机通常是采用通信接收机中传统的方法对无线电信号进行解调。对无线电监测信号的解调,需要对信号分析识别找出目标信号的调制方式才能选择对应的解调方式。而跳频(Frequency Hopping,FH)信号的解调,由于对无线电监测来说所有信息都是未知的,即便能实时监测出每个跳频频率,也无法解调出正确的数字基带信号。因此在无线电监测中对 FH 信号的处理仍然是一个有待解决的难点。目前对监测信号的处理主要是通过信号解调[3]、信号提取、信号分析[4]等方式。文献[5]中利用频谱图并结合短时傅里叶变换(the Short-Time Fourier Transform,STFT)的平方表达式获得时频分辨率,通过时频分析提出了一种跳频信号检测方法。文献[6]针对现有的 FH 信号分析方法具有时频分辨率低、噪声抑制能力差的缺点,将压缩感测应用于 FH 信号的时频分析,提出了基于部分重建算法的 FH 信号的时频分析算法,降低了 FH 信号的采样率。文献[7]通过使用到达时瞬间卷积数据而不是使用预定义的窗口来对任何时变信号进行时频分析。文献[8]介绍了一种基于深度神经网络的新型复杂无线信号识别方法——频谱数据端到端学习,能够从简单的无线信号中自动学习特性。文献[9]基于发射机能够提供不同传输参数的特性,利用不同天线接收到的信号之间的关系提出了一种有效的空间复用和 Alamouti 编码正交频分复用信号识别算法。文献[10]基于与候选调制类型的接收信号的相位或幅度相关联的已知概率分布来选择使对数似然函数最大化的调制类型,提出一种基于似然的正交调幅信号盲识别算法。文献[11]考虑到跳频信号时频(Time-Frequency,TF)稀疏性,引入欠定盲源分离算法,将 FH 信号分选问题转化成基于稀疏 TF 表示的欠定盲源分离问题。文献[12]提出了一种改进的自适应能量检测技术,能够比传统的能量检测技术(例如能量检测、最小特征值检测和匹配滤波技术等)获得更好的检测值。文献[13]提出一种改进的 K-均值(K-means)算法并应用到跳频信号的分类,该方法先通过搜索参数的直方图峰值来估计聚类中心的数量,再在直方图峰值存在的列或单元中选择这些最优的初始聚类中心。

然而,从以上研究现状可知,当前对监测到的信号的分析处理大多是基于信号内容、信号变换或者调制方式的,对未知的电磁环境,如加密的电磁波中,信号解调的代价大、成本高,获得信号内容及其调制方式的技术难度大,导致上述信号处理的手段并不能完全适用于分析通信设备之间的通联关系。

目前有大量的文献对频谱信号进行了深入的研究,这些研究更多的是关注频谱信号本身的特征和信息,比如对频谱信号相关参数的估计[14-16],跳频信号的跳周期估计[17-19],信号检测[20-23],根据信号特征进行异常检测[24-28];除此之外,还有对频谱信号进行监测与管理[29-31]以及与无线认知网络[32]相关的频谱感知[32-36]、频谱决策[37-38]、数字信号处理等相关研究。Zeng 和 Sun[39]用谱变换、谱熵计算,实现了混合跳频信号中各分量的分类和参数估计。Li 和 Guo[40]提出了一种基于最大能量差的多跳频信号参数估计算法,根据最大能量差估计跳变时间和跳变周期。陈利虎等[41]提出了一种优化初始聚类中心,在已经获取跳频信号每跳的各参数(载频、跳周期、跳时、功率、到达方向)通过 K-均值算法实现对跳频信号进行分选。

基于电台无线电频谱监测信号,目前的研究主要集中在通信侦察、电台个体识别、信号分选、时差定位等方面。电台个体识别可以利用无线电台频谱信号数据样本的相关性来实现[42];进一步地,可以通过提取电台信号数据的特征,将电台个体识别问题转化为度量空间点相似性的形式实现电台个体识别[43]。利用机器学习和降维的方法对电台频谱信号进行处理的方案得到越来越多的重视[44]。Kim 等[45]对跳频信号参数估计的多种方法进行了比较,并提出了一种利用时频分析的跳频信号检测方法。Zeng 等[46]提出了一种混合 FH 信号选择和盲参数估计的方法,实现了混合跳频信号中各分量的分类和参数估计。

然而从公开的文献来看,对海量电磁频谱监测数据的分析和处理主要基于频谱瀑布图分析电磁频谱在时域或者频域上的频谱态势等信息。对无线电频谱监测数据挖掘其隐含信息、分析信源之间的通联关系、通信网络结构、通信个体的通信行为特征等的相关研究不够深入,相关文献尚不多见。

2.1.3　电磁辐射源定位研究

自 20 世纪 40 年代定位技术初步应用于测绘和军事领域以来,尤其是海湾战争以后,人们越来越认识到定位的重大作用[47]。无线定位是指运用无线电波信号的特征参数计算物体在某种参考系中的位置[48]。根据探测的方式,定位技术可分为有源定位和无源定位[49]。无源定位因其隐蔽性高、抗干扰性强和作用距离远等优点[50]得到了广泛关注。近年来,关于定位技术的研究大多是基于测距条件下的研究,包括接收信号强度(Received Signal Strength Indicator,RSSI)、到达时间差(Time Difference Of Arrival,TDOA)、到达角度(Angle Of Arrival,AOA)和到达时间(Time Of Arrival,TOA)等。RSSI 主要是按照理论或经验模型,将传播损耗化成距离来求解。TDOA 通过 3 个及以上监测站接收辐射源信号,其中任两个监测站采集的信号到达时间差确定了一个双曲线(或双曲面)[51],用它们的交点确定目标位置。AOA 是利用测向机对目标多次测向后用画图的方式来定位。TOA 是根据信号在两个节点间的传播时延计算位置的方法。

很多文献都对这些定位算法进行了不同程度的改进。鉴于 TDOA 存在异常值可能会降低算法性能,文献[52]指出在合理的假设下,离群值稀疏并且在原始测量集中不占优势,并提出一种有效的离群值稳健的 TDOA 定位方法。文献[53]提出一种先对混合信号进行短时傅里叶变换,然后利用 K-均值算法对混合矩阵进行估计得到源信号的到达方向的方法。文献[54]利用多分接收器处接收的信号的到达时间差和到达频率差测量值,提出了一种有效约束加权最小二乘算法来估计运动源的位置和速度的方法,可以在牛顿法的基础上得到一个数值迭代解。文献[55]研究了对多个不相交源的 TDOA 测量时,在受到接收器位置位移和同步时钟偏差影响的情况下,通过分析到达时间差实现对信号源的定位的方法。文献[56]提出了一种使用基于多元天线的毫微微蜂窝设备来估计无线电信号的到达方向的方法,主要是通过使用多元微带天线识别 RSSI 测量的峰值来估计到达方向。文献[57]考虑在真实环境中,RSSI 指标值并不完全拟合某一衰减模型,提出了一种改进的基于 RSSI 的不确定数据映射定位方法。先确定 RSSI 数据元组的分布,并用区间数据表示,然后在定位过程中对 RSSI 数据向量采用数据元组模式匹配策略。上述工作中大多数定位研究方法都能取得不错的结果,但在复杂的电磁环境中,由于存在多个信号源会导致监测站接收到的信号数据混杂,无法区分哪些数据属于同一个信号源,会加大定位误差。

2.1.4　网络结构分析研究

对于网络结构分析技术,文献[58]分析了基于单一协议的拓扑发现方法的优缺点,针对现有的基于单协议的网络拓扑发现方法存在发现效率低,网络适应性差的问题,提出了一种基于多协议的拓扑发现算法,实验结果表明,该方法具有更好的网络适应性和检测完整性。文献[59]指出依赖于传播路由消息以发现具有罕见拓扑变化的新网络拓扑的陆地路由协议容易受到卫星网络中过多路由消息的干扰,设计了基于加权完美匹配的拓扑发现模型来在地面上进行新网络拓扑发现。文献[60]指出了解网络拓扑可以有效完成网络分区,性能预测等,该文章提出了一种在地址转发表信息不完整的情况下发现以太网物理布局拓扑结构的算法。文献[61]介绍了一种指定的水下声学网络拓扑有效发现算法,考虑到有效执行拓扑发现并保证收敛时间的需求,提供了一种拓扑有效发现算法,旨在减少拓扑发现阶段造成的时间开销,该方法主要适用于由调制解调器组成的水下网络。文献[62]基于手动测量和配置自组织网络拓扑信息异常烦琐的问题,介绍了通过利用自动拓扑发现协议自动检测无线时分多址(Time Division Multiple Address,TDMA)网络中的通信、干扰和感知拓扑的方法。文献[63]提出一种无须进行以前的网络配置或网络控制器知识即可实现分布式第二层发现的协议,在软件定义的网络中控制器可以发现网络视图而不会引起可伸缩性问题。文献[64]提出了一种基于软件定义网络的具有成本效益的拓扑发现方法,该方法使透明光网络能够自动学习光学设备之间的物理邻接关系,是通过测试信号机制和 OpenFlow 协议实现的。文献[65]基于结合网络层和链路层的拓扑发现,提出一种基于简单网络管理协议的网络拓扑发现算法,可以解决发现过程中子网信息冗余和地址转发表信息不完整的问题。目前的拓扑发现算法大多数集中于路由层和链路层的网络结构,网络结构分析研究主要是基于协议展开的,而对于有限先验知识的拓扑发现研究具有一定局限性。

2.1.5　电磁通联行为分析研究

现有的对通信个体行为的研究主要是通过监测或者窃听的手段[66-68],对截获的频谱信号的内容进行破解,根据信号的内容研究分析通信个体的通信行为以及意图[69-71]。目前已经提出了诸多获取通信内容的方法,比如 J. X. 提出一种认知干扰的主动窃听方法,通过监听器在全双工模式下故意干扰接收端,从而改变可疑通信,从而更有效地监听获取通信信息[66]。Y. H. 提出了一种基于半双工模式的主动窃听方法,通过改变可疑链路对并行信道分布的长期信任,诱导其更有可能在较小的无阻塞信道子集上传输,且传输速率较低,以便更清楚地监听[67]。Y. Z. 提出一种欺骗干扰中继的主动窃听方法,采用全双工的方式同时进行窃听和欺骗中继,从而改变源传输速率,提高窃听性能[68]。但是更多时候,这些方法不能获取经过复杂加密处理的重要通信内容。

另外,海量频谱信号除了携带着通信信息外,信号本身的物理特征以及这些特征的统计规律也潜在地反映了通信个体的通联关系以及与通信行为相关的情报信息。频谱信号本身的物理特征是难以加密的,并且这些特征易于获取,通过研究从频谱信号中提取的物理特征和这些特征的统计规律,也可以挖掘出通信个体之间的通联关系、乃至通信网络结构等隐藏信息。Pan 等[71]利用多个监测站对频谱信号进行监测,通过不同监测站监测到的频谱信号,结合信号衰落模型对信源进行定位,并挖掘信源之间的通联关系。但是在不同环境中信号的衰落是不同的,对于信源位置的定位有较大的误差。基于信号的物理特征以及这些物理特征的统计规律,挖掘海量频谱监测数据中的通信个体通信行为的研究比较浅显,相关文献很少。

为了降低破解信号内容的代价和困难,也为了避免基于通信内容和先验知识(通信协议帧格式等)的分析方法在具体场景下的适用性问题,转而从频谱监测数据中挖掘通信个体之间通联关系以及通信网络结构的研究是实现对通信个体通信行为研究的新视角,相关研究具有广阔的发展前景。

2.1.6　频谱分析中的机器学习

电磁频谱研究使用传统机器算法,大多都聚焦于频谱信号相关参数的估计[12-14],如跳频周期估计[15-18],信号检测[18-21],根据信号特征进行异常检测[22-26];除此之外,还有对频谱信号进行监测与管理[27-29]以及与无线认知网络[30]相关的频谱感知[30-34]、频谱决策[35-36]、数字信号处理等相关研究。

深度学习为很多复杂问题的有效解决提供了更大的可能性。在无线通信领域,深度学习也发挥着难以替代的作用。深度学习为从大量和复杂的频谱数据集提取有意义的信息提供了更大的可能。如在电台指纹识别和调制方式识别等通信问题中,深度学习提供新型的方法使问题得以更好地解决。深度学习在无线频谱的研究,主要集中在电台指纹识别、频谱监控、调制方式识别等方面。O. S. 等[72]表明使用时域同步和正交(IQ)数据训练的卷积网络的识别效果明显优于专家特征的传统方法自动调制识别方案,比如决策树、支持向量机等算法。A. S. 等[73]提出使用幅值和相位差数据训练的 CNN 分类器能够准确的检测雷达信号的存在。Z. M. 等[74]尝试 LSTM 和 CNN 检测通信系统中的无线电信号得到比较好的结果。

通联关系的研究文献较少,目前对通联关系的研究主要集中在内容破解的方法。如J. X. 提出了一种通过主动干扰,从而改变可疑方通信,进而获取通信信息的方法[75]。Y. Z. 提出一种通过同时窃听和欺骗中继的方式改变窃听对象的传输速率进而提高窃听性能[76]。这些方法往往需要大量的先验知识,对场景有特殊的要求。

还有少量文献使用聚类的方法对通联关系进行研究。使用聚类的方法发现通联关系识别问题,需要手工设计专家特征,这些方法没有普适性,往往只能解决特定场景的问题。Chen 等[77]通过对跳频信号提取特征信息,然后通过 K-均值算法对信号进行分类。机器学习的方法挖掘通联关系,但是机器学习方法需要手工设计专家特征,而专家特征的设计和提取往往都是很困难的。当场景发生变化时,需要重新选择特征和手工调整超参数去适用新场景,导致这些机器学习的方法只能应用在特定场景中,不能应对复杂多变的无线通信环境。

2.2 本书相关技术基础

本节针对本书后续内容涉及的重要相关技术做一简介,主要包括频谱感知技术、聚类算法、定位技术,尤其是无源被动定位技术、优化算法和深度学习技术。

2.2.1 频谱感知技术

2.2.1.1 单节点频谱感知技术

在认知无线电中,频谱监测设备通过频谱感知技术对监测频谱进行感知,通过对感知结果进行判决得出电磁辐射源是否存在的结论[78-80]。在频谱感知过程中,定义频谱监测设备通过感知得到的信号如下公式:

$$x(t) = h(t)s(t) + n(t) \tag{2-1}$$
$$x(t) = n(t) \tag{2-2}$$

式中,$s(t)$ 为电磁辐射源信号,$h(t)$ 是电磁辐射源经过信道传输后的增益,$n(t)$ 为加性高斯白噪声。那么,可以将频谱感知问题归纳为一个二元假设检验的问题,具体公式表示如下:

$$H_0: x(t) = n(t) \tag{2-3}$$
$$H_1: x(t) = h(t)s(t) + n(t) \tag{2-4}$$

式中,H_0 表示监测频谱不存在辐射源,H_1 表示监测频谱存在辐射源。

单节点频谱感知是最基本的频谱感知技术,后续的协同频谱感知技术都是依据各频谱监测设备的单节点频谱感知而进行的。下面将对几种典型的单节点频谱感知算法进行重点介绍。

1. 能量检测

由于其不需要知道电磁辐射源的先验信息,能量检测被认为是在噪声功率已知,电磁辐射源信号特征未知前提下最佳的检测方法。能量检测的核心思想是根据接收到的信号强度即能量大小,与事先设置好的检测阈值进行对比,进而判断电磁辐射源是否存在[81-84]。图 2.4 为能量检测的流程框图。

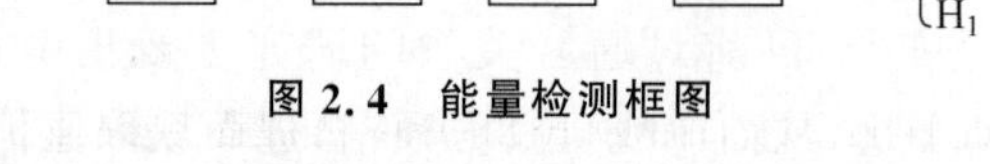

图 2.4 能量检测框图

假设我们对接收信号进行采样后可获得如下简单形式

$$x(n) = \begin{cases} w(n), & H_0 \\ h(n)s(n) + w(n), & H_1 \end{cases} \tag{2-5}$$

经过一段时间的采样之后,可以得到这段时间内的采样点处的平均能量之和,将其视作检验

统计量,可以得到:

$$Z = \frac{1}{N} \sum_{n=1}^{N} \left| x(n) \right|^2 \tag{2-6}$$

将得到的最终的检验统计量 Z 与事先设置好的阈值 λ 进行比较,从而判断电磁辐射源是否存在。

$$\begin{aligned} Z \geqslant \lambda, &\quad \text{辐射源存在} \\ Z < \lambda, &\quad \text{辐射源不存在} \end{aligned} \tag{2-7}$$

能量检测的优点是比较容易实现,场景应用较广。能量检测的缺点是 SNR 低时需要的检测时间较长。能量检测的性能只取决于信噪比,易受噪声不确定的影响。另外,由于能量检测只能区分信号是否,不能区分具体的信号类型,所以极易受到其他频谱设备发射信号的影响,这也就是采用能量检测时要求相关设备静默的原因。

2. 匹配滤波检测

当已知电磁辐射源的信号特征时,理论上使用匹配滤波检测能够使得接收到的信号的信噪比最大化。可以证明,在加性高斯白噪声环境下该检测方法是最佳的。匹配滤波检测的核心思想是对接收信号解调的过程。该算法将匹配滤波器的输出值与检测阈值对比进而判决电磁辐射源是否在占用信道[85-86]。图 2.5 为匹配滤波检测框图。

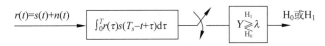

图 2.5 匹配滤波检测框图

匹配滤波检测的最大优点在于在感知时间非常短的情况下达到要求极高的检测性能。缺点是这种方法不仅需要电磁辐射源信号的先验知识(如调制类型、脉冲成形等),还需要电磁辐射源发射机和频谱监测设备检测机的同步,否则检测效果会很差。同时,由于不同的电磁辐射源信号特征不同,因此需要不同的匹配滤波检测器来匹配,这在现实应用中往往是不实际的。

3. 循环平稳特征检测

由于绝大多数通信信号都具有特殊的循环平稳特性,而平稳噪声和干扰不具备这种循环平稳特性。因此,通过观察信号的循环谱可以有效检测出噪声干扰中的电磁辐射源信号[87-88]。图 2.6 为循环平稳特征检测的流程框图。

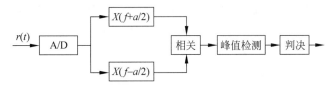

图 2.6 循环平稳特征检测框图

对于循环平稳信号 $x(t)$,式(2-8)表示为其循环自相关函数:

$$R_x^a(\tau) = E\left[x(n+\tau) x^*(n-\tau) \mathrm{e}^{\mathrm{j}2\pi an} \right] \tag{2-8}$$

式中,α 表示周期的频率,那么其循环谱密度函数可表示如下:

$$S(f,\alpha) = \sum_{\tau=-\infty}^{\infty} R_x^\alpha(\tau) e^{-j2\pi f\tau} \tag{2-9}$$

对于式(2-1)、式(2-2)表示的接收信号,循环平稳检特征检测一般基于以下的假设检验问题:

$$S_x^\alpha(f) = \begin{cases} S_s^\alpha(f) + S_n^\alpha(f), & \text{信号存在} \\ S_n^\alpha(f), & \text{信号不存在} \end{cases} \tag{2-10}$$

由于能量检测在低信噪比或者存在阴影衰落等情况下性能较差,循环平稳特征检测能够有效克服该问题并且可以无先验地实现信号检测,因此,循环平稳特征检测能够克服能量检测和匹配滤波检测的若干缺点,被认为是实现电磁辐射源检测的有效手段之一。其缺点在于需要计算信号的自相关函数等,计算过程复杂且计算量较大,特别是在要求信号检测精确度高时,耗费时间过长。

2.2.1.2 协同频谱感知技术

在实际的无线环境中,由于地理环境复杂,在信号发射过程中不仅有高斯噪声的干扰,同时还会受到瑞利衰落和阴影效应等影响。单节点频谱感知会存在不确定性,在无线环境恶劣的情况下,甚至会引发隐终端等问题,对电磁辐射源造成不必要的干扰。在很多无线信道存在不规则衰落等复杂情况时,基于单节点频谱感知的检测精度不够理想。

为了解决这个难题,学术界提出了多节点协同频谱感知的检测技术,它的主要优点在于能够汇集多个监测节点的检测数据或者结果,共同提高检测精度,尽可能减少误判的可能性。同时,由于有多个监测节点同时参与信号采样,则在相同时间内,相比于单监测节点,会获得更多的采样点。换句话说,如果性能要求一致,那么协同频谱感知的检测方法将意味着需要更短的感知时间。协同频谱感知技术利用多个频谱监测设备进行频谱感知,能够有效增大频谱感知的可靠性,提高检测性能,特别是在低信噪比或衰落影响较大时,协同频谱感知能够克服单节点频谱感知的缺陷,即花费较少的感知时间进行频谱感知即可获得较高的感知精确度,检测性能高。因此在实际应用中得到了广泛应用[89-91]。

根据目前流行的定义,协同频谱感知可以分为3个过程:本地检测、信息传输和数据融合。在本地检测过程中,每个频谱监测设备独立地进行本地检测,得到检测结果,根据不同的数据融合技术,或者进行初步处理或者直接存储起来。较为流行的本地检测方法是能量检测,因为其能够有效降低频谱感知复杂度,能够快速实现。在信息传输过程中,各频谱监测设备的本地检测结果会通过通信信道传输到融合中心。在数据融合过程中,融合中心根据不同的数据融合方法对接收到的本地检测结果进行处理,并判决得出是否存在电磁辐射源信号的结论。

融合中心汇集信息进行综合判决的方式主要有硬判决融合和软判决融合两种。软融合判决的基本原理就是各个监测设备把自身采集到的能量值直接发送给协同中心,然后融合中心对各个监测设备的能量值进行求和,或者根据需要进行加权求和。接下来用求和构成的新的统计量,用单个监测设备能量检测的判决方法来判定电磁辐射源信号的状态。

相比软融合方式,硬融合方式更具实用价值。这是因为软融合方式需要各个监测设备将采样能量值原始数据发送给融合中心,这无疑造成了较大的协同数据传输开销。硬融合方式的基本原理就是各个监测设备先独自采样,然后根据自身的环境和标准进行电磁辐射源信号在与不在的判决。然后,将自身的判决结果发送给融合中心。最后,融合中心通过各种方法对各个监测设备的判决结果进行融合,得出综合的判决。这种方式的特点就是各个监测设备发送给融合中心的数据量仅仅就是判决结果,即 1 比特的信息。这就大大降低了协同监测网络的通信开销。

在硬融合方式中,融合中心对各个监测设备发送来的判决结果的融合主要有 3 种融合方法:一是"求与"融合判决,二是"求或"融合判决,三是"投票制"融合判决。"求与"融合判决是指要求所有的监测设备都判决电磁辐射源信号的状态存在,融合中心才能判决其存在。"求或"融合判决只要有一个监测设备判决电磁辐射源信号的状态存在,那么融合中心就最终判决其存在。这两种方式都是"一个人否决所有人"的模式,是一种追求全体同意的方式,是相对保守的综合判决模式。给出"求或"融合判决的数学表达如下:

$$Q_f^{\mathrm{OR}} = 1 - \prod_{i=1}^{i=N}(1 - F(\lambda_1)) = 1 - \left[\frac{\Gamma(u, \lambda_1/2)}{\Gamma(u)}\right]^N \qquad (2\text{-}11)$$

"投票制"融合判决是一种较为科学实用的折中方案。即如果大多数,或者达到规定的多数的监测设备判决电磁辐射源信号的状态是存在,则融合中心综合判决电磁辐射源信号的状态是存在。另外,如果大多数或者达到规定的多数的监测设备判决电磁辐射源信号的状态是不存在,则融合中心综合判决电磁辐射源信号的状态是不存在的。

图 2.7 显示了协同频谱感知硬融合模式的主要流程。

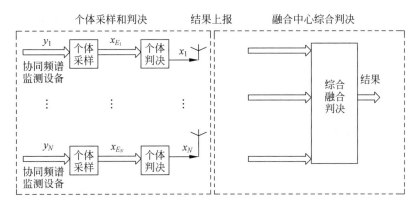

图 2.7　频谱监测网络协同频谱感知框图

协同频谱感知的主要优点是能够提升对电磁辐射源信号的状态的检测精确度,能够提升频谱检测速度,能够适应各种较为复杂的无线电环境。其主要的缺点在于:一是系统复杂度较高,计算复杂度也较高;二是协同频谱感知的协同机制的实现本身需要一定的通信能量和时间资源,需要和协同感知取得效益综合考虑;三是需要一个较为可靠的系统信息传递通道。

1. 基于硬判决融合的协同频谱感知技术

在基于硬判决融合的协同频谱感知技术中,每个频谱监测设备基于自己的本地感知结果进行初步判决,判决的电磁辐射源是否存在用单比特字符 0 或者 1 表示。频谱监测设备将这个单比特结果发送给融合中心进行合作感知。目前常用的硬判决融合算法主要有 AND 算法、OR 算法和 Majority 算法等[92-97]。

现在对于这 3 种算法做出一个公共假设:假设有 K 个频谱监测设备参与协同频谱感

知,每个频谱监测设备独立地进行本地检测,其虚警概率和检测概率分别为 $P_{f,i}$ 和 $P_{d,i}$。

AND 算法的核心思想是当且仅当所有的频谱监测设备都检测到电磁辐射源存在时才判决电磁辐射源在检测信道上存在信号发送行为。即协同频谱感知后的虚警概率和检测概率,表示如下:

$$\text{AND}: \begin{cases} Q_f = \sum_{i=1}^{K} P_{f,i} \\ Q_d = \sum_{i=1}^{K} P_{d,i} \end{cases} \tag{2-12}$$

可以看出,AND 算法同时降低了最终判决的虚警概率 Q_f 和检测概率 Q_d,这也就意味着认知系统会对电磁辐射源产生更高的干扰冲突,但同时认知系统也会得到更多的频带利用机会,获得更高的频谱利用率。

OR 算法的核心思想是只要有一个频谱监测设备检测到电磁辐射源的存在,那么最终就会判决电磁辐射源在使用该频段。协同频谱感知后的虚警概率和检测概率表示如下:

$$\text{OR}: \begin{cases} Q_f = 1 - \sum_{i=1}^{K} (1 - P_{f,i}) \\ Q_d = 1 - \sum_{i=1}^{K} (1 - P_{d,i}) \end{cases} \tag{2-13}$$

可以看出,OR 算法同时提高了最终判决的虚警概率 Q_f 和检测概率 Q_d。因此,OR 算法能降低认知系统对电磁辐射源的干扰,但同时也减少了可利用频谱的机会,降低了频谱利用率。

Majority 算法是对 AND 算法和 OR 算法的改进,其基本思想是:当且仅当满足一定数目(假设为 N)的频谱监测设备检测到电磁辐射源的存在时,系统才会最终判决电磁辐射源的存在。最终判决的协同频谱感知的虚警概率和检测概率如下公式所示:

$$\text{Majority}: \begin{cases} Q_f = \sum_{j=N}^{K} \sum_{\sum u_i = j} \sum \prod_{i=1}^{K} (P_{f,i})^{u_i} (1 - P_{f,i})^{1-u_i} \\ Q_d = \sum_{j=N}^{K} \sum_{\sum u_i = j} \sum \prod_{i=1}^{K} (P_{d,i})^{u_i} (1 - P_{d,i})^{1-u_i} \end{cases} \tag{2-14}$$

当 u_i 大于或等于 N 时认为电磁辐射源信号存在,小于 N 时认为不存在。可以看出,AND 算法和 OR 算法都是 Majority 算法的特例,当 $N = K$ 时,其就变为 AND 算法,当 $N = 1$ 时,其就变为 OR 算法。

基于硬判决融合的协同频谱感知易于实现,且只需要 1 比特进行传输,感知开销较低,在信道条件较好的时候硬判决融合的可信度较高。然而,由于硬判决融合在本地检测自行判决时就损耗掉一部分信息量,因此,当信号能量接近判决阈值时(低信噪比或者衰落情况严重等情况),硬判决融合的判决误差就很明显。为了解决这个问题并提高合作感知性能,又提出了基于软判决融合的方法。

2. 基于软判决融合的协同频谱感知技术

在基于软判决融合的协同频谱感知技术中,每个频谱监测设备独立的进行本地感知。这里假设采用能量感知的方法进行本地检测。那么频谱监测设备就将采样获得的能量值传输到融合中心,进行软判决融合。需要强调的是,虽然似然比算法被认为是最优的检测方法,但由于其算法复杂度太高,反而应用不是很广。相比较而言,线性加权算法能够以较小的性能损失显著地降低算法复杂度,从而得到了广泛的研究和关注[98-101]。这里主要介绍两种常用的线性加权算法:均值加权算法和信噪比加权算法。

对于软判决融合中的几种线性加权算法,我们给出一个公共的假设:有 K 个频谱监测设备参与合作感知,每个频谱监测设备在本地感知时独立进行能量检测,检测获得的能量值为 T。然后将该能量值发送给融合中心。融合中心接收到所有频谱监测设备发送的检测能量值后,根据不同算法做加权处理,表示如下:

$$S = \sum_{i=1}^{K} w_i T_i \tag{2-15}$$

式中,$w_1, w_2, \cdots, w_k$ 为加权系数。

由该公式可以看出设计线性加权算法关键在于加权系数的设置。

均值加权算法的核心思想是对每个检测能量值赋予同等的地位,而不考虑各个频谱监测设备之间的差别,表示如下:

$$w_i = \frac{1}{K}, \quad i = 1, 2, \cdots, K \tag{2-16}$$

考虑到频谱监测设备所处通信环境的不同,均值加权显然不是最好的加权算法。特别是当频谱监测设备接收信号信噪比普遍较低时,均值加权算法的误差较大。为了充分利用频谱监测设备差异性,又提出了信噪比加权算法。

信噪比加权算法的核心思想是对接收信号信噪比高的用户赋高的加权系数,对接收信号信噪比低的用户赋低的加权系数,表示如下:

$$w_i = \frac{\gamma_i}{\sum_{i=1}^{K} \gamma_i}, \quad i = 1, 2, \cdots, K \tag{2-17}$$

式中,$\gamma_i = \frac{P_i}{\sigma_i^2}$,为第 i 个用户的接收信噪比。

值得注意的是,当认知用户的接收信号信噪比比较低时,信噪比加权的性能基本接近最优。在实际的环境场景中,由于频谱监测设备离电磁辐射源普遍较远,满足接收信号信噪比低的条件,因此通常采用信噪比加权算法进行软判决融合。

2.2.2 聚类算法简介

在基于非内容的频谱数据分析中,聚类算法在分析频谱信号统计规律方面具有重要作用,是本书重要的方法之一,因此对聚类算法进行综合性的介绍[102-103]。不同用户在不同的通信过程中产生的频谱信号呈现出聚类性,并且连续地通信使得频谱数据在时间维度上呈现出流形分布特点,因此在对数据的挖掘处理过程中,需要通过聚类方法实现对频谱信号分布规律的研究。

聚类算法在各个领域具有广泛的应用[104]。K-均值算法[105] 以及 K-均值改进算法[106-107] 等基于划分的聚类方法具有简单高效、时间复杂度以及空间复杂度低的优点,但是这类方法不能有效地处理非凸数据,在聚类之前都需要预先确定聚类的数量,并且这些算法通常通过数据之间的距离来划分聚类。层次聚类方法对数据的处理可以采用"自顶向下"的分解策略,也可以采用"自底向上"的聚合策略,但是该类聚类方法也需要预设聚类个数。例如,AGNES(AGglomerative NESting 算法)[108]是一种采用"自底向上"的聚合策略的层次聚类算法,它首先将每个样本视为一个聚类簇,而后通过相应的算法或者策略寻找距离最近的两个簇进行合并,直到达到指定的聚类集数量。STING(STatistical INformation Grid)算法[109]、WAVE-CLUSTER 算法[110]等基于网络的聚类方法[111]是将数据空间划分为网格单元,将数据对象集映射到网格单元中,然后通过计算每个单元的密度,并与预先设定的阈值进行比较,进而确定稠密单元,最后由邻近的稠密单元组形成"类"[112]。尽管基于网络的聚类方法表现出良好的聚类速度,但是该类方法对参数敏感,并且无法处理不规则的数据。基于密度的聚类方法通过样本分布的紧密程度来确定聚类结构。作为一种典型的密度聚类方法,DBSCAN 算法[113-115]可以实现任意形状数据的聚类。其优点在于不用预先设定聚类个数,而是通过设定邻域半径 ε 以及核心点数量来自动确定聚类集的数量,但是 DBSCAN 算法对多密度数据聚类效果不好,稀疏的聚类会被划分为多个类或者稠密且距离较近的簇会被合成一个聚类,不同的参数(ε,MinPts)对应不同的聚类结果。OPTICS 算法[116]是基于 DBSCAN 算法的一种改进算法,通过产生一个增广的簇排序来生成各个样本点基于密度的聚类结构[117],即使用一个参数克服 DBSCAN 算法在多密度数据处理的缺陷,能够有效地处理多密度数据。与此同时,OPTICS 必须由其他算法协助确定不同聚类的可达距离的阈值,其性能受这些算法的约束。具有通联关系的通信双方产生的频谱信号呈现出聚类性。DBSCAN、OPTICS、峰值聚类[118]等密度聚类方法可以发现任意形状的聚类簇,尤其对流线形的数据分布具有良好的聚类效果,为频谱监测数据的挖掘提供了方法。

2.2.2.1　K-均值算法

K-均值聚类算法(K-means clustering algorithm)是一种迭代求解的聚类分析算法,其步骤是,预将数据分为 K 组,则随机选取 K 个对象作为初始的聚类中心,然后计算每个对象与各个种子聚类中心之间的距离,把每个对象分配给距离它最近的聚类中心。聚类中心以及分配给它们的对象就代表一个聚类。每分配一个样本,聚类的聚类中心会根据聚类中现有的对象被重新计算。这个过程将不断重复直到满足某个终止条件。终止条件可以是没有(或最小数目)对象被重新分配给不同的聚类,没有(或最小数目)聚类中心再发生变化,误差平方和局部最小[119]。K-均值算法如图 2.8 所示。

(1) 首先,选择一些类/组,并随机初始化它们各自的中心点。为了算出要使用的类的数量,最好快速查看一下数据,并尝试识别不同的组。中心点是与每个数据点向量长度相同的位置,在图 2.8 中是×。

(2) 通过计算数据点与每个组中心之间的距离来对每个点进行分类,然后将该点归类于组中心与其最接近的组中。

(3) 根据这些分类点,利用组中所有向量的均值来重新计算组中心。

(4) 重复这些步骤来进行一定数量的迭代,或者直到组中心在每次迭代后的变化不大。也可以选择随机初始化组中心几次,然后选择看起来提供了最佳结果的运行。

K-均值的优势在于速度快,它具有线性复杂度 $O(n)$。K-均值的缺点在于需要事先制定分类的数量,同时,K-均值从随机选择的聚类中心开始,所以它可能在不同的算法中产生不同的聚类结果。因此,结果可能缺乏一致性。

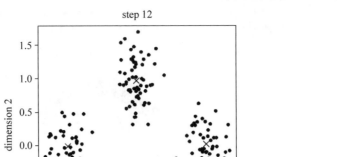

图 2.8　K-均值算法

2.2.2.2　DBSCAN 算法

DBSCAN(Density-Based Spatial Clustering of Applications with Noise,具有噪声的基于密度的聚类方法)是一种基于密度的空间聚类算法。该算法将具有足够密度的区域划分为簇,并在具有噪声的空间数据库中发现任意形状的簇,它将簇定义为密度相连的点的最大集合。

基本定义:

(1) ε 邻域——给定对象半径 ε 内的区域称为该对象的 ε 邻域。

(2) 核心对象——如果给定对象 ε 邻域内的样本点数大于或等于 MinPts,则称该对象为核心对象。

(3) 直接密度可达——给定一个对象集合 D,如果 p 在 q 的 ε 邻域内,且 q 是一个核心对象,则对象 p 从对象 q 出发是直接密度可达的(directly density-reachable)。

(4) 密度可达——对于样本集合 D,如果存在一个对象链 $P_1, P_2, \cdots, P_n, P_1 = q$, $P_n = p$,对于 $P_i \in D (1 \leqslant i \leqslant n)$,$P_{i+1}$ 是从 P_i 关于 ε 和 MinPts 直接密度可达,则对象 p 是从对象 q 关于 ε 和 MinPts 密度可达的(density-reachable)。

(5) 密度相连——如果存在对象 $o \in D$,使对象 p 和 q 都是从 o 关于 ε 和 MinPts 密度可达的,那么对象 p 到 q 是关于 ε 和 MinPts 密度相连的(density-connected)。

密度可达是直接密度可达的传递闭包,并且这种关系是非对称的。只有核心对象之间相互密度可达。然而,密度相连是对称关系。DBSCAN 目的是找到密度相连对象的最大集合。

DBSCAN 算法基于一个事实:一个聚类可以由其中的任何核心对象唯一确定。可以等价地表述为:任一满足核心对象条件的数据对象 p,数据库 D 中所有从 p 密度可达的数据对象 o 所组成的集合构成了一个完整的聚类 C,且 p 属于 C。算法的具体聚类过程如下:扫描整个数据集,找到任意一个核心点,对该核心点进行扩充。扩充的方法是寻找从该核心点出发的所有密度相连的数据点(注意是密度相连)。遍历该核心点的 ε 邻域内的所有核心点(因为边界点是无法扩充的),寻找与这些数据点密度相连的点,直到没有可以扩充的数据点为止。最后聚类成的簇的边界节点都是非核心数据点。之后就是重新扫描数据集(不包括之前寻找到的簇中的任何数据点),寻找没有被聚类的核心点,再重复上面的步骤,对该核心点进行扩充直到数据集中没有新的核心点为止。数据集中没有包含在任何簇中的数据点就构成异常点[120]。DBSCAN 过程可简述如下,如图 2.9 所示。

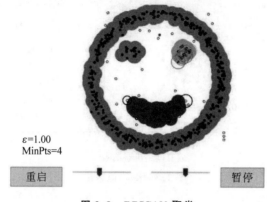

图 2.9　DBSCAN 聚类

(1) DBSCAN 从一个没有被访问过的任意起始数据点开始。这个点的邻域是用距离 ε(ε 距离内的所有点都是邻域点)提取的。

(2) 如果在这个邻域内有足够数量的点(根据 MinPts),则聚类过程开始,并且当前数据点成为新簇的第一个点。否则,该点将会被标记为噪声(稍后这个噪声点可能仍会成为聚类的一部分)。在这两种情况下,该点都被标记为"已访问"。

(3) 对于新簇中的第一个点,其 ε 距离邻域内的点也成为该簇的一部分。这个使所有 ε 邻域内的点都属于同一个簇的过程将对所有刚刚添加到簇中的新点进行重复。

(4) 重复步骤(2)和(3),直到簇中所有的点都被确定,即簇的 ε 邻域内的所有点都被访问和标记过。

(5) 一旦完成了当前的簇,一个新的未访问点就将被检索和处理,导致发现另一个簇或噪声。重复这个过程直到所有的点被标记为已访问。由于所有点都已经被访问,所以每个点都属于某个簇或噪声。

DBSCAN 与其他聚类算法相比有很多优点。首先,它根本不需要固定数量的簇。其次,它会将异常值识别为噪声,而不像均值漂移,即使数据点非常不同,也会简单地将它们分入簇中。再次,它能够很好地找到任意大小和任意形状的簇。DBSCAN 的主要缺点是当簇的密度不同时,它的表现不如其他聚类算法,这是因为当密度变化时,用于识别邻域点的距离阈值 ε 和 MinPts 的设置将会随着簇的变化而变化。这个缺点也会在非常高维的数据中出现,因为距离阈值 ε 再次变得难以估计。

2.2.2.3　OPTICS 算法

OPTICS(Ordering Points To Identify the Clustering Structure)算法是将空间中的数据按照密度分布进行聚类。与 DBSCAN 不同的是,OPTICS 算法可以获得不同密度的聚类,即经过 OPTICS 算法的处理,理论上可以获得任意密度的聚类。因为 OPTICS 算法输出的是样本的一个有序队列,从这个队列中可以获得任意密度的聚类。

OPTICS 算法的基础有两点:

（1）参数（半径，最少点数）。一个是输入的参数，包括半径 ε 和最少点数 MinPts。

（2）定义（核心点，核心距离，可达距离，直接密度可达）。核心点的定义，如果一个点的半径内包含点的数量不少于最少点数，则该点为核心点，数学描述即 $N\varepsilon(P) >= \text{MinPts}$。在这个基础上可以引出核心距离的定义，即对于核心点，距离其第 MinPts 近的点与之的距离 $\text{coreDist}(P) = \{\text{UNDIFED}, \text{MinPts Distance in } N(P), \text{if } N(P) <= \text{MinPts else 可达距离}\}$，对于核心点 P，O 到 P 的可达距离定义为 O 到 P 的距离或者 P 的核心距离，即公式 $\text{reachDist}(O,P) = \{\text{UNDIFED}, \max(\text{coreDist}(P), \text{dist}(O,P)), \text{if } N(P) <= \text{MinPts else}\}$。O 到 P 直接密度可达，即 P 为核心点，且 P 到 O 的距离小于半径。

OPTICS 算法

输入：数据样本 D，初始化所有点的可达距离和核心距离为 MAX、半径 ε 和最少点数 MinPts。

1. 建立两个队列，有序队列（核心点及该核心点的直接密度可达点），结果队列（存储样本输出及处理次序）；

2. 如果 D 中的数据全部处理完，则算法结束，否则从 D 中选择一个未处理且未核心对象的点，将该核心点放入结果队列，该核心点的直接密度可达点放入有序队列，直接密度可达点并按可达距离升序排列；

3. 如果有序序列为空，则回到步骤 2，否则从有序队列中取出第一个点；

3.1 判断该点是否为核心点，不是则回到步骤 3，否则将该点存入结果队列（如果该点不在结果队列）；

3.2 若该点是核心点，则找到其所有直接密度可达点，并将这些点放入有序队列，且将有序队列中的点按照可达距离重新排序，如果该点已经在有序队列中且新的可达距离较小，则更新该点的可达距离。

3.3 重复步骤 3，直至有序队列为空。

4. 算法结束。

输出结果

给定半径 ε 和最少点数 MinPts，就可以输出所有的聚类[121]。

2.2.2.4 密度峰值的聚类算法（DPC 算法）

基于密度峰值的聚类算法全称为基于快速搜索和发现密度峰值的聚类算法（clustering by fast search and find of density peaks，简称为 DPC）。其能够自动地发现簇中心，实现任意形状数据的高效聚类。该算法基于两个基本假设：

（1）簇中心（密度峰值点）的局部密度大于围绕它的邻居的局部密度；

（2）不同簇中心之间的距离相对较远。为了找到同时满足这两个条件的簇中心，该算法引入了局部密度的定义。假设数据点 x_i 的局部密度为 ρ_i，数据点 x_i 到局部密度比它大且距离最近的数据点 x_j 的距离为 δ_i，则有如下定义：

$$\rho_i = \sum_{j \neq i} \chi(d_{ij} - d_c) \tag{2-18}$$

$$\delta_i = \min_{j:\rho_j > \rho_i}(d_{ij}) \tag{2-19}$$

式中，d_{ij} 为 x_i 和 x_j 之间的距离；d_c 为截断距离；$\chi(\cdot)$ 为逻辑判断函数，$(\cdot) < 0, \chi(\cdot) = 1$，否则 $\chi(\cdot) = 0$。对于局部密度最大的数据点 x_i，它的 $\delta_i = \max_j(d_{ij})$。

通过构造 δ_i 相对于 ρ_i 的决策图，进行数据点分配和噪声点剔除，可以快速得到最终的聚类结果。算法 2.1 给出了基于快速搜索和发现密度峰值的聚类算法的具体步骤。首先，基于快速搜索和发现密度峰值的聚类算法对任意两个数据点计算它们之间的距离,并依据截断距离计算出任意数据点 x_i 的 ρ_i 和 δ_i;然后,算法根据 ρ_i 和 δ_i,画出对应的聚类决策图;接着,算法利用得到的决策图,将 ρ_i 和 δ_i 都相对较高的数据点标记为簇的中心,将 ρ_i 相对较低但是 δ_i 相对较高的点标记为噪声点;最后,算法将剩余的数据点进行分配,分配的规则为将每个剩余的数据点分配到它的最近邻且密度比其大的数据点所在的簇[122]。

算法 2.1 　基于快速搜索和发现密度峰值的聚类算法

1:计算任意两个数据点之间的距离

2:根据截断距离计算出任意数据点 x_i 的局部密度 ρ_i

3:对于任意数据点 x_i,计算出 δ_i

4:以 ρ_i 为横轴,以 δ_i 为纵轴,画出决策图

5:利用决策图,将 ρ_i 和 δ_i 都相对较高的点标记为簇中心;将 ρ_i 相对较低但是 δ_i 相对较高的点标记为噪声点

6:将剩余点进行分配。分配时,将每个剩余点分配到它的最近邻且密度比其大的数据点所在的簇

2.2.3　定位技术

2.2.3.1　概述

无线设备的日益先进化催生了大量基于各种信息的应用服务,其中位置信息即是最重要的要素之一[123-124]。例如,越来越普遍的医疗看护即通过记录病人的位置并显示其运动轨迹对病人进行实时追踪[125-126];智能交通系统通过记录车辆的位置信息及实时状态来对交通进行智能管控;后勤系统对各种保障物资记录位置信息实现高效的物资运输及存储[127-128];环境监测网络需要对区域内不同地点进行各类信息采集(空气、水分、土壤等),同样需要记录相应的位置坐标[129-130];人类的日常活动更是时刻需要知晓当前位置,以便进行空间内各类服务的应用准备。基于位置信息的服务已经将如上的各种应用服务应用于广泛的无线通信网络,融入人们的日常生活之中[131]。

为了得到准确的位置信息,人们研究了各种定位系统及方法技术,以实现不同环境条件下的所需节点的精准定位。所谓定位,即在一个给定的坐标体系内寻找相应节点的位置信息的过程。目前来看,最为人们所熟知的一项技术当属全球定位系统(GPS)[132]。基于GPS 系统的设备被广泛应用于生活中的各个方面:行人和车辆导航系统、车队或舰队的编队控制、智能手机或平板拍摄的照片中的地理坐标参考系等。虽然 GPS 系统在室外应用场景下能够实现较高精度的定位,但其在拥堵城市、恶劣天气及室内等环境下的定位性能并不令人满意。这主要是由于 GPS 信号较弱,易被墙体等障碍物阻挡或受多径效应影响,导致定位性能变差。另外,众所周知,GPS 设备耗电量非常大,加剧了功耗负担。

由于无线传感网的快速发展和广泛应用,针对无线传感网的定位问题的研究也愈发火热。无线传感网中的定位场景应用也非常广泛,如地理监测、智能家居、工业化控制、入侵检测等[133-134]。由于场景的多样化,针对无线传感网络中的定位技术也是层出不穷。无线传

感网络(WSN)由众多感知节点组成,其在通常情况下可分为两类:感知节点(锚节点)和目标节点(辐射源)。其中感知节点的位置事先已知,可通过 GPS 或者预先人为布设得到。而目标节点的位置未知,则需要通过给定的定位算法计算得出[135]。在无线传感网中,感知节点布设于监测区域内,并收集相关监测信息,所收集到的信息连同节点本身坐标信息一起传给处理中心,处理中心收集到这些感知数据并根据特定的应用服务需求对其处理,以得到最终结果。

根据定位的需求和场景不同,可将定位方法分为主动定位技术和被动定位技术。主动定位技术意味着目标节点需主动参与到定位过程中得到其位置信息或者提供相应的先验信息以配合感知节点对其定位。例如,用户若想通过 GPS 获取其位置信息,首先需具备相应的 GPS 模块,然后发送请求信息,终端通过收集相关信息测算出用户的位置。另外,在 Wi-Fi 定位中,其基本原理是用户通过接收多点的 Wi-Fi 信号来测算其本身位置[136-137]。通过分析可知,在主动定位中,用户一般都有一定程度的主观意愿获取自身位置。在指纹定位中,用户无须发送特定请求或主动收集信息。然而指纹定位系统需要预先知晓用户的发射功率,以便训练指纹形成相应指纹库,因此需要用户提前告知相应的信息[138-139]。可知,传统的指纹定位也属于一种主动定位技术。在后文中会详细分析。

与主动定位技术相反,被动定位技术主要表现在于目标节点完全脱离于定位系统过程之外,其只需要继续自己的行为而无须执行额外的操作。定位系统通过系统本身的节点收集相应信息并依据某种特定方法对目标节点的位置进行估计,丝毫不会影响到目标节点的行为。对于一些因构造简单不含处理模块的节点或者本身主观意愿并不愿意被发现的节点而言,被动定位技术显然更加适合。例如,在保密会议中偷偷携带进入的窃听器;在城市街道上恶意发布垃圾信息的伪基站;战场环境下敌方针对我方通信投射的干扰源;以及擅自闯入受保护区域的入侵用户(无人机)等。在这些情况下,目标节点并不希望自己的位置暴露,因此不会参与任何形式的定位工作,需要定位系统依靠自身相关方法对目标节点进行检测识别及定位。在无线传感网定位中,主要通过布设节点收集目标节点发射信号并进行相关分析估计其位置。传感器节点的定位通常包含两部分:首先感知节点通过收集相关信息进行其与目标节点间的距离测量,其次基于各感知节点收集的测量距离值进行几何计算[140]。由于人们的安全保护意识逐渐提高,且智能交通、频谱管理等研究越来越受到重视,因此针对辐射源的被动定位技术研究占据了越来越重要分量,受到研究者的广泛关注。图 2.10 总结了现有的大部分被动定位方法,具体在下一节进行详细介绍。

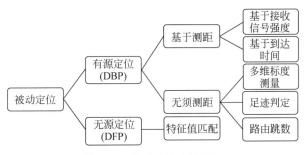

图 2.10 被动定位方法总结

2.2.3.2 被动定位技术

根据辐射源是否发射信号,可将被动定位分为有源被动定位(DBP)和无源被动定位(DFP)两类。有源定位是在辐射源发射信号的前提下展开的,感知节点通过接收信号做出相应的数据处理并利用定位技术估计辐射源位置。现有的绝大多数定位工作都是在有源的基础上展开研究的。进一步地,根据距离测量方法的应用,定位算法一般可分为基于测距(Range-based)的定位方法和无须测距(Range-free)的定位方法。基于测距的定位意味着节点间的距离需要通过传输信号的某些物理特性进行估计,具体视定位系统所能使用的硬件而定,例如接收信号强度(RSS)、到达时间(TOA)、到达时间差(TDOA)及往返时间(RTT)等。由于定位精度和实施复杂度存在折中关系,因此具体需要依据定位环境及条件决定使用哪种技术。例如,基于 TOA 和 TDOA 的定位能够测出较精确的位置,但是其需要很复杂的时间同步校准,额外的设备及人工开销使得定位的成本较高。尽管定位精度相比于TOA、TDOA 等方法略有降低,但基于 RSS 的定位方法无须额外的专业设备,耗能较低,从而降低了数据处理和信息传输的开销,因此基于 RSS 的定位方法在一些成本较低的定位问题方案中更受欢迎。无须测距的定位方法只需通过节点间的连通性信息(而不是如上距离信息)对感知节点的坐标进行估计,但由于无须准确的距离信息,其定位性能相比基于测距的方法略差。一种典型的方法如多维标度测量法(MDS),其通过研究节点之间的亲近关系(可以是距离或者连通性)作为相异性,从而获得各节点在低维空间中的相对位置坐标[141-142]。另外,文献[141]考虑了节点间通信传输的足迹鉴定问题,在区域内布设节点,节点根据是否收到信号发送 0 和 1 组成的二元信号,所有信息在处理中心合并形成空间频谱图,从而确定辐射源位置。

通过上述分析可知,在有源定位场景下,目标节点需携带有无线通信设备。然而,在部分场景下,目标节点并未携带通信设备或者并未使用相关设备发送信号,使得如上方法无从使用。如,房间内的人员走动,受保护区域的用户被非法入侵等。无源定位的基本思想是人体运动影响了无线电信号特征的变化,根据其变化推断出人体所在的位置[143]。其简单场景可描述为在测试区域的两端各放置一个发射机和多个接收机,当无人存在时,接收机可接收到较强信号。而当有人存在时,由于人体挡住了信号传播,导致衍射折射等情况发生,致使接收机的接收信号发生了变化。具体场景如图 1-2 所示。当人体处于不同位置时,接收机的接收信号是不同的。通过对比分析,可估计出人体的位置。许多无源系统利用接收到的发射机信号强度作为定位准则。文献[144-145]研究了无线传感网中基于无线电层析成像的无源定位技术,其使用了一种线性模型对移动人体进行成像。文献[146-147]提出的基于无线局域网(WLAN)的无源定位系统利用了指纹技术并用概率统计方法寻找最佳位置。然而,由于接收信号强度包含了噪声等波动,因此基于接收信号强度的无源定位系统在一定程度上受到限制。与信号强度相比,信号的特征向量在噪声环境下更加稳健。文献[148-149]提出了一种基于特征向量的无源事件检测方法,其使用了天线阵作为阵列传感器。文献[150]通过子空间方法计算了信号特征向量,其将接收信号的相关矩阵分解为正交信号和噪声子空间。文献[151]利用阵列传感器及支持向量机方法提出了一种无源定位方法,能够联合进行物体识别和定位。

无线定位问题实际就是位置估计问题。基于能量测量值的辐射源位置估计一般可分为如下两类:最大似然估计(ML)和最小二乘估计(LS)。最大似然估计具有渐进线性无偏特性,当噪声特性已知时且测量数据趋于无穷时,其性能是渐进最优的[152]。然而求解定位问题中的最大似然估计是一项非常难的工作。由于其具有高度的非线性和非凸性,因此其可能存在多个局部最优点[153]。在这种情况下,通过迭代算法是很难找到全局最优值的,因为其可能收敛到某个局部最优点或者鞍点,从而产生较大的估计误差。为解决该问题并尽可能提供最接近全局最优的初始点,也使用了网格搜索法、线性估计和凸松弛等方法[154-155]。当未知参数数目过多时,使用网格搜索法是非常耗时且占用大量存储空间的。线性估计耗时较少,但是其使用前提需要建立许多假设,当噪声非常大时估计性能受影响较大[156]。通过利用凸松弛技术可将原来的最大似然估计非凸非线性问题转化为凸优化问题,其优点在于能保证算法收敛到全局最优值[157-158]。值得注意的是,当使用了凸松弛方法,所转化的凸优化问题结果可能并不与原最大似然估计问题的结果保持一致[159]。最小二乘估计能够将原来定位中的非线性问题转化为线性问题,从而得到了广泛的研究。例如加权最小二乘法估计(WLS)[160]和最优线性无偏估计(BLUE)[161]都属于基于 RSS 的最小二乘估计。然而,由于噪声环境中存在明显的有偏性和方差,使得最小二乘估计的性能较差。在近期的研究中,许多研究者针对 LS 估计做了一系列改进,使其性能得到进一步提升。文献[162]提出了一种线性的最小二乘估计(LLS)方法,通过将原来的非线性公式转化为关于辐射源位置的线性公式而无须进行泰勒级数展开,进而用最小二乘估计求出未知的辐射源位置。文献[163]提出了一种基于无迹变换的 WLS 方法,其定位问题可由对分法解决。在文献[164]中,完全最小二乘估计(TLS)被证明是一种有效的估计方法,其可以同时补偿观测矩阵和数据向量中的错误值,因此其性能相比传统的 LS 估计得到了极大的提升。在此基础上,文献[165]提出了扩展完全最小二乘估计(ETLS)方法,并利用 SDR 方法实现了非凸的 ETLS 函数向凸的 SDP 函数的转变。

在基于 RSS 的定位过程中,大部分研究都默认信号传播损耗系数等环境信息已知。但在一些场景下,这些信息是未知的或者动态变化的,需要进一步研究分析。文献[165]提出了一种基于信号强度差的方法并将其应用到路径损耗系数未知的情况下,实现辐射源位置的定位。文献[166]考虑了信道环境动态变化的场景,设计了一种新算法实时调整损耗系数,以期实现定位的持续精准。另外,还有一类研究了一些特殊情况的场景,丰富了解决各类型问题的定位方法。如文献[167]和[168]考虑了非视距传播(NLOS)的定位问题,分析了在此情况下的新问题并提出相应解决办法。文献[169]研究了感知节点的位置误差,刻画了误差和噪声关系,用锚节点进行校准。文献[170]通过优化感知节点的位置,达到了较好的定位性能。

在完成估计问题后,需要对所得的估计值做出相应的精确度评判。现有的两种主流评判准则分别为最小均方根误差(RMSE)和克拉美罗界(CRLB)。其中 RMSE 准则度量了估计量偏离真值的平方根偏差的统计平均值,一般用于所提算法和传统算法性能的比较。CRLB 是对任何无偏估计量的方差确定一个下限。对于未知参数的所有取值,如果估计量达到此下限,那么它就是最小方差无偏估计量(MVU)。因此,CRLB 为比较无偏估计量的性能提供了一个标准,其使用是为了比较自身算法与性能最优界之间的差别。

2.2.3.3 指纹定位技术

基于指纹的定位技术通过捕获目标的特征信息,并与一系列不同位置处已有的特征进行匹配,从而辨别目标的位置所在。特征信息可由设备中内置的各种传感器进行捕捉,或者传感器可以被智能的用来检测目标的活动模式。例如,可以用相机对某一处风景拍照,并用照片与其他图像匹配,以辨别该风景地所在。麦克风可以被用来区分不同来源的声音特征。即使是用户的日常行为模式。通过特定 Wi-Fi 接入点的检测,可以区别出辐射源是在办公室还是家里。还有更多的线索隐藏于周边环境中,指纹定位的目的即是发现这些隐藏线索并用其高效地检测出目标位置。

得益于日益增长的传感器和智能手机,人们周围的许多类型信息都能够被感知到。这也促进了用多种类型信息作为特征进行定位的技术发展。近年来,相继研究出了各种类型的指纹定位技术。下面重点介绍几种不同的指纹类型定位技术,具体如图 2.11 所示。

图 2.11　指纹定位分类示意图

(1) 图像指纹。现有手机及计算机所配置的强大的视频及图像处理技术有效地促进了图像搜索技术的研究。许多基于内容的图像搜索技术能够利用已知图像序列中视觉特征如颜色、结构、形状等去搜索图像数据库[171]。另外,还有许多移动图像检索应用得到了推广,如 Vuforia Object Scanner。Vuforia Object Scanner 是一种安卓系统应用,能够提供关于检测物体质量、范围、跟踪性能的实时视觉反馈。在现有技术中,通过一个移动设备拍摄的照片即可准确定位出该目标设备的位置。由于标记图的再生,许多利用手机相机的图像定位系统得到了研究[172-173]。通过点击其手机里的一张图片并作为输入在图像数据库中寻找相似图像。最匹配的图像及其对应的地理坐标信息得以回传,该坐标信息即作为目标位置。

(2) 行为指纹。通过一些行为传感器的使用,如加速计、电子罗盘、陀螺仪等,现有的智能手机能够实时地进行感知和目标行为识别。近期的研究表明,行为数据不仅能作为特征对目标辐射源进行定位,还能作为额外的输入作用于其他定位技术并提升定位性能。其基本思想是结合加速计和罗盘信息并将其与感兴趣区域图进行匹配,进而定位出移动设备的位置。加速计信息用于检测目标行进距离,而罗盘信息用于估计移动设备的方向。目标的行进距离和方向进行周期性测量,作为指纹信息用于定位。

(3) 信号指纹。迅速增长的移动设备和无线网络促进了基于位置信息的系统和服务的开发应用。先比之前介绍 RSS、TOA 等易受衰落多径因素影响的定位技术,基于信号指纹的定位技术能得到更好的定位性能,特别是在复杂的无线电信号传播环境下。其基本思想是从多个发射机[Wi-Fi 接入点(AP)或基站(BS)]接收的信号组成信号图,将其与预先定义的信号图数据库进行比较,从而得到移动设备的位置。目前研究的绝大多数指纹定位技术都是基于信号指纹信息的[174]。文献[175]提出了一种 RADAR 系统,能够将 Wi-Fi 信号用于室内的指纹定位问题。其中 Wi-Fi 指纹是由接收到 Wi-Fi 接入点的 RSS 值组成的,可被计算机中的 Wi-Fi 天线所识别。通常而言,信号图是由用户接收到的 RSS 所产生。指纹是一个元素,其中包含了 RSS 数值和相应的 AP 或 BS 标志[176]。其也可以是 RSS 与其他信息(如 AP 的 MAC 地址或信噪比等)的结合[177]。

（4）混合指纹。在大多数定位技术中,定位准确性和功耗是存在折中关系的。然而,通过结合多种指纹类型可以构成一个更加稳健且性能更好的混合指纹定位系统。例如,为降低行为传感器内在噪声的影响,SmartLoc 提出使用风景标志或者行进速度作为特征对用户的估计位置进行校准[178]。其可以在 GPS 信号中断的情况下维持定位的高精确度。通过联合使用指纹定位技术以及其他定位技术可同样提升性能。例如,行为指纹可联合用于 GPS 模块作为辅助特征增加定位能效[179-180]。行为数据通过分析用于识别用户的当前行为状态（静止或运动）,定位系统通过此提示可动态地开启和关闭位置传感器,从而降低功耗。若用户是静止的,则通过加速器记录数据检测用户状态可阻止 GPS 的启用,从而节省能量开销。

一个指纹定位系统通常包括两个核心模块,即指纹训练模块和辐射源检测模块。其中指纹训练模块又可以分为指纹感知、指纹处理和指纹生成 3 个步骤。图 2.12 给出了指纹定位方法的简单流程图,具体介绍如下:

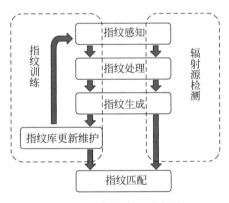

图 2.12　指纹定位流程图

（1）指纹感知。其是指纹定位工作的第一步。当指纹系统启动时,相关的传感器即开始持续、周期性地记录数据。如在许多基于图像的指纹定位应用中,手机相机被用户打开拍照并作为位置信息询问的输入信息。另一方面,基于行为的指纹定位激活相应的行为传感器（加速计、陀螺仪等）进行持续的数据记录。

（2）指纹处理。从传感器得到的初始数据通常包含噪声等。如果直接利用这些初始数据进行定位毫无疑问会降低系统的性能,如精度、能耗、时延等。为了解决该问题,应该对初始数据有一个预处理过程以消除噪声等数据带来的有害影响。另外,在指纹定位中,当样本数过多时,需要收集和处理的数据量过大,会增大成本开销以及时间消耗等。如在基于图像的指纹定位系统中,发送全部的图像或者对全部图像进行处理时会导致时间花费较长以及耗能较高。因此,为了最小化定位系统的开销,一个基本的想法就是只针对定位过程中需要的图像中的部分相关信息进行传输及处理。

（3）指纹生成。该阶段主要将各传感器所接收的数据整理合并成易于后续匹配的结构形式。传感器所接收的数据通常是无序的且没有固定形式,在指纹处理过后,系统会将该系列数据构造成一个询问指纹,其形式与数据库中预先设置的指纹形式一致。不同类型的指纹有不同的方法构造特征。如从不同 AP 或 BS 收集到的数据,其相应的 RSS 序列对于构建指纹特征非常重要,如果序列一旦出错,则直接影响后续的匹配准确度。因此,从设备收集到的数据需进一步处理成为与指纹库中预置指纹相同形式的 RSS 指纹。

（4）指纹匹配。尽管不同类型的指纹需要不同的匹配方法，然而它们都需要增大搜索空间密度（也即匹配点数）以提高定位性能，当然相应的耗能和处理时间也会增大。另外，尽量缩小定位估计区域以减少无用指纹的匹配能降低耗能和时间。因此，在大多数的指纹匹配过程，缩小定位估计区域以及增大区域内匹配点密度成为其提升性能的首要考虑。许多定位方法研究了如何指导匹配过程快速准确地缩小定位区域。其中大部分首先使用了粗略的定位方法进行初步定位，将目标区域限制在某个小形区域，然后在实行精准的指纹匹配定位[172-173]。在指纹匹配过程中，各种模式匹配方法均可用于询问指纹与指纹库中预置指纹的比较。最匹配的指纹所对应的坐标点即为用户的估计位置。

指纹定位系统需要提前构建指纹数据库以便后续的匹配，因此其需要花费代价从不同环境下采集数据信息。由于环境的时刻变化，因此需周期性的对区域内指纹进行采集和更新。一方面可以利用指纹间的相关性设计算法对部分指纹进行补全；另一方面，得益于技术的进步，基于群智的数据信息可以用来补充维护数据库，从而大大降低成本开销[181]。

2.2.4　基于搜索的优化算法简介

Equation Section 2Equation Chapter（Next）Section 1 优化意味着找到问题的最优解。在过去几十年间，优化问题的复杂度急剧增加。因此，有效的优化方法变得越来越有价值。通常有两类优化方法：经典算法和启发式算法[182]。基于导数的经典算法使用目标函数的梯度信息来找到最优解。所以这种方法不适用于不可微函数。此外，随着问题维度的增加，经典算法的计算复杂度呈指数级增长。因此，使用经典算法来解决高维问题是不切实际的。近年来，研究人员提出了一系列启发式算法，可以解决信息不完整的复杂高维问题[183]。该特点使它们不同于经典的数学算法。

引力搜索算法是 2009 年提出的一种新的启发式算法。该算法受牛顿引力定律和运动定律的启发。在该算法中，每个粒子的性能由其质量表示。所有粒子通过引力相互吸引，并向最重的粒子移动，其位置代表最优解。引力搜索算法的显著特点是简单、高效，这使其可用于解决技术和工程领域的复杂问题。然而，与其他启发式算法一样，引力搜索算法的主要缺点是过早收敛。

解决启发式算法中过早收敛问题的关键是在探索和利用之间建立合适的平衡。探索是指探索解空间，寻找新方案的能力。利用是指在好的方案中找到最优解的能力。随着迭代的进行，探索能力逐渐减弱，利用能力逐渐增强。基于种群的启发式算法中的个体通过 3 个步骤进行探索和利用：自适应、合作和竞争。在自适应阶段，每个个体都会提升自身的性能。在合作阶段，个体间通过传递信息相互合作。在竞争阶段，个体们为生存而竞争。这 3 个受自然过程启发的步骤通常具有随机的形式。它们可以通过不同的方式实现，引导算法找到全局最优解。

2.2.4.1　引力搜索算法

本节介绍原始的引力搜索算法，一种受牛顿引力定律和运动定律启发的基于种群的启发式算法。确切地说，算法中的粒子遵循以下定律：

（1）引力定律。每个粒子都吸引其他粒子。两个粒子间的引力与它们质量的乘积成正比，与它们之间的距离成反比。

（2）运动定律。每个粒子的加速度等于作用在其上的合力除以其惯性质量。

引力搜索算法的原理如图 2.13 所示。该算法中的粒子模拟太空中的行星。它们在引力的作用下在解空间中移动以找到最优解。每个粒子具有 4 个属性。

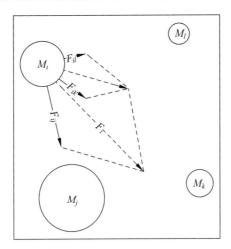

图 2.13　引力搜索算法的原理

（1）位置：每个粒子在解空间中的位置对应于问题的一个候选解。

（2）主动引力质量：该质量决定了粒子产生的引力场强度。主动引力质量更大的粒子会比其他粒子产生更强的引力场。

（3）被动引力质量：该质量决定了在已知的引力场中作用于粒子的引力强度。在相同的引力场中，被动引力质量更大的粒子会比其他粒子受到更强的引力。

（4）惯性质量：该质量决定了当力作用于粒子时，其对运动状态改变的抵抗强度。惯性质量大的粒子缓慢地改变其运动状态，而惯性质量小的粒子则快速改变。

在引力搜索算法中，每个粒子的主动引力质量、被动引力质量和惯性质量是相等的，由适应度函数确定。

该算法通过调整代表每个粒子性能的质量来推进。更重的粒子对应于更有效的解决方案。所有的粒子根据引力定律相互吸引，并根据运动定律移动。随着迭代的进行，种群将被最重的粒子吸引，其位置代表解空间中的最优解。

在包含 N 个粒子的 D 维解空间中，粒子 i 的位置定义如下：

$$x_i(t) = (x_i^1(t), \cdots, x_i^d(t), \cdots, x_i^D(t)), \quad i = 1, 2, \cdots, N \tag{2-20}$$

式中，$x_i^d(t)$ 表示粒子 i 在维度 d 中的位置。

G 称为引力常数，但其随迭代减小以控制搜索精度：

$$G = G_0 \times e^{-\alpha \frac{t}{T}} \tag{2-21}$$

式中，G_0 表示其初始值，t 表示当前迭代次数，T 表示最大迭代次数，α 表示控制该指数函数衰减速度的收缩常数。

Kbest 表示质量较大的粒子数量。只有 Kbest 个粒子对所有粒子施加引力。它是迭代次数的函数，其值从 N 线性减小到 1：

$$\mathrm{Kbest} = N \times \frac{\mathrm{per} + \left(1 - \frac{t}{T}\right) \times (100 - \mathrm{per})}{100} \tag{2-22}$$

式中，per 表示最后阶段对所有粒子施加引力的粒子个数。

参数 G 和 Kbest 在平衡探索和利用中起着重要作用。为了提高算法的性能，G 和 Kbest 的值在开始阶段较大，并随迭代减小。

粒子 i 的质量通过以下公式更新：

$$M_i(t) = M_{ai}(t) = M_{pi}(t) = M_{ii}(t) \tag{2-23}$$

$$m_i(t) = \frac{\mathrm{fit}_i(t) - \mathrm{worst}(t)}{\mathrm{best}(t) - \mathrm{worst}(t)} \tag{2-24}$$

$$M_i(t) = \frac{m_i(t)}{\sum_{j=1}^{N} m_j(t)} \tag{2-25}$$

式中，$M_{ai}(t)$、$M_{pi}(t)$ 和 $M_{ii}(t)$ 分别表示粒子 i 的主动引力质量、被动引力质量和惯性质量。$\mathrm{fit}_i(t)$ 表示粒子 i 的适应度值，由适应度函数评估得到。在该算法中，$\mathrm{best}(t)$ 和 $\mathrm{worst}(t)$ 分别表示 N 个粒子中的最佳适应度值和最差适应度值。对于最小化问题，它们的定义如下：

$$\mathrm{best}(t) = \min_{j \in \{1,2,\cdots,N\}} \mathrm{fit}_j(t) \tag{2-26}$$

$$\mathrm{worst}(t) = \max_{j \in \{1,2,\cdots,N\}} \mathrm{fit}_j(t) \tag{2-27}$$

而对于最大化问题，它们变为以下形式：

$$\mathrm{best}(t) = \max_{j \in \{1,2,\cdots,N\}} \mathrm{fit}_j(t) \tag{2-28}$$

$$\mathrm{worst}(t) = \min_{j \in \{1,2,\cdots,N\}} \mathrm{fit}_j(t) \tag{2-29}$$

维度 d 中粒子 j 作用于粒子 i 的引力通过以下公式计算：

$$F_{ij}^d(t) = G \times \frac{M_{pi}(t) \times M_{aj}(t)}{R_{ij}(t) + \varepsilon} \times (x_j^d(t) - x_i^d(t)) \tag{2-30}$$

式中，ε 是一个较小的常数，$R_{ij}(t)$ 是粒子 i 和粒子 j 之间的欧氏距离，其定义如下：

$$R_{ij}(t) = \| \boldsymbol{x}_i(t) - \boldsymbol{x}_j(t) \|_2 \tag{2-31}$$

维度 d 中作用于粒子 i 的合力是 Kbest 个粒子施加在其上的引力的随机加权和：

$$F_i^d(t) = \sum_{j=1, j \neq i}^{\mathrm{Kbest}} \mathrm{rand}_j \times F_{ij}^d(t) \tag{2-32}$$

式中，rand_j 是区间 $[0,1]$ 内均匀分布的随机数，它为算法提供了随机性。

根据运动定律，维度 d 中粒子 i 的加速度通过以下公式计算：

$$a_i^d(t) = \frac{F_i^d(t)}{M_{ii}(t)} \tag{2-33}$$

维度 d 中粒子 i 下一时刻的速度等于其当前速度的一部分加上其加速度：

$$v_i^d(t+1) = \mathrm{rand}_i \times v_i^d(t) + a_i^d(t) \tag{2-34}$$

式中，rand_i 是区间 $[0,1]$ 内均匀分布的随机数，其增强了搜索的随机性。

此外，维度 d 中粒子 i 下一时刻的位置更新如下：

$$x_i^d(t+1) = x_i^d(t) + v_i^d(t+1) \tag{2-35}$$

如图 2.14 所示，重复执行上述步骤，直到达到迭代总数或找到可接受的解决方案。

2.2.4.2　在探索性方面的改进

近年来，研究人员已经提出了一些改进版引力搜索算法以避免陷入局部最优并满足计

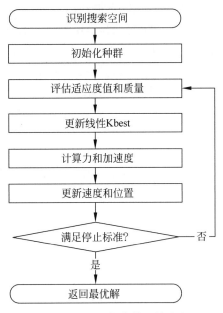

图 2.14　引力搜索算法的流程

算需求。文献[184]提出了一种具有负质量的新型引力搜索算法,该算法模拟了反重力现象并修改了质量定义。文献[185]使用了一种混沌优化机制来控制参数的变化,进而提高算法的收敛速度。

由于引力的吸引只会使粒子相互靠近,因此在过早收敛后,原始算法就失去了探索解空间的能力。因此,本章提出了一种新版引力搜索算法(Repulsive Gravitational Search Algorithm with Exponential Kbest,EKRGSA),以增强探索能力并在探索和利用之间建立合适的平衡。同时,指数的 Kbest 可以进一步平衡探索和利用,且能够显著提高算法的计算效率。

在合理的计算时间内找到近似的全局最优解是启发式算法的首要任务。实现这一任务需要在探索和利用之间取得合适的平衡。所提出的算法受物理中排斥现象的启发,可以提高探索性能和计算效率。

引力搜索算法的主要特点是粒子总是相互吸引的,而本章提出的算法对力的定义进行了改进。除了引力之外,还引入了斥力的概念。与电荷间的相互作用类似,在相同条件下,同种电荷间的排斥力与异种电荷间的吸引力大小相等,方向相反。因此,本章定义的斥力在大小上与引力相等,但在方向上完全相反。

在原始算法中,质量较大的 Kbest 个粒子对所有粒子施加引力。这意味着重粒子仅仅吸引所有粒子。但在所提出的算法中,Kbest 个粒子根据距离对所有粒子施加斥力和引力。换句话说,重粒子以两种不同的方式影响距离近和距离远的粒子。假设每个粒子都有一个排斥半径(R_r),其大小随迭代改变。当重粒子与另一个粒子间的距离大于 R_r 时,重粒子产生的力场提供斥力,而当距离小于 R_r 时,则提供引力。排斥半径由以下公式定义:

$$R_r = A \times \log_T t \tag{2-36}$$

式中,t 表示当前迭代次数,T 表示最大迭代次数,A 为一个正的变量,其随解空间的范围变化,以增强排斥半径的适应性。

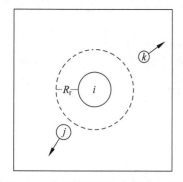

图 2.15　迭代初期排斥半径的大小和重粒子 i 施加力的方向

以下提到的 3 种情况对应图 2.15～图 2.17。在迭代初期,排斥半径的值较小,由于大部分粒子到重粒子的距离大于 R_r,因此它们被重粒子排斥。该策略提高了算法在初始阶段的探索能力。随着迭代的进行,排斥半径的值增大。在迭代中期,一些粒子被重粒子排斥以探索解空间,而其余粒子则被重粒子吸引以寻找最优解。在迭代后期,排斥半径的值较大,由于大部分粒子到重粒子的距离小于 R_r,因此它们被重粒子吸引。该策略保持了算法的利用能力。因此,所提出的算法增强了探索能力,保持了利用能力,并在二者之间建立了合适的平衡。

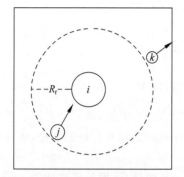

图 2.16　迭代中期排斥半径的大小和重粒子 i 施加力的方向

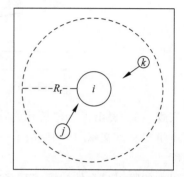

图 2.17　迭代后期排斥半径的大小和重粒子 i 施加力的方向

2.2.5　深度学习简介

根据本书在后续章节中涉及的基于深度学习的电磁行为识别研究的相关内容,介绍神经网络模型设计的思路和调优的方法,包括神经网络深度与感受野和识别率的关系,激活函数如何选择和优化器如何选取。将深度学习方案基础方案的确定分为以下部分,损失函数的确定(分类方案的确定)、激活函数的选择、优化器的选择、基础网络结构的尝试等部分。具体内容如下:分类方案的确认,阐述了选择交叉熵损失函数的原因;对多种激活函数的优缺点进行总结,介绍了实验中选择激活函数经验;对尝试的选择优化器进行介绍,阐述选择优化器的经验;使用的基础神经网络分类模型种类主要分为两类卷积神经网络和循环神经网络两类。

2.2.5.1　分类方案的选择

1. 均方损失函数和交叉熵损失函数

电磁通联行为识别问题既可以当成分类问题又可以当成回归问题进行处理。分类问题是定性问题,回归问题是定量的问题。如房价的预测、销量预测等问题属于回归问题。将通联关系当成回归问题,即使用均方损失函数衡量模型输出和真实标签的差距。将通联关系问题理解成分类问题进行处理,即使用交叉熵损失函数衡量输出结果和真实标签的距离。

在早期实验中,发现使用均方损失函数存在模型收敛速度慢的问题,本节针对这个问题展开分析,介绍了使用交叉熵函数衡量损失的原因。

1）均方差损失函数

$$\text{MSE}(y,y') = \frac{\sum\limits_{i=1}^{n}(y_i - y'_i)^2}{n} \tag{2-37}$$

式中,y_i 是 batch 中第 i 数据的真实标签,而 y'_i 为神经网络的预测值。

2）交叉熵损失函数

交叉熵衡量分别输出结果和真实标签的差距,本质上是最大似然估计的变形。分类问题上应用比较广泛（真实的标签用独热编码表示,方便使用交叉熵损失函数）。

$$H(y,y') = -\frac{1}{m} \sum_{i=1,2,\cdots,m} \sum_{j=1} y_{i,j} * \ln y'_{i,j}, \quad j=1,2,\cdots,k \tag{2-38}$$

其中,y 代表数据的真实标签,y' 表示神经网络模型的预测值,m 表示神经网络批量的大小。i 表示第 i 样本,j 表示第 j 类（共 k 类）。

2. 交叉熵函数的确定

采用交叉熵函数来衡量模型输出和真实标签之前的差异,使用交叉熵函数的收敛速度和效果明显高于使用均方损失函数的速度。下面介绍使用交叉熵函数的原因,其中为了简化表达不使用批量更新梯度算法,即批量大小 $m=1$。

以二分类问题为例（本书验证神经网络对通联关系的适用性时实验）,二分类问题最后一层输出先使用 sigmoid 激活函数做归一化,为了简化表达 sigmoid 函数用 σ 表示。

$$\text{Loss} = (y - y')^2 \tag{2-39}$$

式中,y 是真实的标签,y' 是神经网络模型输出结果,$y'=\sigma(z)$,$z=\boldsymbol{w}^{\text{T}}x+b$。$\boldsymbol{w}$ 和 b 表示最后一层神经网络的参数（回归中 z 是标量）。

$$\frac{\partial \text{Loss}}{\partial \boldsymbol{w}} = 2(y - y')\sigma'(z)\boldsymbol{x} \tag{2-40}$$

$$\frac{\partial \text{Loss}}{\partial b} = 2(y - y')\sigma'(z) \tag{2-41}$$

式中,$\sigma'(z)=(1-\sigma(z)) * \sigma(z)$,由上面的梯度公式可知,$\boldsymbol{w}$ 和 b 的梯度公式里面都含有 $\sigma'(z)$。当神经元输出接近 1 时,梯度接近 0（梯度消失）,神经网络反向传播参数更新缓慢,学习效率低下。

使用交叉熵函数可以解决 sigmoid 激活函数反向更新梯度缓慢的问题。为了简化表达和方便理解,将神经网络输出结果用标量的形式表示。

$$\text{Loss} = y_{\text{True}} \ln y'_{\text{True}} + (1 - y_{\text{True}}) \ln(1 - y'_{\text{True}}) \tag{2-42}$$

式中,y_{True} 下标表示识别为真,下面为了简化公式,设 $\sigma'(z)=(1-\sigma(z)) * \sigma(z)$,$y'_{\text{True}}=\sigma(z)$,$z=\boldsymbol{w}^{\text{T}}\boldsymbol{x}+b$。

$$\frac{\partial \text{Loss}}{\partial \boldsymbol{w}} = -\left(\frac{y_{\text{True}}}{\sigma(z)} - \frac{1 - y_{\text{True}}}{1 - \sigma(z)}\right)\sigma'(z)\boldsymbol{x} = (\sigma(z) - y_{\text{True}})\boldsymbol{x} \tag{2-43}$$

$$\frac{\partial \text{Loss}}{\partial b} = (\sigma(z) - y_{\text{True}}) \tag{2-44}$$

通过交叉熵函数将 $\sigma'(z)$ 约去,使得收敛缓慢问题得到解决。本书希望将通联问题希望网络输出是概率分布,有利于模型压缩(知识蒸馏方案使用概率分布)进行开展。所以使用 sigmoid 函数对二分类问题输出归一化和使用 softmax 函数对多分类输出进行归一化。

交叉熵函数的使用可以有效消除 sigmoid 或者 softmax 函数导数导致模型难收敛的弊端。所以可以有两种设计方案可以选择:均方损失函数不使用归一化函数的回归方案或者交叉熵函数使用归一化函数的分类方案。由于本书后续的模型优化需要网络输出为概率,对模型进行压缩,所以选择分类方案。

3. 激活函数的选择

激活函数特点分析

激活函数为深度模型提供非线性表达,提高深度网络的表达能力。神经网络中神经元的基本结构是权重 (w) 乘输入 (x) 加上偏置系数 (b) 经过激活函数 (f) 输出,如下面的公式所示。

$$f(wx + b) \tag{2-45}$$

激活函数在设计过程中,逐渐偏向以下共性特征。

非线性:线性函数的叠加仍然是线性。使用非线性的激活函数,可以使神经网络拟合任意非线性函数。

可微性:神经网络参数更新使用梯度迭代方法,所以激活函数必然可微。

单调性:激活函数如果不单调,会导致损失函数的局部最小点增加(极值点增多,单调函数和非单调函数的组合一般是非单调的)。

近似恒等性:$f(x) \approx x$ 的好处在于参数初始化较小时,神经网络参数更新稳定。

在电磁通联关系识别实验中,本书尝试的激活函数有 sigmoid、softmax、tanh、Leaky ReLU 等。不同的激活函数有着不同的特点,下面对本书用到的激活函数进行介绍,给出其优点和缺点。激活函数输出在有限范围内时,梯度更新方法会更稳定(如 sigmoid 激活函数)。激活函数值域为无限时,此时应该使用更小的学习率(如 ReLU)。

4. sigmoid 激活函数性能分析

sigmoid 激活函数如式(2-46)和图 2.18 所示,梯度函数如图 2.19 所示。sigmoid 函数在本书中主要用于二分类问题中最后一层输出归一化。

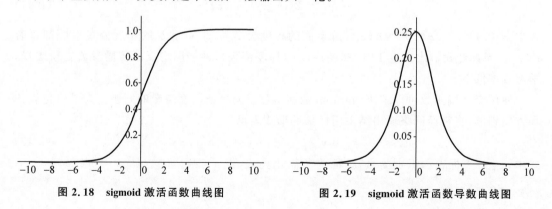

图 2.18　sigmoid 激活函数曲线图　　　　图 2.19　sigmoid 激活函数导数曲线图

优点:如 sigmoid 图像所示输出范围是 $(0,1)$,输出有限,参数更新较为稳定,求导相对较为容易。

缺点：

（1）容易造成梯度消失，由 sigmoid 梯度图像可知，梯度的值域分布较为集中，集中在 $(0,0.25)$ 区间，在大部分定义域内梯度的值接近为 0。由于神经网络参数更新通过链式法则进行的，神经网络深度增加，较小的梯度的累乘积会使梯度很难进行求导，进而导致梯度消失。目前，sigmoid 主要应用在浅层神经网络或者作为二分类问题输出归一化函数，RNN 中控制门的设计（遗忘门和记忆门等）。

（2）计算机进行幂函数所需的计算量大，神经网络模型的训练时间较长。

（3）输出非 0 均值，模型收敛慢。

$$\text{sigmoid}(x) = \frac{1}{1 + e^{-x}} \tag{2-46}$$

5. softmax 激活函数具体使用

softmax 激活函数如式（2-47）所示，本书使用 softmax 对神经网络的输出做归一化处理，使输出为概率分布，以概率的形式输出。

$$\text{softmax}(z_i) = \frac{e^{z_i}}{\sum_{k=1}^{n} e^{z_k}}, \quad i = 1, 2, \cdots, n \tag{2-47}$$

6. tanh 激活函数性能分析

tanh 激活函数如式（2-48）和图 2.20 所示，梯度函数如图 2.21 所示。tanh 函数的提出是为了解决 sigmoid 激活函数输出非 0 均值导致收敛速度慢的问题，目前多用于循环神经网络中做激活函数。

$$\tanh(x) = \frac{e^x - e^{-x}}{e^x + e^{-x}} = \frac{1 - e^{-2x}}{1 + e^{-2x}} = 2\text{sigmoid}(2x) - 1 \tag{2-48}$$

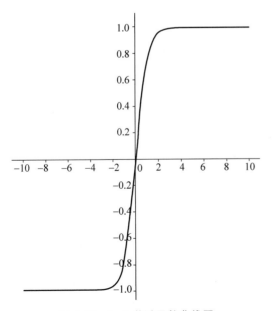

图 2.20　tanh 激活函数曲线图

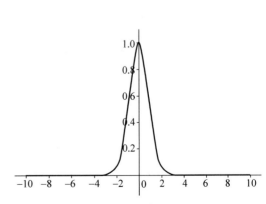

图 2.21　tanh 激活函数导数曲线图

优点：

（1）收敛速度快于 sigmoid 激活函数。

（2）相比以 sigmoid 函数和 ReLU 激活函数，输出是以 0 为中心。

缺点：

（1）容易造成梯度消失，如 tanh 的梯度图所示，梯度大部分接近 0。

（2）计算机进行幂函数计算量大，神经网络模型的训练时间较长。

7. ReLU 激活函数性能分析

ReLU[186] 激活函数的引入是为了解决梯度消失问题，使用近似恒等的思想。ReLU 激活函数如式(2-49)所示，如图 2.22 所示，梯度函数如图 2.23 所示。ReLU 激活函数普适性较好，被广泛用于 CNN 的分类中。

$$\text{ReLU}(x) = \max(0, x) = \begin{cases} 0, & x < 0 \\ x, & x \geqslant 0 \end{cases} \tag{2-49}$$

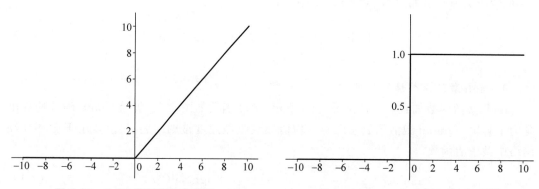

图 2.22　ReLU 激活函数曲线图　　　　图 2.23　ReLU 激活函数导数曲线图

优点：

（1）由激活函数导致的梯度消失问题得到有效缓解。在 ReLU 激活函数的正区间上梯度全为 1。

（2）求 ReLU 激活函数梯度计算任务较为简单，只需判断在正区间或者负区间（正区间梯度为 1，负区间梯度为 0）。

（3）相比于 sigmoid 和 tanh 收敛速度较快（幂指数运算造成的）。

（4）使模型具有稀疏表达能力。

缺点：

（1）非 0 均值输出，会导致收敛慢。

（2）Dead ReLU 问题：当输入在负区时，经过激活函数后输出为 0，造成很多激活单元可能永远不被激活。

8. 其他激活函数简要介绍

为了解决 Dead ReLU 问题，提出了 LReLU[187] 和 PReLU[188]，使其没有"死亡"。理论上 Leaky ReLU 有 ReLU 所有的优点，解决了 Dead ReLU 问题。但在实际使用过程中，没有发现或者证明 Leaky ReLU 优于 ReLU 函数。

激活函数多种多样，在应对不同问题时，经过不同的变化去适应不同的问题。如

GELU(高斯误差线性单元)[189]和 2017 年谷歌提出的 swish[190]激活函数。GELU 多用于序列数据(Bert 中使用的),swish 激活函数多用于图像分类中。swish 激活函数和 GELU 思想相同,效果相差不大。swish 一般优于 GELU,这里不做详细说明。在图像分类问题中,swish 激活函数在比较深的网络中效果明显优于其他激活函数(具有普适性)。它的公式如下所示,其中 β 是可以自己调节设置的,也可以通过训练得到。

$$\text{swish}(x) = x\,\text{sigmoid}(\beta x) \tag{2-50}$$

9. 本书选用激活函数的方法

本书实验中选用激活函数的经验:优先选用 ReLU 激活函数,在识别效果不佳的情况下,尝试使用 Leaky ReLU 激活函数和 tanh 激活函数。如果神经网络层数较深使用 swish 激活函数。本书实验中 CNN 中激活函数大多采用 ReLU 激活函数,它具有收敛快、计算量少等优点(计算机内部通过多阶泰勒展开公式进行 e 的幂运算,会消耗大量的计算资源)。

2.2.5.2　优化器的介绍

神经网络的更新是依赖于梯度更新算法,优化算法可以分为一阶优化算法和二阶优化算法,其中一阶优化算法(只使用一阶导数)是指随机梯度更新算法和它的变种,包括一阶动量法(如 Momentum)、二阶动量法(如 AdaGrad、RMSProp、AdaDelta 等优化器)以及一阶动量和二阶动量结合的方法 Adam。二阶优化算法在神经网络模型优化中很少被使用,如二阶牛顿法、拟牛顿法和共轭梯度法。但二阶优化算法存在 Hessian 计算困难的问题,且非严格凸优化问题收敛效果不好,在神经网络参数优化中应用不广泛。

本节首先介绍一阶动量和二阶动量的基本概念,然后分别介绍常用的几种优化器(这些优化器都有各自的使用场景,与数据和网络结构有关,不存在好坏之分,其中 Adam 算法对于超参数的设置不敏感)。

本书对梯度更新使用小批量梯度更新算法,即在求多个样本的平均梯度,然后进行梯度更新。在近两年的文献中,共性的结论是最优的学习率一定存在一个最合适的样本数量,样本数量大小如何设置仍存在争议。本书偏向于 batch size 不应设置过大的基本论点,文献[191]中智能芯片公司(Graphcore)两位工程师通过大量的实验给出建议,batch size 大小不宜过大,建议为 2~32。Yann LeCun(曾获图灵奖,卷积神经网络的倡导者)在脸书上发出了是朋友就不让他使用大于 32 的 batch size 的感慨。本书使用 batch size 大于 32,考虑到模型较小,同时运行两个 GPU 会造成计算资源的浪费,所以有意使用较大的 batch size。在实验中,如果模型较大(TensorFlow 可将模型拆成多个执行流,模型在硬件上并行化能力较强,计算能力能得到充分利用),建议使用较小的 batch size。

1. 随机梯度下降优化算法(SGD)

随机梯度更新本质上是一阶牛顿法(将模型看作直线的方法去寻找使损失函数最小的值的参数)。更新公式如下,其中 w_t 表示第 t 步参数的大小,g_t 表示 t 时刻 w 的梯度,α 表示学习率大小。随机梯度下降的方法存在着容易陷入极值点(局部最小值)的缺点,收敛速度慢的缺点,随机性体现在全部样本抽取样本。

$$w_t = w_{t-1} - \alpha g_t \tag{2-51}$$

$$g_t = \frac{\partial \text{loss}}{\partial w} \tag{2-52}$$

2. 动量梯度下降优化算法(SGD with Momentum)

随机梯度下降容易受到初始化的影响,为了限制神经网络陷入局部最小点和提高神经网络的收敛速度,引入了动量法[192](见图 2.24)。为了使梯度在陷入局部最小值时,能够自动摆脱这种困境,使用指数加权平均的数学思想,使过去一段窗口内历史梯度对现在也有影响,和当前时刻 t 距离越近影响越大。使权重更新沿着梯度变化大的反向前进(梯度变化大的方向多次累加),使模型获得更快的收敛速度。在神经网络模型经过局部最小值时会借助动量使模型不陷入局部最小值点。$\boldsymbol{m}_t$ 表示 t 时刻的动量,β_1 表示动量的衰减率,TensorFlow 框架中默认参数为 0.9。

$$w_t = w_{t-1} - \alpha \boldsymbol{m}_t \tag{2-53}$$

$$\boldsymbol{m}_t = \beta_1 \boldsymbol{m}_{t-1} + (1-\beta_1)\boldsymbol{g}_t \tag{2-54}$$

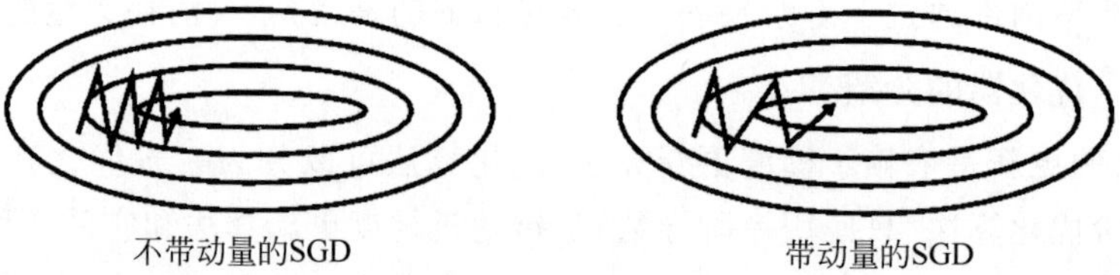

不带动量的SGD   带动量的SGD

图 2.24 动量法示意图[193]

3. Nesterov Acceleration Gradient(NAG)

为了更有效地解决局部最小值问题,在动量法的基础进行了改进,提出了 NAG 算法[194]。先跟着动量走一步,然后考虑新地方的梯度 $\boldsymbol{g}'_t$,进行权重更新。

$$w_t = w_{t-1} - \alpha \boldsymbol{m}_t \tag{2-55}$$

$$\boldsymbol{m}_t = \beta_1 \boldsymbol{m}_{t-1} + (1-\beta_1)\boldsymbol{g}'_t \tag{2-56}$$

$$\boldsymbol{g}'_t = \frac{\partial \text{Loss}(w_{t-1} - \alpha \boldsymbol{m}_t)}{\partial w} \tag{2-57}$$

在图 2.25 中,蓝色线代表动量法,绿色线代表 NAG 方法,棕色线是跟着动量走一步,然后求走到位置的梯度。

彩图

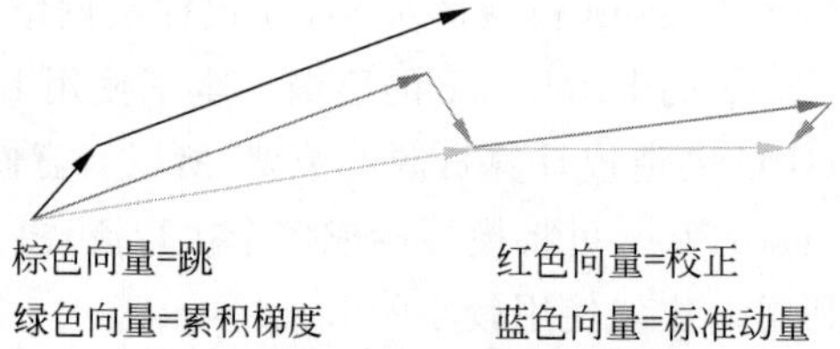

棕色向量=跳   红色向量=校正

绿色向量=累积梯度   蓝色向量=标准动量

图 2.25 NAG 设计理念图[195]

4. AdaGrad

为了解决调整学习率 α 的过程,引入二阶动量对学习率进行调整,引入了 AdaGrad 算法[196]。$\boldsymbol{v}_t$ 表示二阶矩,表示从第一次到第 t 次历史梯度平方的累加和(可以类比二阶优化算法中 Hessian 矩阵)。为了防止分母为 0,在分母加了一个很小的数 ε。

$$\boldsymbol{v}_t = \sum_{\tau=1}^{t} \boldsymbol{g}_\tau^2 \tag{2-58}$$

$$w_t = w_{t-1} - \alpha \frac{\boldsymbol{g}_t}{\sqrt{\boldsymbol{v}_t} + \varepsilon} \tag{2-59}$$

5. Root Mean Square Prop (RMSProp)

AdaGrad 由于中二阶动量是全部的历史梯度平方的累加和,所以导致学习率衰减过快 $\left(\frac{\alpha}{\sqrt{\boldsymbol{v}_t} + \varepsilon}$ 看作学习率$\right)$。用指数加权平均的方法,使二阶动量只保留过去一段窗口的梯度的平方,Hinton 提出了 RMSProp[195]。

$$\boldsymbol{v}_t = \beta_2 \boldsymbol{v}_{t-1} + (1 - \beta_2)\boldsymbol{g}_t^2 \tag{2-60}$$

$$w_t = w_{t-1} - \alpha \frac{\boldsymbol{g}_t}{\sqrt{\boldsymbol{v}_t} + \varepsilon} \tag{2-61}$$

6. 自适应矩估计优化算法(Adam)

Adam 是自适应矩估计算法[197],是一阶动量法和二阶动量法的结合体,其中对一阶动量和二阶动量进行偏差修正,偏差修正是为了解决权重 w 被初始化过小的情况。

$$\boldsymbol{m}_t = \beta_1 \boldsymbol{m}_{t-1} + (1 - \beta_1)\boldsymbol{g}_t \tag{2-62}$$

$$\boldsymbol{v}_t = \beta_2 \boldsymbol{v}_{t-1} + (1 - \beta_2)\boldsymbol{g}_t^2 \tag{2-63}$$

$\boldsymbol{m}_0$ 初始为 0,$\boldsymbol{m}_1$ 只与 $\boldsymbol{g}_1$ 有关,之前的动量为 0,所以在初始值较小的情况下参数更新缓慢。为了解决这种情况,同时解决 AdaGrad 学习率衰减过快的情况。用指数加权平均的方法去估计动量的期望。期望估计的方法推导公式如下所示(本书为了简单表达,只写出了一阶矩的推导公式)。其中 $\in$ 的产生是用 $E[\boldsymbol{g}_t]$ 代替 $E[\boldsymbol{g}_i]$ 所产生的方差累加和。

$$E[\boldsymbol{m}_t] = E\left[(1 - \beta_1)\sum_{i=1}^{t}\beta_1^{t-i}\boldsymbol{g}_i\right] \tag{2-64}$$

$$= (1 - \beta_1)E\left[\sum_{i=1}^{t}\beta_1^{t-i}\boldsymbol{g}_i\right]$$

$$= (1 - \beta_1)\sum_{i=1}^{t}\beta_1^{t-i}E[\boldsymbol{g}_t] + \varepsilon$$

$$= E[\boldsymbol{g}_t](1 - \beta_1^t) + \varepsilon$$

如果 $E[\boldsymbol{g}_t]$ 处于稳态(平稳状态),则 ε 为 0。如果处于非稳态,则 ε 为很小的值。$E[\boldsymbol{g}_t^2]$ 同理可得,然后在权重更新公式分母中加上 ε 防止分母为 0。梯度完成更新公式如下所示。

$$\boldsymbol{m}_t' = E[\boldsymbol{g}_t] = \frac{\boldsymbol{m}_t}{(1 - \beta_1^t)} \tag{2-65}$$

$$\boldsymbol{v}_t' = E[\boldsymbol{g}_t^2] = \frac{\boldsymbol{v}_t}{(1 - \beta_2^t)} \tag{2-66}$$

$$w_t = w_{t-1} - \alpha \frac{\boldsymbol{m}_t'}{\sqrt{\boldsymbol{v}_t'} + \varepsilon} \tag{2-67}$$

2.2.5.3 基础网络介绍

本书在后续章节将对时间序列数据进行分类,所以选择使用卷积神经网络和循环神经网络的基础模型对通联关系识别问题进行深入。卷积神经网络(CNN)主要对一维卷积进行展开,包括卷积、池化、感受野等本概念和较为成熟的结论。循环神经网络(RNN),主要介绍长短记忆神经网络。

1. 卷积神经网络

1）卷积

一维卷积的计算过程，如图 2.26 所示。不同颜色代表不同的通道，如图 2.26 所示输入为 3 通道，所以卷积核对应的通道数也应该为 3，即卷积核大小表示为 $1\times3\times3$（长×宽×通道）。卷积计算是指对输出核卷积核重叠的部分对应元素相乘然后相加如图 2.26 中输入方框内和卷积核的卷积计算（输入部分虚框部分和卷积核做运算）。本书中卷积核只在一个维度上进行滑动（步长为 1）。卷积核的个数与输出特征图的通道数相等，图 2.26 使用了一个卷积核，所以输出特征图的通道数为 1。

彩图

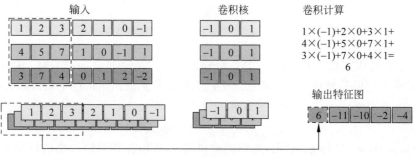

图 2.26　一维卷积示意图

为了减少卷积核参数的数目，卷积核由正方形的卷积核演变成非对称卷积核 $1\times n$ 和 $n\times1$ 的两个卷积核在长和宽上分别卷积，然后用 1×1 的卷积核对特征图的通道进行卷积（在通道上做卷积），可以有效地改变通道的个数，减少下一层的卷积核参数个数。

2）感受野和填充

感受野（Receptive filed）表示特征图的特征和原始图片的像素之间映射关系如图 2.27 所示。输入为 5×5 的图像，经过 3×3 卷积核运算后，输出 3×3 的特征图，图 2.27 中浅蓝色方格是输出特征图对应原始图像的映射关系。

图 2.27 中没有使用填充（padding）。输入的第一行第一列的元素（1,1）与输出特征图中有关只有（1,1）。而输入二行第二列元素（2,2），特征图对应输出有关的元素是{（1,1），（1,2），（2,1），（2,2）}。这会造成随着卷积网络层数的增加，边缘特征的信息会越来越被"忽略"，提取的特征会越来越偏向"考虑"原始图像的中心特征的信息。为了解决这个问题，保证卷积的平移不变性，对输入进行填充。

上面已经介绍了使用填充的原因，本书使用全零填充函数。如果卷积核的步长为 1，全零填充可以使输出特征图的大小和输入特征图大小相同，这样保证了特征图的特征容纳能力没有减少。全零填充的具体做法就是在输入的周围加上一圈 0，如图 2.28 所示。

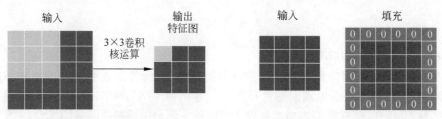

图 2.27　感受野示意图　　　　图 2.28　全零填充示意图

通过大量的实验,人们普遍认识到小卷积核实验效果比大卷积核要好。其中比较有名的例子是两个 3×3 的卷积核替代一个 5×5 的卷积核,其中的原理可以通过感受野的大小进行解释。两个 3×3 的卷积核和一个 5×5 的卷积核的感受野大小是相同的,但是一个 5×5 卷积核参数个数是 $25\times$ 输入通道数,而两个 3×3 的卷积核的参数个数是 $18\times$ 输入通道数,这样极大地减少了卷积核参数的个数。如图 2.29 所示,两个 3×3 的卷积核和一个 5×5 的卷积核的感受野大小完全相同。图 2.29 中第一行展示两个 3×3 的感受野的大小,输出特征图中元素对应原始图片的感受野大小使用浅色的方格表示。

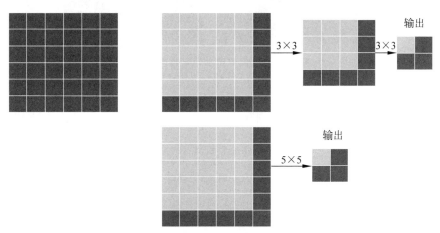

图 2.29　小卷积核代替大卷积核原理示意图

3) 池化层

池化层主要作用是降维。通过对图片进行上采样主动减少图片的大小,进而减少计算量,常用的池化是平均池化和最大池化。文献[198]中认为最大池化会神经网络模型学习图片纹理特征,平均池化会使神经网络模型学习图片的背景特征。所以在本书的神经网络设计中很少使用池化函数。

4) 卷积神经网络学习特点

卷积核是逐层学习特征的过程(可以理解成,由于感受野大小受到限制,使浅层的神经网络不能学习到总体的特征),为了学习图片的总体特征,神经网络的层数必须达到一定标准,使神经网络能够学习到总体特征(神经网络的层数不能过浅)。如图 2.30 所示,卷积网络较浅时学习物体的局部特征,随着层数的增加,可以从特征图中看到物体的总体特征。由上文可知,神经网络层数越多,最后输出特征图的感受野越大,特征越来越偏向于总体特征,所以卷积神经网络的层数必须达到一定的层数。

卷积神经网络的比较成熟的网络结构一般包括卷积,批归一化、激活、池化、提取特征,然后通过全连接层或者全局平均池化进行分类,如图 2.31 所示。基础知识部分不对批归一化算法和全局平均池化层进行展开说明,具体在后续章节展开。

2. 循环神经网络

下面主要介绍本书使用的长短记忆神经网络[200](LSTM)。循环神经网络(见图 2.32)经常用于提取时间序列的时间特征,提取序列数据之间的依赖关系,常用于预测和目标检测(结合 CNN,如 R-CNN)。RNN 的设计是通过不同时刻输入的参数共享,实现了对数据之

conv6
conv9

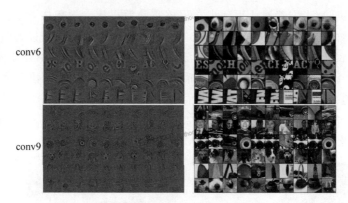

图 2.30 卷积分层学习示意图[199]

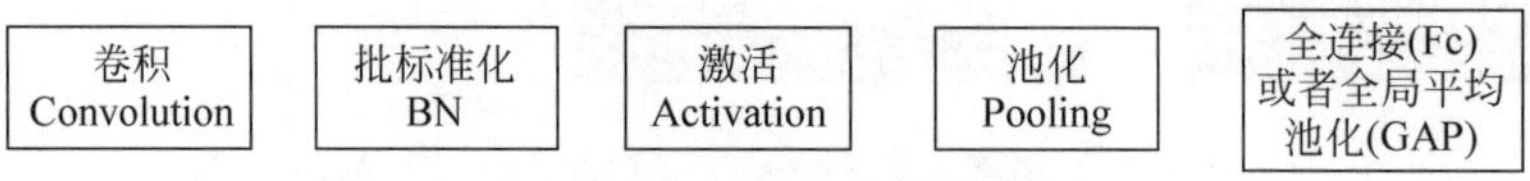

卷积
Convolution
批标准化
BN
激活
Activation
池化
Pooling
全连接(Fc)
或者全局平均
池化(GAP)

图 2.31 常见卷积网络的结构

间依赖关系的提取。当前时刻的输出不仅与当前时刻的输入 $x(t)$ 有关，还和前面时刻的状态 $h(t-1)$ 有关。其中 f 表示激活函数，常用 tanh。经过 softmax 归一化激活后再输出。

$$h(t)=f(w\times[h(t-1),x(t)]+b) \tag{2-68}$$

$$y(t)=\mathrm{softmax}(v\times h(t)+c) \tag{2-69}$$

y
v
x(t)
w
=
y(1)
y(2)
y(t)
h(1)
h(2)
···
h(t)
x(1)
x(2)
x(t)
x(t)

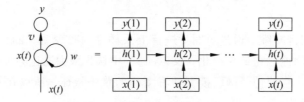

图 2.32 循环网络的结构示意图

循环神经网络存在长期依赖问题，因为是递归结构，所以模型更容易梯度消失或者梯度爆炸。为了解决梯度爆炸问题，常用的算法是梯度截断算法，设置阈值，当梯度大小大于阈值时，更新参数梯度的大小为固定的阈值，保留梯度的方向。梯度截断算法本章不详细展开，后面章节具体应用中详细展开，梯度截断算法常常用于处理梯度起伏较大的情况。所以循环神经网络往往都是和梯度截断算法一起出现。

遗忘门：

$$f(t)=\sigma(w_{\mathrm{f}} * [h(t-1),x(t)]+b_{\mathrm{f}}) \tag{2-70}$$

输入门：

$$i(t)=\sigma(w_{\mathrm{i}} * [h(t-1),x(t)]+b_{\mathrm{i}}) \tag{2-71}$$

输出门

$$g(t)=\sigma(w_{\mathrm{o}} * [h(t-1),x(t)]+b_{\mathrm{o}}) \tag{2-72}$$

内部参数更新：

$$c'(t)=\tanh(w_{\mathrm{c}} * [h(t-1),x(t)]+b_{\mathrm{c}}) \tag{2-73}$$

$$c(t) = f(t) \times c(t-1) + i(t) \times c'(t) \tag{2-74}$$

LSTM cell 输出：

$$h(t) = g(t) \times \tanh(c(t)) \tag{2-75}$$

长短记忆网络(LSTM)有效限制了梯度消失问题，引入控制门单元去解决长期依赖问题，包括遗忘门、输入门、输出门。其数学原理是通过引入恒等映射去解决长期依赖关系（残差神经网络也是使用此思想进行处理）。LSTM 的内部结构如图 2.33 所示，门控制单元的 σ 是 sigmoid 激活函数，sigmoid 的输出为 0～1，数值越大记忆越强。

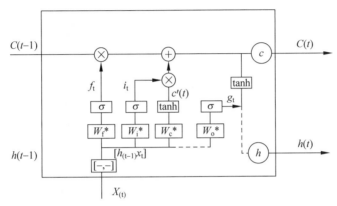

图 2.33　LSTM 结构示意图

参考文献

[1]　Yucek T,Arslan H. A survey of spectrum sensing algorithms for cognitive radio applications[J]. IEEE Commun. Surveys and Tutorials,2009,11(1)：116-130.

[2]　Zeng Y,Liang Y C,Hoang A T,et al. A Review on spectrum sensing for cognitive radio：challenges and solutions[J]. EURASIP J. Advances in Signal Process. 2010：381465.

[3]　Wang H,Wu Z,Ma S,et al. Deep Learning for Signal Demodulation in Physical Layer Wireless Communications：Prototype Platform，Open Dataset，and Analytics[J]. IEEE Access，2019，7：30792-30801.

[4]　Siuly S,Li Y,Zhang Y. EEG signal analysis and classification[J]. IEEE Trans Neural Syst Rehabilit Eng,2016,11：141-144.

[5]　Kim N K,Oh S J. Comparison of methods for parameter estimation of frequency hopping signals[C]. International Conference on Information and Communication Technology Convergence. IEEE,2017.

[6]　Zhang Y,Jia X,Yin C. Time-frequency analysis of frequency hopping signal based on partial reconstruction[C]. IEEE International Conference on Signal Processing，Communications and Computing,2017：1-5.

[7]　Srivastava G,Joshi S D. Time frequency analysis of analytic signal using signal mached filter bank[C]. International Conference on Signals and Systems,2018：181-184.

[8]　Kulin M,Kazaz T,Moerman I,et al. End-to-End Learning From Spectrum Data：A Deep Learning Approach for Wireless Signal Identification in Spectrum Monitoring Applications[J]. IEEE Access，2018,6：18484-18501.

[9]　Eldemerdash Y A,Dobre O A,Liao B J. Blind identification of SM and Alamouti STBC-OFDM signals [J]. IEEE Transactions on Wireless Communications,2014,14(2)：972-982.

［10］ Zhu D,Mathews V J,Detienne D H. A Likelihood-based Algorithm For Blind Identification Of QAM And PSK Signals[J]. IEEE Transactions on Wireless Communications,2018,17(5)：3417-3430.

［11］ Zhou Y Y,Wang F H,Sha Z C,et al. Frequency-hopping signals sorting based on underdetermined blind source separation[J]. IET Communications,2013,7(14)：1456-1464.

［12］ Nandakumar S,et al. Efficient Spectrum Management Techniques for Cognitive Radio Networks for Proximity Service[J]. IEEE Access,2019,7：43795-43805.

［13］ Chen L H,Zhang E Y,Shen R J. The sorting of frequency hopping signals based on K-means algorithm with optimal initial clustering centers[J]. Journal of National University of Defense Technology,2009,31(2)：70-75.

［14］ Zhang X,Zhang S. Parameter Estimation of Multiple Frequency-Hopping Radar Signals[C]. 2017 10th International Symposium on Computational Intelligence and Design (ISCID). IEEE,2017,1：99-102.

［15］ Shen C,Gao W,Song Z X,et al. Parameter estimation of digital communication signal[C]. In Proc. IEEE WARTIA,Ottawa,ON,2014：1080-1083.

［16］ Han F,Mei X,Cui H. Parameter estimation of multi-frequency signal based on 2D-spectrum[C]. 2010 International Conference On Computer Design and Applications. IEEE,2010,1：V1-269-V1-272.

［17］ Qi Y,Lu L X,Zhang K. Frequency-Hopping Period Estimation Based on Binary-Sum in Frequency Domain[C]. 2014 International Conference on Wireless Communication and Sensor Network. IEEE,2014：91-94.

［18］ Yang Y,Sun X,Zhong Z. A parameter estimation algorithm for frequency-hopping signals with a stable noise[C]. 2018 IEEE 3rd Advanced Information Technology,Electronic and Automation Control Conference (IAEAC). IEEE,2018：1898-1904.

［19］ Zhang X,Hu X,Dong X. A joint algorithm of parameters estimation for frequency-hopping signal based on sparse recovery[C]. 2017 9th International Conference on Wireless Communications and Signal Processing (WCSP). IEEE,2017：1-5.

［20］ Cui G,Liu J,Li H,et al. Signal detection with noisy reference for passive sensing[J]. Signal Processing,2015,108：389-399.

［21］ Ye H,Li G Y,Juang B H. Power of deep learning for channel estimation and signal detection in OFDM systems[J]. IEEE Wireless Communications Letters,2017,7(1)：114-117.

［22］ Mutapcic A,Kim S J. Robust signal detection under model uncertainty[J]. IEEE Signal Processing Letters,2009,16(4)：287-290.

［23］ Chang C I. Multiparameter receiver operating characteristic analysis for signal detection and classification[J]. IEEE Sensors Journal,2010,10(3)：423-442.

［24］ Zhang L,Ding G,Wu Q. Detecting Abnormal Power Emission for Orderly Spectrum Usage[J]. IEEE Transactions on Vehicular Technology,2019,68(2)：1989-1992.

［25］ Moumena A. Abnormal behavior detection of jamming signal in the spectrum using a combination of compressive sampling and intelligent bivariate K-means clustering technique in wideband cognitive radio systems[C]. 2015 4th International Conference on Electrical Engineering (ICEE). IEEE,2015：1-4.

［26］ Alipour H,Al-Nashif Y B,Satam P,et al. Wireless anomaly detection based on IEEE 802. 11 behavior analysis[J]. IEEE transactions on information forensics and security,2015,10(10)：2158-2170.

［27］ Rajendran S,Meert W,Lenders V,et al. SAIFE：Unsupervised wireless spectrum anomaly detection with interpretable features[C]. 2018 IEEE International Symposium on Dynamic Spectrum Access Networks (DySPAN). IEEE,2018：1-9.

［28］ Zhang M,Raghunathan A,Jha N K. MedMon：securing medical devices through wireless monitoring and anomaly detection[J]. IEEE Transactions on Biomedical Circuits & Systems,2013,7(6): 871-881.

[29] Akyildiz I F,Lee W Y,Vuran M C,et al. A survey on spectrum management in cognitive radio networks[J]. Communications Magazine,IEEE,2008,46(4):40-48.

[30] Zhang J,Chen Y,Zhao H,et al. A spectrum map based dynamic spectrum management framework [C]. 2015 IEEE International Wireless Symposium (IWS 2015). IEEE,2015: 1-4.

[31] Mazar H. Radio spectrum Management: Policies,regulations and techniques[M]. New Jersey: John Wiley & Sons,2016.

[32] Ali A,Hamouda W. Advances on spectrum sensing for cognitive radio networks: Theory and applications[J]. IEEE communications surveys & tutorials,2016,19(2): 1277-1304.

[33] Sun H,Nallanathan A,Wang C X,et al. Wideband spectrum sensing for cognitive radio networks: a survey[J]. IEEE Wireless Communications,2013,20(2): 74-81.

[34] Axell E,Leus G,Larsson E G,et al. Spectrum sensing for cognitive radio: State-of-the-art and recent advances[J]. IEEE signal processing magazine (Print),2012,29(3): 101-116.

[35] Yucek T,Arslan H. A survey of spectrum sensing algorithms for cognitive radio applications[J]. IEEE communications surveys & tutorials,2009,11(1): 116-130.

[36] Zeng Y,Liang Y C,Hoang A T,et al. A review on spectrum sensing for cognitive radio: challenges and solutions[J]. EURASIP journal on advances in signal processing,2010,2010(1): 381465.

[37] Masonta M T,Mzyece M,Ntlatlapa N. Spectrum decision in cognitive radio networks: A survey[J]. IEEE Communications Surveys & Tutorials,2012,15(3): 1088-1107.

[38] Lee W Y,Akyldiz I F. A spectrum decision framework for cognitive radio networks[J]. IEEE transactions on mobile computing,2010,10(2): 161-174.

[39] Zeng X,Jiao W,Sun H. A new method of hybrid frequency hopping signals selection and blind parameter estimation[C]. AIP Conference Proceedings. AIP Publishing,2018,1955(1): 040037.

[40] Li Y,Guo X,Yu F,et al. A New Parameter Estimation Method for Frequency Hopping Signals[C]. 2018 USNC-URSI Radio Science Meeting (Joint with AP-S Symposium). IEEE,2018: 51-52.

[41] 陈利虎,张尔扬,沈荣骏. 基于优化初始聚类中心 K-means 算法的跳频信号分选[J],国防科技大学学报,2009.

[42] 唐哲,雷迎科. 基于最大相关熵的通信辐射源个体识别方法[J]. 通信学报,2016(12): 171-175.

[43] 雷迎科. 基于协作表示的通信辐射源个体识别方法[J]. 通信对抗,2016,35(3): 13-17.

[44] Lin Y,Zhu X,Zheng Z, et al. The individual identification method of wireless device based on dimensionality reduction and machine learning[J]. The Journal of Supercomputing,2019,75(6): 3010-3027.

[45] Kim N K,Oh S J. Comparison of methods for parameter estimation of frequency hopping signals [C]. 2017 International Conference on Information and Communication Technology Convergence (ICTC). IEEE,2017: 567-569.

[46] Zeng X,Jiao W,Sun H. A new method of hybrid frequency hopping signals selection and blind parameter estimation[C]. AIP Conference Proceedings. AIP Publishing,2018,1955(1): 040037.

[47] 王永澄. 全球定位系统(GPS)在海湾战争中的应用及其未来展望[J]. 计算机与网络,1992(5): 78-83.

[48] Tahat A,Kaddoum G,Yousefi S,et al. A Look at the Recent Wireless Positioning Techniques With a Focus on Algorithms for Moving Receivers[J]. IEEE Access,2017,4:6652-6680.

[49] 余婉婷. 联合信号波形特征的直接数据域定位算法研究[D]. 郑州:战略支援部队信息工程大学,2018.

[50] 邓兵,孙正波,杨乐,等. 带目标高度约束信息的 TOA 无源定位[J]. 西安电子科技大学学报(自然科学版),2017,44(3): 133-137.

[51] Gustafsson F,Gunnarsson F. Positioning using time-difference of arrival measurements[C]. IEEE

International Conference on Acoustics, 2003.

[52] Ma F, Yang L, Zhang M, et al. TDOA source positioning in the presence of outliers[J]. IET Signal Processing, 2019, 13: 679-688.

[53] Fu W, Hei Y, Li X. UBSS and blind parameters estimation algorithms for synchronous or thogonal FH signals[J]. Journal of Systems Engineering and Electronics, 2014(6).

[54] Yu H, Huang G, Gao J, et al. An Efficient Constrained Weighted Least Squares Algorithm for Moving Source Location Using TDOA and FDOA Measurements[J]. IEEE Transactions on Wireless Communications, 2012, 11(1): 44-47.

[55] Chen X, Wang D, Yin J, et al. Performance Analysis and Dimension-Reduction Taylor Series Algorithms for Locating Multiple Disjoint Sources based on TDOA under Synchronization Clock Bias [J]. IEEE Access, 2018, 6: 48489-48509.

[56] Ahmed A U, Islam M T, Ismail M. Estimating DoA From Radio-Frequency RSSI Measurements Using Multi-element Femtocell Configuration[J]. IEEE Sensors Journal, 2014, 15(4): 2087-2092.

[57] Luo Q, Peng Y, Li J, et al. RSSI-based Localization through Uncertain Data Mapping for Wireless Sensor Networks[J]. IEEE Sensors Journal, 2016: 16(9): 3155-3162.

[58] Zhou S, Cui L, Fang C, et al. Research on Network Topology Discovery Algorithm for Internet of Things Based on Multi-Protocol[C]. 10th International Conference on Modelling, Identification and Control, 2018: 1-6.

[59] Yang Z, Li H, Wu Q, et al. Topology discovery sub-layer for integrated terrestrial-satellite network routing schemes[J]. China Communications, 2018, 15(06): 52-67.

[60] Zhou J, Ma Y. Topology discovery algorithm for ethernet networks with incomplete information based on VLAN[C]. International Conference on Network Infrastructure and Digital Content. IEEE, 2016: 396-400.

[61] Diamant R, Francescon R, Zorzi M. Topology-Efficient Discovery: A Topology Discovery Algorithm for Underwater Acoustic Networks [J]. IEEE Journal of Oceanic Engineering, 2017, 43 (4): 1200-1214.

[62] Kramer C, Christmann D, Gotzhein R. Automatic topology discovery in TDMA-based ad hoc networks [C]. 2015 International Wireless Communications and Mobile Computing Conference (IWCMC). IEEE, 2015.

[63] Ochoa-Aday L, Cervelló-Pastor C, Fernández-Fernández A. eTDP: Enhanced Topology Discovery Protocol for Software-Defined Networks[J]. IEEE Access, 2019, 7: 23471-23487.

[64] Montero R, Agraz F, Pages A, et al. Dynamic topology discovery in SDN-enabled Transparent Optical Networks[C]. 2017 International Conference on Optical Network Design and Modeling (ONDM). IEEE, 2017.

[65] Zhangchao W, Yan Z, Dedong Z, et al. An algorithm and implementation of network topology discovery based on SNMP[C]. 2016 First IEEE International Conference on Computer Communication and the Internet (ICCCI). IEEE, 2016.

[66] Xu J, Duan L, Zhang R. Proactive eavesdropping via cognitive jamming in fading channels[J]. IEEE Transactions on Wireless Communications, 2017, 16(5): 2790-2806.

[67] Han Y, Duan L, Zhang R. Jamming-Assisted Eavesdropping Over Parallel Fading Channels[J]. IEEE Transactions on Information Forensics and Security, 2019, 14(9): 2486-2499.

[68] Zeng Y, Zhang R. Wireless information surveillance via proactive eavesdropping with spoofing relay [J]. IEEE Journal of Selected Topics in Signal Processing, 2016, 10(8): 1449-1461.

[69] Liu C, Wu X, Zhu L, et al. The Communication Relationship Discovery Based on the Spectrum Monitoring Data by Improved DBSCAN[J]. IEEE Access, 2019, 7: 121793-121804.

［70］　Liu C,Wu X,Yao C，et al. Discovery and Research of Communication Relation Based on Communication Rules of Ultrashort Wave Radio Station［C］. 2019 IEEE 4th International,2019.

［71］　Pan T,Wu X,Yao C，et al. Communication Behavior Structure Mining Based on Electromagnetic Spectrum Analysis［C］. 2019 IEEE 8th Joint International Information Technology and Artificial Intelligence Conference (ITAIC). IEEE,2019：1611-1616.

［72］　O'Shea Z T J,Corgan J,Clancy T C. Convolutional radio modulation recognition networks［C］. Proc. Int. Conf. Eng. Appl. Neural Netw,2016：213-226.

［73］　Selim A,Paisana F,Arokkiam J A,et al(2017). Spectrum monitoring for radar bands using deep convolutional neural networks.［Online］. Available：https://arxiv. org/abs/1705. 00462.

［74］　Zhang M,et al. Automatic modulation recognition using deep learning architectures. 2018 IEEE 19th International Workshop on Signal Processing Advances in Wireless Communications (SPAWC). IEEE,2018.

［75］　Xu J,Duan L,Zhang R. Proactive eavesdropping via cognitive jamming in fading channels［J］. IEEE Transactions on Wireless Communications,2017,16(5)：2790-2806.

［76］　Han Y,Duan L,Zhang R. Jamming-Assisted Eavesdropping Over Parallel Fading Channels［J］. IEEE Transactions on Information Forensics and Security,2019,14(9)：2486-2499.

［77］　Chen L,Zhang E,Shen R. The Sorting of Frequency Hopping Signals Based on K-means Algorithm with Optimal Initial Clustering Centers ［J］. Journal of National University of Defense Technology,2009,2.

［78］　Urkowitz H. Energy detection of unknown deterministic signals［C］. Proc. IEEE,1967,55：523-531.

［79］　Kostylev V I. Energy detection of a signal with random amplitude［C］. Proc. IEEE Int. Conf. Commun. (ICC),2002：1606-1610.

［80］　Digham F F,Alouini M-S,Simon M K,et al. On the energy detection of unknown signals over fading channels［J］. IEEE Trans. Commun. 2007,55：21-24.

［81］　Cabric D,Mishra S M,Brodersen R W. Implementation issues in spectrum sensing for cognitive radios［C］. Proceedings of Asilomar Conference on Signals,Systems and Computers,2004.

［82］　Cabric D,Tkachenko A,Brodersen R W. Spectrum Sensing Measurements of Pilot,Energy, and Collaborative Detection［C］. Proceedings of Military Communications Conference Washington DC,2006.

［83］　Tang H. Some physical layer issues of wide-band cognitive radio systems［C］. Proceedings of First IEEE International Symposium on New Frontiers in Dynamic Spectrum Access Networks,Baltimore, MD,USA,2005.

［84］　Sahai A,Tandra R,Mishara S M,et al. Fundamental design tradeoffs in cognitive radio systems［C］. Proceedings of Int. Workshop on Technology and Policy for Accessing pectrum,Boston,2006.

［85］　Proakis J D,Digital Communications［M］. 4th ed. New York：McGraw-Hill,2011：163-233.

［86］　Ping Y,Yue X,Lei L,et al. An Improved Matched-Filter Based Detection Algorithm for Space-Time Shift Keying Systems［J］. IEEE Signal Processing Letters,2012,19(5)：271-274.

［87］　Gardner W A. Signal Interception：A Unifying Theoretical Framework for Future Detection［C］. IEEE Trans. On Communications,1998.

［88］　Yuan Q,Tao P,Wenbo W,et al. Cyclostationarity-Based Spectrum Sensing for Wideband Cognitive Radio［C］. ICCMC,2009.

［89］　Zhang T,Wu Y,Lang K,et al. Optimal scheduling of cooperative spectrum sensing in cognitive radio networks［J］. IEEE Systems Journal,2010,4(4)：535-549.

［90］　Huang S,Liu X,Ding Z. Optimal transmission strategies for dynamic spectrum access in cognitive radio networks［J］. IEEE Transactions on Mobile Computing,2009,8(12)：1636-1648.

[91] Ding G,Wu Q,Song F,et al. Decentralized sensor selection for cooperative spectrum sensing using unsupervised learning[C]. Proc. ICC 2012,2012.

[92] Quan Z,Cui S,Sayed A H. Optimal linear cooperation for spectrum sensing in cognitive radio networks[J]. IEEE Journal of Selected Topics in Signal Processing,2010,2(1):28-40.

[93] Mishra S M,Sahai A,Brodersen R W. Cooperative Sensing among Cognitive Radios[C]. 2006 IEEE International Conference on Communications,2006:1658-1663.

[94] Sayed A H,Cui S,Quan Z. Optimal Linear Cooperation for Spectrum Sensing in Cognitive Radio Networks[J]. IEEE Journal of Selected Topics in Signal Processing,2008,2(1):28-40.

[95] Quan Z,Ma W,Cui S,et al. Optimal linear fusion for distributed detection via semidefinite programming[J]. IEEE Trans. Signal Process,2010,58(4):2431-2436.

[96] Huogen Y,Wanbin T,and Shaoqian L. Optimization of Cooperative Spectrum Sensing in Multiple-Channel Cognitive Radio Networks[J]. IEEE GLOBECOM,2011

[97] Fan R F,Jiang H. Optimal multi-channel cooperative sensing in cognitive radio networks[J]. IEEE Transactions on Wireless Communications,2010,9(3):1128-1138.

[98] Ma J,Zhao G,Li Y. Soft combination and detection for cooperative spectrum sensing in cognitive radio networks[J]. IEEE Transactions on Wireless Communications,2008,7(11):4502-4507.

[99] Li M,Li L. Performance Analysis and Optimization of Cooperative Spectrum Sensing Based on Soft Combination[C]. 2011 7th International Conference on Wireless Communications,Networking and Mobile Computing,2011:1-4.

[100] Shen B,Kwak K S. Soft combination schemes for cooperative spectrum sensing in cognitive radio networks[J]. ETRI,2009,31(3):263-273.

[101] Aizhen Z. Research of Cooperative Spectrum Sensing Algorithms Based on Cognitive Radio[D]. Jinan:Jinan University,2011.

[102] https://wenku. baidu. com/view/bf40e2c158eef8c75fbfc77da26925c52dc59150. html.

[103] https://wenku. baidu. com/view/2eee07426e85ec3a87c24028915f804d2a16877e. html.

[104] Jain A K. Data clustering:50 years beyond K-means[J]. Pattern recognition letters,2010,31(8):651-666.

[105] Hartigan J A,Wong M A. Algorithm AS 136:A K-means clustering algorithm[J]. Journal of the Royal Statistical Society. Series C (Applied Statistics),1979,28(1):100-108.

[106] Kanungo T,Mount D M,Netanyahu N S,et al. An efficient K-means clustering algorithm:Analysis and implementation[J]. IEEE Transactions on Pattern Analysis & Machine Intelligence,2002 (7):881-892.

[107] Likas A,Vlassis N,Verbeek J J. The global K-means clustering algorithm[J]. Pattern recognition,2003,36(2):451-461.

[108] Kaufman L,Rousseeuw P J. Agglomerative Nesting (Program AGNES)[M]. John Wiley & Sons,Ltd,2008.

[109] Wang W,Yang J,Muntz R. STING:A statistical information grid approach to spatial data mining [C]. Vldb,1997,97:186-195.

[110] Sheikholeslami G,Chatterjee S,Zhang A. WaveCluster:A Multi-Resolution Clustering Approach for Very Large Spatial Databases[C]. International Conference on Very Large Data Bases,1998.

[111] 倪步喜,章丽芙,姚敏. 基于 SOFM 网络的聚类分析[J]. 计算机工程与设计,2006,27(5):855-856.

[112] 吴让好. 基于数据挖掘的电路故障分析方法研究[D]. 四川:电子科技大学,2017.

[113] Ester M,Kriegel H P,Sander J,et al. A density-based algorithm for discovering clusters in large spatial databases with noise [C]. International Conference on Knowledge Discovery and Data mining,1996,96(34):226-231.

［114］ Shah G H. An improved DBSCAN, a density based clustering algorithm with parameter selection for high dimensional data sets［C］. Engineering (NUiCONE), 2012 Nirma University International Conference on. IEEE, 2012.

［115］ Smiti A, Eloudi Z. Soft DBSCAN: Improving DBSCAN clustering method using fuzzy set theory ［C］. International Conference on Human System Interaction, 2013.

［116］ Ankerst M, Breunig M M, Kriegel H P, et al. OPTICS: ordering points to identify the clustering structure［J］. ACM Sigmod record, 1999, 28(2): 49-60.

［117］ 张延玲. 关于运动对象轨迹的分割与聚类算法研究［D］. 河南大学, 2009.

［118］ Rodriguez A, Laio A. Clustering by fast search and find of density peaks［J］. Science, 2014, 344 (6191): 1492-1496.

［119］ Polykovskiy D, Novikov A. Bayesian Methods for Machine Learning［D］. Coursera and National Research University Higher School of Economics, 2018.

［120］ https://www.cnblogs.com/chaosimple/p/3164775.html.

［121］ http://ddrv.cn/a/66368? unapproved = 169375&moderationhash = d65a76d583bc337cf8ee514ce3049cf6 # comment-169375.

［122］ https://my.oschina.net/u/4311876/blog/3424942.

［123］ Akyildiz I F, Su W, Sankarasubramaniam Y, et al. A survey on sensor networks［J］. IEEE Communications Magazine, 2002, 40(8): 102-114.

［124］ Wu Y H, Chen W M. An intelligent target localization in wireless sensor networks［J］. In International Conference on Intelligent Green Building and Smart Grid, 2014: 1-4.

［125］ Varshney U. Pervasive Healthcare［J］. Computer, 2003, 36(12): 138-140.

［126］ Yan H, Huo H, Xu Y, et al. Wireless sensor network based E-health system: implementation and experimental results［J］. IEEE Transactions on Consumer Electronics, 2010, 56(4): 2288-2295.

［127］ Angeles R. RFID Technologies: Supply-Chain Applications and Implementation Issues［J］. IEEE Engineering Management Review, 2007, 35(2): 64-64.

［128］ Glidden R, Bockorick C, Cooper S, et al. Design of ultra-low-cost UHF RFID tags for supply chain applications［J］. IEEE Communications Magazine, 2004, 42(8): 140-151.

［129］ Li M, Liu Y. Underground coal mine monitoring with wireless sensor networks［J］. ACM Transactions on Sensor Networks, 2009, 5(2): 1-29.

［130］ Yang Z, Li M, Liu Y. Sea Depth Measurement with Restricted Floating Sensors［J］. In IEEE International Real-Time Systems Symposium, 2007: 469-478.

［131］ Liu Y, Yang Z, Wang X, et al. Location, Localization, and Localizability［J］. Journal of Computer Science & Technology, 2010, 25(2): 274-297.

［132］ Enge P, Misra P. Special Issue on Global Positioning System［J］. Proceedings of the IEEE, 1999, 87 (1): 3-15.

［133］ Biswas P, Liang T C, Toh K C, et al. Semidefinite Programming Approaches for Sensor Network Localization with Noisy Distance Measurements［J］. IEEE Transactions on Automation Science & Engineering, 2006, 3(4): 360-371.

［134］ Niu R, Varshney P K. Target Location Estimation in Sensor Networks With Quantized Data［J］. IEEE Transactions on Signal Processing, 2006, 54(12): 4519-4528.

［135］ Zeng Y, Cao J, Hong J, et al. Secure localization and location verification in wireless sensor networks: a survey［J］. Journal of Supercomputing, 2013, 64(3): 685-701.

［136］ He S, Chan S H G. Wi-Fi Fingerprint-Based Indoor Positioning: Recent Advances and Comparisons ［J］. IEEE Communications Surveys & Tutorials, 2017, 18(1): 466-490.

［137］ Han D, Jung S, Lee M, et al. Building a Practical WiFi-Based Indoor Navigation System［J］. IEEE Pervasive Computing, 2014, 13(2): 72-79.

［138］ Honkavirta V, Perälä T, Alilöytty S, et al. A comparative survey of WLAN location fingerprinting methods[J]. In Positioning, Navigation and Communication, 2009: 243-251.

[139] Niu J, Lu B, Cheng L, et al. ZiLoc: Energy efficient WiFi fingerprint-based localization with low-power radio[C]. 2013 IEEE Wireless Communications and Networking Conference (WCNC), 2013: 4558-4563.

[140] Han G, Jiang J, Zhang C, et al. A Survey on Mobile Anchor Node Assisted Localization in Wireless Sensor Networks[J]. IEEE Communications Surveys & Tutorials, 2016, 18(3): 2220-2243.

[141] Villas L A, Boukerche A, Guidoni D L, et al. A joint 3D localization and synchronization solution for Wireless Sensor Networks using UAV[J]. In Local Computer Networks, 2013: 719-722.

[142] Villas L A, Guidoni D L, Ueyama J. 3D Localization in Wireless Sensor Networks Using Unmanned Aerial Vehicle[J]. In IEEE International Symposium on Network Computing and Applications, 2013: 135-142.

[143] Shang Y, Ruml W. Improved MDS-based localization[J]. In Joint Conference of the IEEE Computer and Communications Societies, 2004, 4: 2640-2651.

[144] Costa J A, Patwari N, Hero I A O. Distributed weighted-multidimensional scaling for node localization in sensor networks[J]. ACM Transactions on Sensor Networks, 2005, 2(1): 39-64.

[145] Rangarajan R, Raich R, Hero A O. Blind Tracking using Sparsity Penalized Multidimensional Scaling[J]. In Statistical Signal Processing, 2007: 670-674.

[146] Tang M, Ding G, Xue Z, et al. Multi-dimensional spectrum map construction: A tensor perspective [J]. In International Conference on Wireless Communications & Signal Processing, 2016: 1-5.

[147] Tang M, Ding G, Wu Q, et al. A Joint Tensor Completion and Prediction Scheme for Multi-Dimensional Spectrum Map Construction[J]. IEEE Access, 2016, 4(99): 8044-8052.

[148] Tang M, Zheng Z, Ding G, et al. Efficient TV white space database construction via spectrum sensing and spatial inference[J]. In Computing and Communications Conference, 2015: 1-5.

[149] Romero D, Kim S J, Giannakis G B, et al. Learning Power Spectrum Maps From Quantized Power Measurements[J]. IEEE Transactions on Signal Processing, 2016, 65(10): 2547-2560.

[150] Debroy S, Bhattacharjee S, Chatterjee M. Spectrum Map and Its Application in Resource Management in Cognitive Radio Networks[J]. IEEE Transactions on Cognitive Communications & Networking, 2016, 1 (4): 406-419.

[151] Sorour S, Lostanlen Y, Valaee S, et al. Joint Indoor Localization and Radio Map Construction with Limited Deployment Load[J]. Mobile Computing IEEE Transactions on, 2013, 14(5): 1031-1043.

[152] Ni L M, Liu Y, Lau Y C, et al. LANDMARC: Indoor Location Sensing Using Active RFID[J]. Wireless Networks, 2004, 10(6): 701-710.

[153] Krishnan P, Krishnakumar A S, Ju W H. A system for LEASE: location estimation assisted by stationary emitters for indoor RF wireless networks[J]. Proceedings—IEEE INFOCOM, 2004, 2: 1001-1011.

[154] Pan S J, Kwok J T, Yang Q, et al. Adaptive localization in a dynamic WiFi environment through multi-view learning[J]. In National Conference on Artificial Intelligence, 2007: 1108-1113.

[155] Sun Z, Chen Y, Qi J. Adaptive Localization through Transfer Learning in Indoor WiFi Environment [C]. In International Conference on Machine Learning and Applications, 2008: 331-336.

[156] Rai A, Chintalapudi K K, Padmanabhan V N, et al. Zee: Zero-effort crowdsourcing for indoor localization[C]. Proceedings of the 18th annual international conference on Mobile computing and networking, 2012: 293-304.

[157] Yang Z, Wu C, Liu Y. Locating in fingerprint space: wireless indoor localization with little human intervention[C]. In International Conference on Mobile Computing and NETWORKING, 2012: 269-280.

[158] Basser P J, Mattiello J, Lebihan D. MR Diffusion Tensor Spectroscopy and Imaging[C]. Biophysical Journal, 1994, 66(1): 259-67.

[159] Bihan D L, Mangin J F, Poupon C, et al. Diffusion tensor imaging: Concepts and applications[J]. Journal of Magnetic Resonance Imaging, 2001, 13(4): 534-546.

[160] Acar E, Dunlavy D M, Kolda T G, et al. Scalable tensor factorizations for incomplete data[J]. Chemometrics & Intelligent Laboratory Systems, 2010, 106(1): 41-56.

[161] Agrawal P, Patwari N. Kernel Methods for RSS-Based Indoor Localization[M]. New Jersey: John Wiley & Sons, Inc, 2011.

[162] Li J, Lu I T, Lu J S, et al. Robust kernel-based machine learning localization using NLOS TOAs or TDOAs[J]. In IEEE Long Island Systems, Applications and Technology Conference, 2017: 1-6.

[163] Mahfouz S, Mourad-Chehade F, Honeine P, et al. Kernel-based machine learning using radio-fingerprints for localization in WSNs[J]. IEEE Transactions on Aerospace & Electronic Systems, 2015, 51(2): 1324-1336.

[164] Dall'Anese E, Kim S J, Giannakis G B. Channel Gain Map Tracking via Distributed Kriging[J]. IEEE Transactions on Vehicular Technology, 2011, 60(3): 1205-1211.

[165] Zhang B, Teng J, Zhu J, et al. EV-Loc: integrating electronic and visual signals for accurate localization[J]. In ACM MobiHoc, 2012: 25-34.

[166] Sheng X, Hu Y. Maximum likelihood multiple-source localization using acoustic energy measurements with wireless sensor networks[J]. IEEE Transactions on Signal Processing, 2004, 53(1): 44-53.

[167] Saeed N, Nam H. Robust Multidimensional Scaling for Cognitive Radio Network Localization[J]. IEEE Transactions on Vehicular Technology, 2015, 64(9): 4056-4062.

[168] Salman N, Ghogho M, Kemp A H. On the Joint Estimation of the RSS-Based Location and Path-loss Exponent[J]. IEEE Wireless Communications Letters, 2012, 1(1): 34-37.

[169] So H C, Lin L. Linear Least Squares Approach for Accurate Received Signal Strength Based Source Localization[J]. IEEE Transactions on Signal Processing, 2011, 59(8): 4035-4040.

[170] Coluccia A, Ricciato F. RSS-Based Localization via Bayesian Ranging and Iterative Least Squares Positioning[J]. IEEE Communications Letters, 2014, 18(5): 873-876.

[171] Dharani T, Aroquiaraj I L. A survey on content based image retrieval[J]. In International Conference on Pattern Recognition, Informatics and Mobile Engineering, 2013: 485-490.

[172] Schroth G, Huitl R, Chen D, et al. Mobile Visual Location Recognition[J]. IEEE Signal Processing Magazine, 2011, 28(4): 77-89.

[173] Zhang J, Hallquist A, Liang E, et al. Location-based image retrieval for urban environments[C]. 2011 18th IEEE International Conference on Image Processing, 2011: 3677-3680.

[174] Honkavirta V, Perälä T, Alilöytty S, et al. A comparative survey of WLAN location fingerprinting methods[J]. In Positioning, Navigation and Communication, 2009: 243-251.

[175] Bahl P, Padmanabhan V N. RADAR: an in-building RF-based user location and tracking system[J]. Proc IEEE Infocom, 2000, 2: 775-784.

[176] Ibrahim M, Youssef M. CellSense: An Accurate Energy-Efficient GSM Positioning System[J]. IEEE Transactions on Vehicular Technology, 2011, 61(1): 286-296.

[177] Rekimoto J, Miyaki T, Ishizawa T. LifeTag: WiFi-Based Continuous Location Logging for Life Pattern Analysis[J]. In International Conference on Location-And Context-Awareness, 2007: 35-49.

[178] Bo C, Li X Y, Jung T, et al. SmartLoc: push the limit of the inertial sensor based metropolitan localization using smartphone[J]. In International Conference on Mobile Computing & Networking, 2013: 195-198.

[179] Paek J, Kim J, Govindan R. Energy-efficient rate-adaptive GPS-based positioning for smartphones

[J]. In International Conference on Mobile Systems, Applications, and Services, 2010: 299-314.

[180] Oshin T O, Poslad S, Ma A. Improving the Energy-Efficiency of GPS Based Location Sensing Smartphone Applications[J]. In IEEE International Conference on Trust, Security and Privacy in Computing and Communications, 2012: 1698-1705.

[181] Gallagher T, Li B, Dempster A G, et al. Database updating through user feedback in fingerprint-based WiFi location systems[J]. In Ubiquitous Positioning Indoor Navigation & Location Based Service, 2010: 1-8.

[182] Vieira D K D S, Mendes M H S. A Comparison of Algorithms for Solving Multicomponent Optimization Problems[J]. IEEE Latin America Transactions, 2017, 15(8): 1474-1479.

[183] Gu J, Bae S J, Hasan S F, et al. Heuristic Algorithm for Proportional Fair Scheduling in D2D-Cellular Systems[J]. IEEE Transactions on Wireless Communications, 2016, 15(1): 769-780.

[184] Khajooei F, Rashedi E. A new version of Gravitational Search Algorithm with negative mass[C]. Conference on Swarm Intelligence & Evolutionary Computation, 2016.

[185] Mittal H, Pal R, Kulhari A, et al. Chaotic Kbest gravitational search algorithm (CKGSA)[C]. Ninth International Conference on Contemporary Computing, 2016.

[186] Dahl G E, Sainath T N, Hinton G E. Improving deep neural networks for LVCSR using rectified linear units and dropout[C]. IEEE International Conference on Acoustics. IEEE, 2013.

[187] Maas A L, Hannun A Y, Ng A Y. Rectifier nonlinearities improve neural network acoustic models [C]. Proc. icml, 2013, 30(1): 3.

[188] He K, Zhang X, Ren S, et al. Delving Deep into Rectifiers: Surpassing Human-Level Performance on ImageNet Classification. 2015 IEEE International Conference on Computer Vision (ICCV), 2015: 1026-1034.

[189] Hendrycks D, Gimpel K. Bridging Nonlinearities and Stochastic Regularizers with Gaussian Error Linear Units[J]. Computer Science, 2016. In arXiv: 1606. 08415v1.

[190] Ramachandran P, Zoph B, Le Q V. Searching for activation functions[J]. ArXiv preprint arXiv: 1710. 05941, 2017.

[191] Masters D, Luschi C. Revisiting small batch training for deep neural networks[J]. ArXiv preprint arXiv: 1804. 07612, 2018.

[192] Qian N. On the momentum term in gradient descent learning algorithms[J]. Neural networks, 1999, 12(1): 145-151.

[193] Ruder S. An overview of gradient descent optimization algorithms[J]. ArXiv preprint arXiv: 1609. 04747, 2016.

[194] Nesterov Y. A method for unconstrained convex minimization problem with the rate of convergence O (1/k^2)[C]. Doklady an ussr, 1983, 269: 543-547.

[195] Hinton G, Srivastava N, Swersky K. Neural networks for machine learning[J]. Coursera, video lectures, 2012, 264(1).

[196] Duchi J, Hazan E, Singer Y. Adaptive subgradient methods for online learning and stochastic optimization[J]. Journal of machine learning research, 2011, 12(7).

[197] Kingma D P, Ba J. Adam: A method for stochastic optimization[J]. ArXiv preprint arXiv: 1412. 6980, 2014.

[198] Boureau Y L, Bach F, LeCun Y, et al. Learning mid-level features for recognition[C]. 2010 IEEE computer society conference on computer vision and pattern recognition. IEEE, 2010: 2559-2566.

[199] Springenberg J T, Dosovitskiy A, Brox T, et al. Striving for simplicity: The all convolutional net [J]. arXiv preprint arXiv: 1412. 6806, 2014.

[200] Hochreiter S, Schmidhuber J. Long short-term memory[J]. Neural computation, 1997, 9(8): 1735-1780.

第3章

基于频谱数据分析的通联行为识别

本章对电磁通联行为识别进行研究。对电磁通联行为的准确识别,是进一步分析网络结构的基础。只有从频谱数据中,识别出电磁通联的行为,才能以此对频谱数据进行对象化处理,并为解决定位目标选择、结构挖掘对象的选择和范围等问题打下基础。

3.1 引言

3.1.1 概述

可以通过截获并破解频谱信号携带的内容信息或者通信协议所规定的数据帧结构信息,获取通信内容以及通信个体的通信行为、意图。但是对数据帧结构等信息的分析依赖于通信协议以及与通信个体相关的先验知识,这些信息往往是未知的,尤其是在战场、恐怖活动等对抗条件下的通信行为分析,基于先验知识的分析方法具有较大的局限性。同时,对于加密通信,在具体场景要求的有限时间内完成对通信内容的破解和分析通常需要付出巨大的代价,并且更多时候,无法获取加密内容。

3.1.2 本章主要内容

为了解决基于通信内容和先验知识的分析方法在具体场景下的适用性问题,以及减小破解频谱信号内容所面临的难度和代价,本书通过对电台通信产生的频谱信号数据进行分析研究,挖掘频谱信号的物理特征以及这些特征的统计规律,获取电台之间的通联关系以及通信网络拓扑结构,为进一步分析通信个体的通信行为、规律奠定基础。本章主要内容总结如下:

(1)提出一种基于理想频谱数据中电台之间通联关系的方法。该方法首先假设电台基于停止等待 ARQ(Automatic Repeat Request)协议来确保数据的可靠传输,然后通过分析跳频通信与定频通信两种通信方式的特点,制定分类规则对频谱监测数据进行分类,进而寻找不同分类集之间的通联关系。该方法能够准确有效地从监测数据中发现隐藏的通联关系,并为缺失的频谱监测数据的研究奠定基础。

（2）提出一种频谱数据缺失条件下基于改进的 DBSCAN（Density-Based Spatial Clustering of Applications with Noise）算法挖掘频谱数据中电台之间通联关系的方法。该方法首先对缺失的数据进行预处理，提取载波频率、带宽、功率、信号监测时间等特征；其次，将 DBSCAN 算法进行了改进并用于由跳频周期，平均功率以及信号出现时间构建的三维空间中分析频谱信号的分布特点和统计规律；最后，对聚类集依据数据的时间分布范围进行匹配，挖掘通联关系。

（3）提出一种基于频谱特征信息提取采用改进的 OPTICS（Ordering Points to Identify the Clustering Structure）算法挖掘频谱数据中电台之间通联关系的方法。由于信源产生的频谱信号在功率、监测时间和方向上呈现的聚类性，以及通信过程中通信双方产生的频谱信号的关联性，改进了 OPTICS 算法并在柱坐标系中研究频谱监测数据的分布特点和统计规律；最后依据聚类集数据的时间分布来匹配聚类集确定通联关系。

3.2 理想频谱数据条件下的通联行为识别

3.2.1 问题引入

超短波电台作为分队之间相互通信、指挥侦查信息流动的通信设备，在军事通信中得到广泛应用。基于超短波电台通信频谱监测数据，挖掘超短波电台之间的通联关系具有重要意义。通联关系的发现能够分析战场环境中电台之间的相互通联关系，为进一步推测分析敌方通信网络结构、通信行为奠定了基础。本节提出了一种基于通信规则挖掘频谱监测数据中隐藏的通联关系的方法。该通联关系挖掘方法为更进一步获取频谱数据的隐藏信息、重要情报，深入分析频谱数据提供了一种新角度、新方法，并为后续的研究奠定基础。

3.2.2 模型建立

3.2.2.1 停止等待 ARQ 通联

由于无线信道容易受到环境的干扰，伴随着较高的误码率，为保证数据的可靠传输，在数据链路层的通联协议通常采用停止等待 ARQ 协议[1]。停止等待 ARQ 协议是数据链路层的基础协议。停止等待就是每发送完一个分组就停止发送，等待对方的确认[2]。在收到对方确认信息后再发送下一个分组[2]。图 3.1 展示了停止等待 ARQ 协议的基本过程。发送方发送数据帧之后等待接收端的反馈，当收到反馈信息之后再继续发送数据帧。

基于停止等待 ARQ 系统，通信双方的信息发送与反馈机制使得两通信电台始终保持信息交互。由于通信双方的通信时间是一致的，所以发送方和接收方产生的频谱信号具有相近的时间范围。

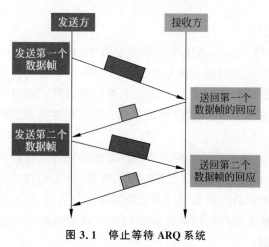

图 3.1 停止等待 ARQ 系统

3.2.2.2　信号传播过程中的衰落

无线信道作为无线通信系统信息的传播途径,制约着无线通信系统的性能。收发双方之间的传播路径易受到地理环境的影响。从简单的视距传播到遭遇地物的阻挡,信号在传播中的衰落是复杂的。对于信号监测设备而言,难以确定监测到的信号以何种方式衰落,但是监测到的信号功率的强度和相对于信源的距离成反比。本节以信号在自由空间的衰落为例,说明衰落过程对不同频段的信号的影响以及定频通信信号和跳频通信信号的衰落差异。

信号在自由空间衰落的幅度,受到载波频率高低的影响。根据自由空间传播模型,跳频通信时产生的信号衰落的变化要更显著。设信号发射功率为 P_t,接收功率为 P_r,那么:

$$P_r = \frac{A_r}{4\pi d^2} P_t G_t \tag{3-1}$$

其中,$A_r = \frac{\lambda^2}{4\pi} G_r$,$\lambda$ 为工作波长,G_r 和 G_t 分别为发射天线和接收天线增益,d 为发射天线与接收天线的距离。自由空间的传播损耗 L 定义为:

$$L = \frac{P_t}{P_r} \tag{3-2}$$

当 $G_r = G_t = 1$ 时,自由空间的传播损耗可以写为:

$$L = \left(\frac{4\pi d}{\lambda}\right)^2 \tag{3-3}$$

式(3-3)表示成 dB 的形式:

$$L' = 32.45 + 20\lg f + 20\lg d \tag{3-4}$$

其中,f(MHz)为工作频率,d(km)为收发天线之间的距离。由式(3-4)可知:自由空间的传播损耗只与工作频率 f 以及传播距 d 有关,所以对于跳频通信而言,监测到的信号功率是保持在一个变化范围内。

在实际的监测中,信号功率变化范围的大小也反映了跳频和定频信号的差异。定频通信监测信号的功率变化相对稳定,而跳频通信产生衰落的变化(即扰动的范围)要显著。

最后,信号的衰落主要分为快衰落与慢衰落,本节主要对已经监测到的信号的分析挖掘,故对信号的衰落过程不再具体讨论。

3.2.2.3　跳频通信

跳频通信的调频周期如图 3.2 所示,跳频周期 T_b 指每一跳占据的时间,与跳频速率成倒数关系。跳频驻留时间 T_{dw} 是指跳频电台在各个信道频率上发送或者接收信息的时间;信道切换时间 T_{sw} 是指跳频电台由一个信道频率转换到另一个信道频率并达到稳态时所需的时间[3],通常信道切换时间约占跳频周期的 $1/10 \sim 1/8$;对于一个跳频周期 $T_b =$

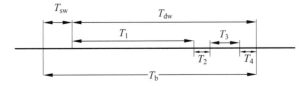

图 3.2　跳频周期内的时间关系

$T_{sw}+T_{dw}$。对停止等待 ARQ 系统的超短波电台,满足 $T_{dw}=T_1+T_2+T_3+T_4$,其中 T_1 表示电台发送信息的时间,T_3 表示接收电台发送反馈信息(ACK 或者 NCK)的时间,T_2 和 T_4 表示传播时延[3]。

3.2.3　基于规则的通联关系识别方法

本节通过对电磁通联规则的分析来进行通联关系的分析和识别。

3.2.3.1　通联设置

本节的研究目标是基于电台通信规则的差异从理想频谱监测数据中挖掘电台的通联关系,假设:

(1) 超短波电台工作模式为半双工、通信协议为停止等待 ARQ;

(2) 电台以跳频的方式通信时,一次数据帧的发送与确认帧的回复在一个跳频周期内完成;

(3) 所有的通信采用的都是点对点的通信方式。

通联关系的发现过程可以视为依据不同通信双方在频谱信号上的信息交互等特点对监测到的频谱信号进行分类,将频谱监测数据依据载波频率分成定频频谱数据集与跳频频谱数据集,再根据跳频周期、平均功率等对其进一步分类。由此,最终的分类结果对应着具有不同通联关系的电台在不同通信过程中产生的频谱信号集,从而实现通联关系的发现。

3.2.3.2　特征选择

本节选取了载波中心频率 F、跳频周期 T、信号平均功率 P、带宽 B,以及信号的出现时间 t_{begin} 和结束时间 t_{end} 作为进行频谱监测数据的通联关系发现研究的特征。假设预处理后的频谱集为 $X=\{x_1,x_2,\cdots,x_i,\cdots,x_n\}$,其中 $x_i=\{F_i,B_i,P_i,t_{begin_i},t_{end_i}\}$,$i=1$, $2,\cdots,n$。

根据通信时通信频率是否改变,超短波电台的通信方式分为定频通信和跳频通信,两种通信方式对应着不同的通信规则。定频通信的载波频率保持不变,而跳频通信的载波频率在不断跳变,可以从载波频率是否变化来区分定频通联关系和跳频通联关系。信号平均功率表征了信源相对位置,可以用来区分不同的信源,为通联关系的区分提供依据。信号的起始时间和结束时间用于计算跳频周期以及反映通联关系的时间连续性;跳频周期是区分不同电台跳频通信的主要特征,不同的跳频周期对应着不同的跳频通联关系。

3.2.3.3　通联关系挖掘算法

1. 定频通联关系发现

在定频频谱数据集中,根据不同的载波频率对其进行分类,每个类内相邻数据的起始时间间隔若大于设定阈值,则继续分类。最终分类结果对应着不同载频的定频通联关系。

2. 跳频通联关系发现

在跳频频谱数据集中,依据跳频周期、跳频信号在时序上是否重叠、信号平均功率等来对跳频数据集进行分类,区分通联关系。

基于上述的分析,得到理想频谱监测数据的通联关系挖掘算法。

算法 3.1：通联关系识别

输入：$X=\{x_1,x_2,\cdots,x_i,\cdots,x_n\}$，其中 $x_i=\{F_i,B_i,P_i,t_{\text{beging}_i},t_{\text{end}_i}\}$，$i=1,2,\cdots,n$。阈值 h

输出：通联关系的数量以及对应的频谱数据分类集

1. 求 $\{B_i|i=1,2,\cdots,N\}$ 中不同带宽的个数，记为 k，依据带宽将 X 分为 k 类。

2. for $j=1:k$

(1) 寻找 $X_j=\{x_1,x_2,\cdots,x_p,\cdots\}$ 内载频相同、连续出现的所有 x_p 记为定频子集 Y_1，剩下的数据记为跳频子集 Y_2；

(2) 定频通联关系识别：计算 Y_1 内不同频率的个数，记为 L_j，将 Y_1 分为 L_j 类，求每个类内相邻数据起始时间的差值，若某一差值大于阈值 t，则继续分类。计算 Y_1 内通信关系的数量。

(3) 跳频通联关系发现。

3. end

算法 3.2：跳频通联关系发现

输入：跳频子集 $Y_2=\{y_1,y_2,\cdots,y_m,\cdots\}$（其中 $m=1,2,3,\cdots$）

输出：Y_2 内跳频通联关系数量以及对应的分类频谱数据集

1. 计算跳频周期：寻找 y_m 后与 y_m 频率相同且距离最近的 $y_n(m<n)$，周期 T 为 y_n 中信号的结束时间与 y_m 中信号起始时间的差值。

2. 计算 Y_2 内不同跳频周期的个数，记为 L_q，将 Y_2 按照周期分为 L_q 类。

3. for $p=1:L_p$

   对 Y_{2p} 再按照信号平均功率、某些时刻是否监测到多个信号，计算该子集内跳频通联关系的数量，记为 l_p。

4. end

5. 计算 Y_2 内的跳频通联关系的数量，记为 D_j。

3.2.4 实验结果及分析

3.2.4.1 实验设置

在宽 3km、纵深 3km 地域随机设置 12 部超短波电台，每两部电台为一组，总共 6 组，组内电台之间进行通信。噪声为零均值的高斯白噪声。具体设置如表 3-1 所示。

表 3-1 超短波电台通信组参数设置

通信组序号	通信类型	载波频率/范围	带 宽	通信时长
1	定频通信	75 000kHz	2.7kHz	3s
2	定频通信	80 000kHz	2.5kHz	3.6s
3	跳频通信	30~88MHz	2.7kHz	3s
4	跳频通信	30~88MHz	3kHz	3s
5	跳频通信	30~88MHz	3kHz	3.2s
6	跳频通信	30~88MHz	3.5kHz	2.4s

基于如上的仿真场景与参数设置，模拟了 6 组电台通信的频谱数据作为监测站的监测数据，在对数据预处理后，获取了用于识别通联关系的特征，特征字段信息示例如表 3-2 所示。

表 3-2　数据特征字段信息示例

序　　号	中心频点	带　　宽	平　均　功　率	起始时间	结束时间
1	45 000kHz	2.5kHz	−17.44dBm	50ms	60ms
2	53 000kHz	2.5kHz	−15.64dBm	55ms	64ms
3	45 000kHz	2.5kHz	−17.44dBm	61ms	63ms
4	53 000kHz	2.5kHz	−15.64dBm	65ms	67ms

注：起始时间和结束时间从 0 开始。

3.2.4.2　实验分析

图 3.3 展示了仿真的 6 组超短波电台通信的所有频谱数据在时域上的分布情况,其中两条黑线表示定频通信产生的频谱数据,而离散点代表跳频通信的频谱数据。为进一步看清数据真实分布情况,截取在 1020～1100ms 监测到的频谱信号(图 3.3 虚线边框内区域)进行放大处理,如图 3.4 所示。在图 3.4 中,长横线表示发送电台发送数据包的时长,而紧跟其后的矩形表示接收电台收到信息后回复反馈信息(ACK 或者 NCK)的时长。

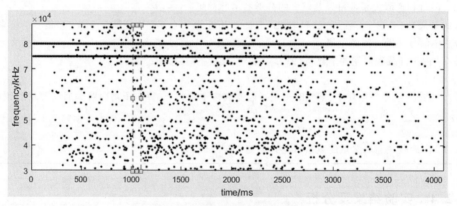

图 3.3　频谱监测数据分布图

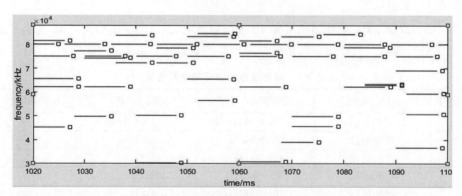

图 3.4　频谱监测数据局部分布图

通过算法对数据的分析发现了 6 组通联关系,在图 3.5 中分别用不同颜色进行标注,其中两组定频通信,4 组跳频通信。图 3.6 是对识别的具有通联关系的频谱数据分类结果进行展示;图 3.7 是监测时间 1020～1100ms 范围内的局部展示。其具体识别结果如表 3-3 所示。实验表明,该通联关系识别算法能够有效准确地将不同通联关系的频谱信号分类,实现了通联关系的发现。

　　与仿真场景的设置对比发现,本节提出的基于通信规则的通联关系识别方法能够在干扰较少的情况下,实现对电磁空间中诸多超短波电台通信产生的频谱数据的挖掘分析,从中正确识别所有的通联关系。

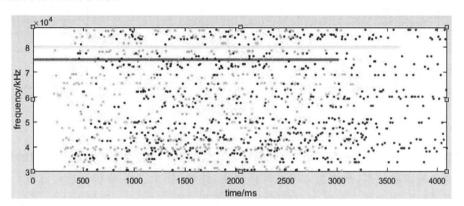

图 3.5　通联关系识别效果图

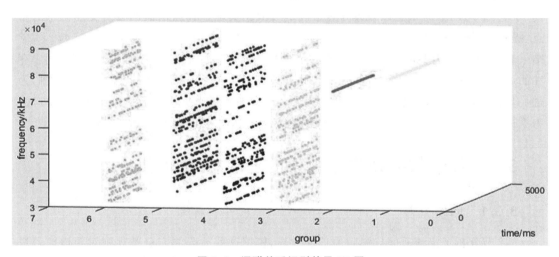

图 3.6　通联关系识别效果 3D 图

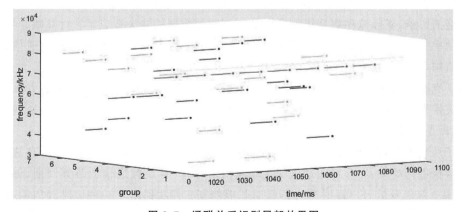

图 3.7　通联关系识别局部效果图

表 3-3 通联关系识别结果

通信组序号	通信双方通信类型	载波频率/范围	带　宽	通信起始时间	通信时长	跳频周期	颜色标注
1	定频通信	45 000kHz	2.7kHz	10ms	3s	—	紫色
2	定频通信	50 000kHz	2.5kHz	9.1ms	3.6s	—	黄色
3	跳频通信	30～88MHz	2.7kHz	200ms	3s	8.9ms	浅绿色
4	跳频通信	30～88MHz	3kHz	400ms	3s	8.9ms	黑色
5	跳频通信	30～88MHz	3kHz	900ms	3.2s	7.1ms	蓝色
6	跳频通信	30～88MHz	3.5kHz	300ms	2.4s	7.1ms	绿色

3.2.5　小结

本节为应对战场环境对频谱监测的需求,从监测到的频谱数据中挖掘有价值的情报,分析敌方电台的通联关系,推测敌方通信网络层级、结构,提出了一种基于超短波电台通信规则的通联关系发现方法。首先对超短波电台的跳频通信和定频通信特点进行了分析,仿真这两种不同的通信方式产生的无线电频谱数据;依据不同电台通信时,其载波频率、跳频周期、带宽、平均功率的特点以及基于停止等待 ARQ 系统方式通信而产生的交互信息的特点,提出了一种基于超短波电台通信规则的通联关系发现的方法,并进行了仿真实验。实验结果表明,本方法能够对空间中监测到的超短波电台频谱数据进行挖掘分析,发现空间中存在的通联关系的数量、信号之间的交互关系。研究工作实现了频谱监测数据的分析挖掘,为进一步获取频谱数据的隐藏信息、重要情报,深入分析频谱数据提供了一种新角度、新方法,为更进一步从频谱数据中挖掘、推测通信网络结构以及相关行为分析奠定了基础。

3.3　频谱数据缺失条件下的通联行为识别

3.3.1　问题引入

3.2 节分析了定频通信与跳频通信的差异,依据这些差异制定分类规则对频谱信号进行分类,进而发现不同通信个体之间的通联关系,但是该方法仅对干扰较少的理想信号有较好的识别效果。在实际通信中,由于环境因素造成的信号传播过程中的衰落以及受到监测设备性能的影响,实际监测数据可能会有缺失。这种数据的缺失造成了在计算跳频周期、信号平均功率、信号的持续时间等信息时,带有较大的误差,从而不能准确地通过通信规则来对频谱数据进行分类。

为了克服数据缺失对基于规则分类以及数据准确性的影响,考虑用聚类的方法来应对数据缺失带来的模糊性。与 3.2 节的研究数据相比,不是假设已经获得数据预处理后的理想数据,而是直接从原始数据中提取用于挖掘电台通联关系的特征。

为了从缺失的频谱监测数据中挖掘通信电台之间的通联关系,本节首先对有缺失的频谱监测数据进行处理,区分定频通信和跳频通信信号,计算跳频通信的跳频周期,每一跳信号的平均功率以及信号出现时刻和持续时长等特征;其次提出了一种以跳频周期、信号功率、信号出现时间等参数作为特征的基于改进的 DBSCAN 密度聚类的方法,对频谱监测数据进行聚类;然后依据聚类集内数据的时间分布对聚类簇进行匹配确认通联关系;最后将改进的 DBSCAN 算法与 K-均值、DBSCAN、OPTICS 算法在频谱数据的聚类效果上进行比较。实验结果表明,该方法减少了对参数的调整,对频谱信号有更好的聚类效果与适应性,能够准确发现不完整频谱监测数据中隐含的电台通联关系。图 3.8 展示了通联关系发现方法的流程。

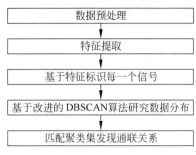

图 3.8　通联关系发现方法流程

3.3.2　数据分析与处理

本节讨论频谱监测数据与实际频谱数据在信号时长、功率等方面的差异与影响因素;分析可以标识每段信号,进行通联关系发现的特征;并基于频谱监测数据进行数据预处理,计算每段跳频信号的跳周期、平均功率、信号时长、信号出现时间等特征。

3.3.2.1　影响频谱监测数据完整性的因素

1. 通信协议对频谱监测数据的影响

(超短波)电台采用半双工的通信方式,其物理信道是(超短波)无线信道,误码率较高。为减少或纠正误码,保证可靠传输,在数据链路层采用停止等待 ARQ 与前向纠错 FEC 混合的通信方式。图 3.9 显示了一次信息帧的发送与确认帧(或者错误图样帧)的回复所占据跳频周期的情况,其中红色表示发送的信息帧,黄色表示确认帧,蓝色表示跳频周期内信道切换的时间,占据跳频周期的 1/10 到 1/8 的长度。绿色部分表示驻留时间,用于传输信息。在实际监测中,由于信息帧需要占据若干个跳频周期,监测到的信息帧对应的跳频周期数量最多;由于 ACK 帧帧长最短,所以监测到的传输时间短。另一方面,通信距离以及信道质量也会影响通信速率,进而导致信息帧以及确认帧的发送时间变长,从而监测到更多的频谱数据。

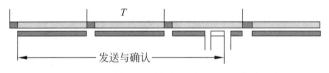

图 3.9　数据帧、确认帧在跳频周期的传输示意

2. 扫描周期对频谱监测数据的影响

频谱信号在传播过程中受到衰落、时延等因素的影响,实际监测到的数据是缺失的。另一方面,对 60MHz 的监测范围,监测设备的扫描周期为 $0.75 \leqslant T_{\text{roll}} \leqslant 1.5$(单位为 ms),导致监测到的跳频信号持续的时间长度要比实际短。如图 3.10 所示,第三行的每一个小矩形表示一个扫描周期,矩形的交界处表示扫描的时刻,矩形的宽度表示扫描周期。红色和黄色

图 3.10　数据帧实际传输时长与监测时长的对比模型

彩图

的矩形表示信号真实的发送时长,绿色表示实际监测到信号发送时长。根据统计规律,误差范围为$[0, 2T_{\mathrm{roll}})$。

3.3.2.2 频谱数据特征选择与提取

在海量频谱信号中发现电台的通联关系,就是依据信号的特征对监测到的频谱信号进行聚类,寻找双方通信的频谱信号。这些信号具有一定的特征,在电磁空间具有聚类性质。在定频通信过程中,由于其载波频率保持不变,所以主要通过不同的载波频率来区分不同的通联关系,通过监测到的信号功率的差异或者变化来区分收发电台。

跳频电台通常组网通信,整个网络的跳频周期一致,跳频周期可以区分不同的通信网络或者不同的通联关系。在通信过程中,若电台位置固定,则监测到的信号功率稳定;若电台位置改变,则监测到的信号功率按照一定规律渐变;这使得监测到的信号功率具有聚类性质。另一方面,一对通信电台功率的差异可以从相同频率的信号中区分收发电台对应的频谱信号。由于无线信道误码率较大,(超短波)电台采用停止等待 ARQ 通信方式和半双工的通信方式。接收电台要对发送电台发送的信息帧进行确认或者反馈纠错,双方信息的交互使得信号在时序上是连续的,呈现出聚类性质。跳频周期、平均功率、信号的出现时间可以作为 3 个标签(或者特征)标识监测到的每一段信号。故而选取载波频率、带宽、跳频周期、信号平均功率以及信号出现时间作为特征来进行通信行为的挖掘。

跳频通信作为规避敌方干扰和侦查的重要通信方式,对其跳频周期相关参数的研究具有重要意义。现有的文献[4-5]从数字信号处理、统计分析等方面提出了诸多解决办法。基于频谱监测数据,本节提出了一种用监测到的跳频信号时长逼近跳频周期的方法对跳频周期进行估计。

设频谱监测数据集为 $X = \{x_1, x_2, \cdots, x_i, \cdots, x_n\}$,其中 $x_i = \{\mathrm{roll}_i, T_{\mathrm{roll}}, t_i, f_i, b_i, p_i\}$,$\mathrm{roll}_i$ 表示轮询次数,T_{roll} 表示轮询周期,在监测中保持不变;t_i 表示以扫描开始的时间为 0 时刻,轮询到第 i 次所用的时间,$t_i = \mathrm{roll}_i \times T_{\mathrm{roll}}$;$f_i$、$b_i$ 和 p_i 分别表示此次轮询周期内某一信号的中心频率、带宽和功率。

对于跳频通信,其跳频周期分为频率切换时间和驻留时间,在驻留时间内信息帧和确认帧(或者错误图样帧)都保持相同的频率,所以可以用相同频率信号持续的时间来近似跳频周期的驻留时间。如图 3.11 所示,用 $a \sim h$ 表示不同的监测时刻,在周期 T_{i-1} 内,监测到保持频率不变的时间 $h_{i-1} = b - a$;在周期 T_i 内,监测到的 3 段信号都保持相同的频率,故保持频率不变的时间 $h_i = h - c$。根据大数定理,随机变量序列的算数平均值向随机变量各数学期望的算数平均值收敛,在跳频周期内,驻留时间与监测到的保持频率不变的时间的差值 $\Delta \in [0, 2T_{\mathrm{roll}})$,$\Delta$ 服从正态分布,其均值 $\mu = T_{\mathrm{roll}}$。故可以近似认为跳频周期内的驻留时间为:

$$H_i = h_i + \Delta \tag{3-5}$$

假设信道切换时间占跳频周期的 1/10,则跳频周期的估值为:

$$\hat{T}_i = \frac{10}{9} H_i \tag{3-6}$$

基于以上分析,算法 3.3 实现了从频谱监测数据提取跳频信号载波频谱、跳频周期、平均功率、信号的起始时间、结束时间以及平均带宽。

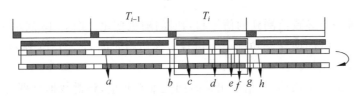

图 3.11　监测到频率不变的时长

算法 3.3：数据预处理

输入：$X = \{x_1, x_2, \cdots, x_i, \cdots, x_n\}$，其中 $x_i = \{\text{roll}_i, T_{\text{roll}}, t_i, f_i, b_i, p_i\}$，

　　　k 为预先设定监测频谱集读取的长度，默认值 $k = 30$

输出：$Y = \{F, t_{\text{begin}}, t_{\text{end}}, B, P, \hat{T}\}$

1. $j = 0$
2. While X 为空集
3. 　　$j = j + 1$
4. 　　$Y_1 = \{x_1, x_2, \cdots, x_k\}$
5. 　　按照频率 f，对 Y_1 进行聚类
6. 　　记包含 Y_1 的第一个数据的聚类集为 Y_2
7. 　　按照功率 p，对 Y_2 聚类　　//不同的聚类对应着不同的收发双方
8. 　　计算聚类集 Y_2 的跳频周期 $\hat{T}_j = t(\text{end}) - t(1) + \Delta$
9. 　　对 Y_2 聚类的子集分别计算不同类别功率对应的信号的平均中心频点 F_j，平均功率 P_j，平均带宽 B_j，信号出现时间 t_{begin_j} 和结束时间 t_{end_j}
10. 　　从 X 中删除 Y_2
11. End

　　经过算法 3.3 的处理，从监测数据集 X 中获取了跳频周期 $\hat{T}$，每一段信号的平均功率 P 以及信号的出现时间 t_{begin} 与结束时间 t_{end}。如图 3.12 所示，对算法 3.3 输出的每一段信号标注它所在跳频周期的周期信息。例如，在 T_{i-1} 周期给数据帧 1 标注 $\hat{T}_{i-1}$，在 T_i 周期给数据帧 1、2、3 都标注 $\hat{T}_i$。

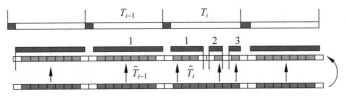

图 3.12　监测信号的周期标注示意

3.3.3　基于频谱数据聚类分析的通联行为识别

3.3.3.1　聚类算法分析

　　由于路径损耗、电台以及监测设备的性能等因素，致使监测到的信号功率近似服从正态分布；由于传播时延以及监测设备的扫描周期以及精度等原因，计算的跳频周期也近似服从正态分布；信道质量以及传输速度的变化，导致误码是随机产生的，因此数据帧的发送时

间也随机变化,进一步导致监测到的信号起始时间随机变化。图 3.13 展示了两台通信的跳频电台的频谱信号在(周期 T—功率 P—信号出现初始时间 t_{begin})3 个维度上的分布情况,具有明显的聚类性质。

在跳频周期、信号平均功率、信号出现时间三维空间里,频谱数据是稠密的,数据呈流线形分布。DBSCAN 密度聚类可以发现任意形状的聚类簇,尤其对流线形的数据分布具有良好的聚类效果。但是 DBSCAN 算法中距离阈值 ε 和邻域样本数阈值 MinPts 都是全局参数,在聚类过程中对异常点不敏感,对边界点的处理可能导致相近的聚类簇相连,特别是在密度分布不均匀的多密度数据中,聚类效果不理想[6]。另一方面算法需要对算法的输入参数(ε,MinPts)联合调参,不同的参数组合对最后的聚类效果有较大影响。

通信电台频谱信号的聚类是一个多密度聚类问题。由于电台以不同跳频速率通信时单位时间产生的数据密度不一样,决定了监测到的不同周期对应的数据密度有较大的差异。因此,要对 DBSCAN 算法进行改进以适应多密度的频谱数据聚类。

彩图

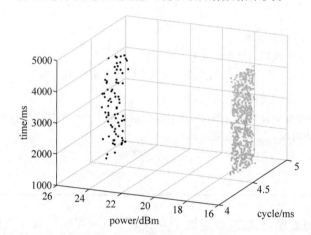

图 3.13　频谱信号分布图

3.3.3.2　DBSCAN 算法改进

数据集 $Y=\{y_1,y_2,y_3,\cdots,y_j,\cdots,y_m\}$,其中 $y_j=\{F_j,t_{\text{begin}_j},t_{\text{end}_j},B_j,P_j,\hat{T}_j\}$,$F_j$ 表示该段频谱信号的中心频点,t_{begin_j} 表示信号出现的时间,t_{end_j} 表示信号结束的时间,B_j 表示信号的平均带宽,P_j 表示信号在该段时间内的平均功率,$\hat{T}_j$ 表示跳频信号的周期。在进行密度聚类前,对聚类特征 t_{begin_j},P_j,$\hat{T}_j$ 进行了归一化处理,去掉单位和量纲。记为 $Z=\{z_1,z_2,\cdots,z_j,\cdots,z_m\}$,其中

$$z_j=\left\{\frac{t_{\text{begin}_j}}{\max(t_{\text{begin}})},\frac{p_j}{\max(P)},\frac{T_j}{\max(T)}\right\} \tag{3-7}$$

Michal Daszykowski 在文献[7]中用 MATLAB 来实现 DBSCAN 聚类时,参数设置如下:

$$\varepsilon=\left(\frac{\prod_{k=1}^{n}(\max_{1\leqslant j\leqslant m}(z_{j,k})-\min_{1\leqslant j\leqslant m}(z_{j,k}))\times k\times \Gamma(n/2+1)}{m\pi^{\frac{n}{2}}}\right)^{\frac{1}{n}} \tag{3-8}$$

其中,$k=$MinPts,MinPts 可以根据先验知识确定,$\boldsymbol{X}$ 是 m 行 n 列的矩阵。

在式(3-8)中,ε 与 MinPts 具有正相关关系。而随着跳频周期 T 的增大,跳频数据的数据量会减少,密度也变小,需要指定更大的 ε 进行聚类,因此 ε 与 T 也具有正相关关系。通过对数据的分析,提出一种随跳频周 T 动态调整参数的 DBSCAN 聚类方法。

$$平均周期：E(\hat{T}) = \frac{\sum_{i=1}^{m}\hat{T}_i}{m} \tag{3-9}$$

$$归一化的平均周期：E(\overline{T}) = \frac{\sum_{j=1}^{m}z_{j,3}}{m} \tag{3-10}$$

令：

$$\varepsilon = \left(\frac{\prod_{k=1}^{n}(\max_{1\leqslant j\leqslant m}(z_{j,k}) - \min_{1\leqslant j\leqslant m}(z_{j,k}))E(\overline{T})\Gamma(n)}{m\pi^{\frac{n}{2}}}\right)^{\frac{1}{n}} \tag{3-11}$$

$$MinPts_j \approx \frac{E(\overline{T})r}{z_{j,3}} \tag{3-12}$$

其中,r 是平均周期 $E(T)$ 对应的 MinPts。Z 为 m 行 n 列的矩阵。

另一方面,由于发送电台的信息帧较长,要占据若干个跳频周期,而反馈信息仅占一个周期的一部分,所以在相同的跳频周期,信息帧所形成的聚类密度要大于确认帧所形成的聚类密度。为此需要对 MinPts 做进一步调整,使得算法能够在相同周期的情况下,区分不同密度。由于 MinPts 不同的值对应着不同的周期范围,通过 MinPts 不同取值对 Z 分类,得到分类集 $V = \{v_1, v_2, \cdots, v_q, \cdots\}$,在每个类 v_q 内,对第 k 个数据的 $MinPts_q$ 进行调整

$$MinPts_k \approx \frac{\frac{\sum_{i=1}^{x}p_k}{x}}{p_k}MinPts_q \tag{3-13}$$

其中,v_q 中有 x 个数据,p_k 是 v_{q_k} 基于 ε 邻域内密度。

式(3-12)、式(3-13)采用四舍五入的方式对 MinPts 的改变是渐变的,对原本的全局参数进行了有针对性的细微改变,能够更好地实现聚类。基于以上分析,算法 3.4 实现了对频谱数据的聚类,聚类过程中能够自适应数据密度,聚类结果对应的不同簇类集对应着不同电台通信产生的频谱信号。

3.3.3.3　基于改进的 DBSCAN 算法通联关系发现算法

算法 3.4：基于改进的 DBSCAN 密度聚类的通联关系发现算法

输入：样本集 $Z = \{z_1, z_2, \cdots, z_j, \cdots, z_m\}$,其中 $z_j = \left\{\frac{t_{\text{begin}_j}}{\max(t_{\text{begin}})}, \frac{p_j}{\max(P)}, \frac{T_j}{\max(T)}\right\}$

　　$r = 5$；

输出：$(\varepsilon, MinPts)$，跳频周期 T，中心频率 F，信号功率 P，

聚类集 W_p，$p=1,2,3,\cdots$，通联关系对应的频谱集 U_q，$q=1,2,3,\cdots$

1. 依据式(3-11)计算 ε

2. for $j=1:m$

3. 计算 z_j 的 ε 邻域内的数据数量作为密度 ρ_j

4.   用式(3-12)计算 $MinPts_j$，并对 z_j 标记 $MinPts_j$

5. end

6. 依据 $MinPts$ 的不同取值对 Z 划分为 $V=\{v_1,v_2,\cdots,v_K\}$

7. for $i=1:K$

8. $[\mathrm{x},\mathrm{y}]=size(v_i)$

9.   for $\mathrm{k}=1:\mathrm{x}$

10. 用式(3-13)计算 $MinPts_k$

11.   end

12. end

13. 基于 $(\varepsilon, MinPts)$ 用 DBSCAN 算法对数据集进行聚类，得到聚类集 W_p，$p=1,2,3,\cdots$

14. $k=1$

15. while W 为空集

16.   if W_i 与 W_j 信号的周期与信号的出现结束时间分别相近

17. W_i 与 W_j 是一对通信，标注为一类

18. $U_k=W_i+W_j$，$k=k+1$

19.   从 W 中移除 W_i 和 W_j

20.   end

21. end

    算法 3.4 的步骤 1~12 用于确定 DBSCAN 算法的参数 $(\varepsilon, MinPts)$，步骤 13 实现对数据的聚类，步骤 14~21 是基于聚类集进行匹配，发现通联关系。算法 3.4 实现了对频谱数据的聚类，聚类集 W_p，$p=1,2,3,\cdots$ 对应不同电台产生的频谱信号。由于通信双方所处的地理位置的差异，对一对通信电台而言，监测到的频谱信号功率不同，对应的是两个频谱信号聚类集。具有通联关系的两部电台产生的频谱信号在跳频周期、频谱信号的时间分布保持一致。由此可以对不同频谱信号集通过跳频周期以及信号时间分布上的异同进行通联关系的匹配，从而发现频谱监测数据中隐藏着的通联关系。

3.3.4 实验结果及分析

3.3.4.1 仿真设置

    在宽度 20km、纵深 30km 的区域随机设置 14 部超短波电台。图 3.14 展示了电台之间通信的逻辑网络。红色矩形表示频谱监测设备，圆圈表示电台，其中黄色表示跳频通信网络 A 中的电台，蓝色表示跳频通信网络 B 中的电台，绿色表示两组定频通信电台。监测设备的扫描速率为 80G/s，监测范围为 30~90MHz，由于网络延迟等因素实际扫描周期约为 0.9ms。电台参数以及通信分组具体设置见表 3-4。

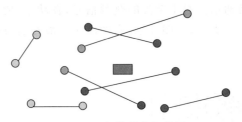

图 3.14　通信网络拓扑图

表 3-4　超短波电台通信组参数设置

通信组序号	通信网络	通信电台	通信类型	载波频率/范围	带宽	通信起始时间	通信结束时间	发送电台工作功率	接收电台工作功率
1	A	a1-a2	跳频通信	30～90MHz	10kHz	0'10	1'30	50W	50W
2	A	a3-a4	跳频通信	30～90MHz	10kHz	0'20	1'40	50W	50W
3	A	a5-a6	跳频通信	30～90MHz	10kHz	0'40	1'50	50W	50W
4	B	b1-b2	跳频通信	30～90MHz	10kHz	1'00	2'00	50W	50W
5	B	b3-b4	跳频通信	30～90MHz	10kHz	0'20	1'30	50W	50W
6	C	c1-c2	定频通信	45MHz	10kHz	0'20	1'30	50W	50W
7	C	c3-c4	定频通信	60MHz	10kHz	0'40	1'50	50W	50W

截取 10s 时长的通信频谱监测数据,对其进行预处理得到每一个扫描周期出现的频谱信号的中心频点、带宽以及功率信息,预处理结果作为通联关系识别的数据集,记为 X。表 3-5 对数据集 X 进行了展示。

表 3-5　频谱监测数据集 X 的格式

X	轮询次数	轮询周期/ms	时间/ms	频点/kHz	带宽/kHz	功率/dBm
x_1	1	0.9	0	63 349	9.7	18.234
x_2	1	0.9	1	63 349	9.7	18.448
⋮	⋮	⋮	⋮	⋮	⋮	⋮
x_i	i	0.9	$0.9 \times (i-1)$	82 100	9.8	27.654
⋮	⋮	⋮	⋮	⋮	⋮	⋮

频谱监测数据集 X 通过算法 3.3 获取了每一段跳频信号持续的时间、跳频的近似周期、每段跳频信号的平均功率以及中心频点,计算结果作为数据分析集 Y,如表 3-6 所示。

表 3-6　频谱监测数据集 Y 的格式

Y	中心频点/kHz	起始时间/ms	结束时间/ms	功率/dBm	带宽/kHz	周期/ms
y_1	63 349	0	8	18.234	9.7	8.9
y_2	735 673	9.1	17.1	24.374	9.8	8.91
⋮	⋮	⋮	⋮	⋮	⋮	⋮
y_j	64 950	1943.8	1945.2	21.897	9.95	8.72
⋮	⋮	⋮	⋮	⋮	⋮	⋮

定频通信时,由于信道保持不变,监测到的中心频点保持不变,在时域上是容易区分的。如图 3.15 左图所示,黑点表示跳频信号,蓝色和红色表示两段定频通信的频谱信号。从图

即可发现两对电台在保持通信。对于杂乱的跳频信号,在功率、周期、信号的出现时间三维空间的分布呈现出不同的聚类簇,如图 3.15 右图所示。故在后续的分析中,只讨论对于跳频信号的通联关系发现。

彩图

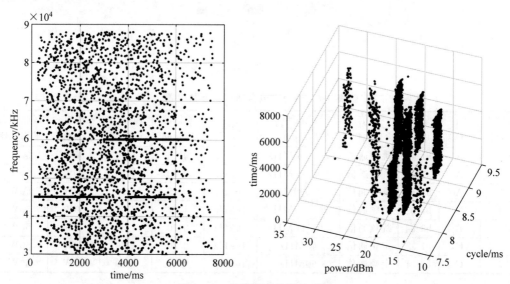

图 3.15　频谱监测数据分布图

3.3.4.2　实验分析

以跳频周期 T、平均功率 P、信号初始时刻 t_{begin} 来表征该跳频信号的信息,对数据按照算法 3.4 进行聚类,聚类集对应具有不同通联关系的电台通信产生的频谱数据集 W_p,其中 $p=1,2,3,\cdots$。图 3.16 是对聚类结果的展示,不同颜色图标表示不同的聚类集,黑色表示未聚类的离散点,总共 10 个类,对应着 10 个通信电台的频谱信号。对聚类的频谱数据集 W_p,$p=1,2,3,\cdots$ 依据跳频周期、频谱信号的时间分布进行匹配,区分不同的通联关系对应的频谱数据集。将具有通联关系的频谱信号标匹配在一起。如图 3.17 所示,不同颜色表示不同的聚类,黑色表示异常点,共 5 组通联关系。

彩图

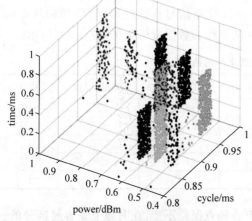

图 3.16　频谱数据的聚类结果

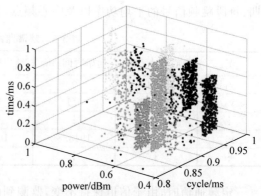

图 3.17　基于聚类集的通联关系匹配结果

与实验设置对比,本书通过改进的 DBSCAN 密度聚类算法,对监测到的每一个跳频信号从跳频周期、信号平均功率到信号出现的时间进行聚类,得到了每个电台所发出的频谱信号集。然后对具有通信联系的频谱信号集进行匹配,分析出监测时间段内的通联关系,从而实现对电磁空间中诸多超短波电台通信产生的频谱数据的挖掘分析,从中正确识别所有的通联关系,如表 3-7 所示。

表 3-7 通联关系识别结果

通信组序号	通信类别	载波频率范围/MHz	带宽/kHz	跳频周期/ms	颜色标注
1	跳频	30～90	9.92	8.2	红色
2	跳频	30～90	9.95	8.2	粉色
3	跳频	30～90	9.97	9.1	浅绿
4	跳频	30～90	9.94	9.1	深绿
5	跳频	30～90	9.98	9.1	蓝色
6	定频	45	9.97	—	—
7	定频	60	9.96	—	—

最后基于数据集 Z,我们采用 DBSCAN 算法、OPTICS 算法以及 K-均值算法与本书提出的算法进行了聚类分析的对比实验。图 3.18 和表 3-8 展示了不同聚类算法对频谱监测数据的聚类准确性的对比。由于 $(\varepsilon, \text{MinPts})$ 是全局参数,所以 DBSCAN 算法对多密度数

彩图

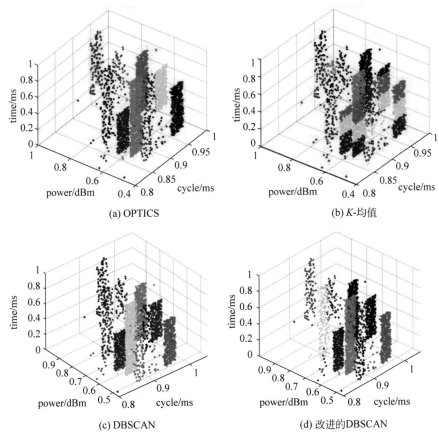

(a) OPTICS

(b) K-均值

(c) DBSCAN

(d) 改进的DBSCAN

图 3.18 4 种聚类方法的聚类结果比较

据的聚类效果较差,在图 3.18(a)中,频谱数据被聚为 9 个类别。OPTICS 算法可以实现多密度聚类,在图 3.18(c)中,虽然实现了频谱信号的正确聚类,但是参数(ε,MinPts)的变化对聚类结果非常敏感,并且参数无法自适应地确定。随着聚类数目的增加,参数调整变得困难并且聚类结果不稳定。K-均值算法基于距离聚类,无法实现光谱数据的正确聚类,如图 3.18(d)所示。在图 3.18(b)中,改进的 DBSCAN 算法实现了正确的聚类,并且可以自适应地调整参数。改进的 DBSCAN 算法具有更好的聚类效果和对多密度频谱信号的适应性,更适合基于频谱数据的通信行为挖掘。

如表 3-8 所示,通过改进的 DBSCAN 算法生成的聚类集的总熵 E_1 和总纯度 P_1 分别为 0.0318 和 0.9956。对于由 DBSCAN 算法生成的聚类集,$E_2=0.1825$,$P_2=0.9555$,对于由 OPTICS 算法生成的聚类集,$E_3=0.0682$,$P_3=0.9973$。因此,$E_1<E_2<E_3$,$P_2<P_1<P_3$,$P_1\approx P_3$。显然,通过改进的 DBSCAN 算法生成的聚类集具有较低的总熵和较高的总纯度。另一方面,经过改进的 DBSCAN 在识别异常值方面具有更高的准确性,而DBSCAN 和 OPTICS 将更多的异常值划分为簇。

表 3-8 不同聚类算法的准确性对比

聚类算法	实际的类数量	算法聚成的类数量	实际的异常点数量	识别出的异常点数量	总熵	总纯度
改进的 DBSCAN	10	10	61	70	0.0318	0.9956
DBSCAN	10	9	61	7	0.1825	0.9555
OPTICS	10	10	61	24	0.0682	0.9973
K-均值	10	6	61	—		

为了验证改进的 DBSCAN 算法对频谱监测数据的适应性以及良好的聚类效果,我们进行了 10 次通联关系挖掘的实验,实验对比结果如图 3.19 所示。其中,改进的 DBSCAN 算法在 10 次实验中的通联关系识别效果都比 DBSCAN 和 OPTICS 具有更高的识别精度,因此该方法对频谱监测数据有较好的适应性,有助于电台通联关系的发现。

彩图

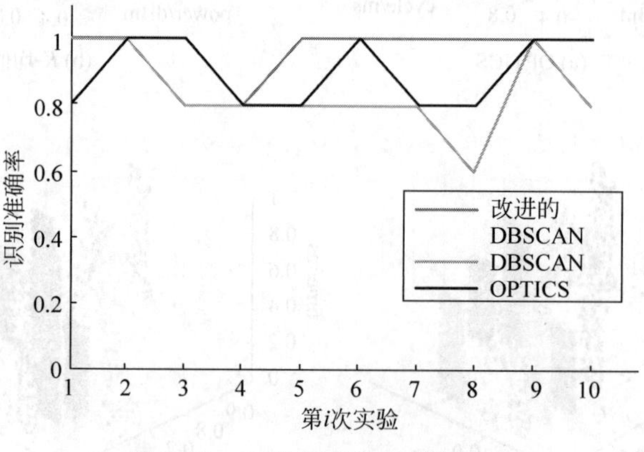

图 3.19 10 次实验的识别结果对比

3.3.5　小结

本节从频谱监测数据中挖掘有价值的情报,对分析通信目标的通联关系,推测通信网络的层级、结构具有重要意义。本节首先通过分析频谱监测数据的特点以及对频谱监测数据进行处理,计算出跳频通信的跳频周期,每一跳信号的平均功率以及信号出现时刻和持续时长等特征;其次用跳频周期、信号功率、信号的出现时间 3 个特征标识监测到的频谱信号;然后对 DBSCAN 密度算法的参数(ε, MinPts)的选择方法进行了改进,使之成为适用于本问题的多密度聚类算法;利用改进的算法对频谱数据进行聚类,并在聚类效果上与DBSCAN、OPTICS、K-均值算法进行了对比;最后对聚类结果进行匹配,识别通信电台的通联关系。实验结果表明,本方法能够对频谱监测数据进行挖掘分析,发现频谱数据中隐藏的通信行为。

本节从频谱信号的个性化特征和统计规律挖掘其隐藏的通信行为等信息,不需要破解频谱信号携带的内容,为海量频谱监测信号的挖掘分析提供了新思路。提出了一种基于密度聚类的通信行为挖掘方法,将数据挖掘技术应用到频谱信号的分析中,实现了通信行为的发现。

本节的研究工作实现了频谱监测数据的分析挖掘,并对具有通联关系的频谱信号进行聚类,为进一步有针对性的挖掘破解与分析,获取频谱数据的隐藏信息、重要情报,深入分析频谱数据提供了一种新角度、新方法;结合定位技术以及相关信息等可以追踪其他通信节点,确定节点的通信范围,为更进一步从频谱数据中挖掘、推测通信网络结构以及相关行为分析奠定基础。

3.4　基于频谱特征信息提取的通联行为识别

3.4.1　问题引入

前面分别基于理想的频谱监测数据以及缺失的频谱监测数据进行了通联关系的挖掘。在对理想数据的处理中,假设已经获取了每段信号的中心频率、信号带宽、信号功率、信号的起始时间以及结束时间等特征。基于以上的特征,依据通信规则对信号进行分类,进而挖掘频谱监测数据。然而,受到环境因素的影响,实际的监测数据是缺失的,因此要从原始数据中提取特征并通过聚类的方法来实现通联关系的挖掘。但是该方法需要从频谱数据中计算跳频周期、信号平均功率,这些数据的计算受到环境因素和监测设备性能的影响。随着通信环境趋于恶劣,实际监测到的信号带有更多的缺失,从而造成了基于上述方法的通联关系识别的准确率降低。因此,需要直接从原始的频谱数据出发,减少中间的数据预处理过程,以保留更多的原始信息用于通联关系的挖掘。

由于频谱信号在方向、功率和监测时间 3 个维度上呈现出聚类性,以及这个特征所具有的物理意义,本节引入柱坐标系与极坐标系来研究数据的分布特点及规律,进而挖掘频谱监测数据中隐藏的通联关系。为了从频谱监测数据中挖掘出电台之间的通联关系,本节首先讨论了频谱监测数据的特点以及影响频谱监测数据的因素。其次从频谱监测数据中提取信号频率、带宽、信号功率和信号方向来标识每一个频谱信号,在由信号方向、信号功率、信号监测时间构建的柱坐标系中,研究海量频谱监测信号的分布特点和统计规律;通过改进的 OPTICS 算法对频谱信号进行聚类,聚类结果表征了不同通信个体在不同通信过程中产生的频谱信号集。最后将聚类集在极坐标系的投影集的质心邻域作为通信个体在极坐标系的相对位置,依据各个聚类集信号的时间分布范围对聚类集进行匹配,发现不同通信个体之间的通联关系。

3.4.2 数据分析与处理

本节首先讨论了通信协议和监测设备的扫描周期对频谱监测数据的影响,然后基于频谱监测数据的特点提出了识别通联关系和推测构建通信网络的特征,并在柱坐标系中表示数据的分布。

3.4.2.1 影响频谱监测数据的因素

1. 通信协议对频谱监测数据的影响

通信电台通常采用半双工的通信方式,由于无线信道容易受到环境的干扰,伴随着较高的误码率,为保证数据的可靠传输,在数据链路层通常采用停止等待 ARQ 协议。图 3.20 展示了在基于停止等待 ARQ 协议的通信过程中,信息帧的发送与确认帧的回复所占据的时间长度,其中红色表示电台发送信息帧的时长,绿色表示电台发送确认帧(错误图样)的时长;蓝色表示电台接收信息帧(或者确认帧)的时长,黄色表示收发转换时间,空白间隔表示传播时延 T_d。所以,对于一对通信电台,监测到的频谱信号集是收发电台双方共同产生并交织在一起的,即对应着两个信源。与定频通信不同,跳频通信的载波频率不断跳变,信道切换时不传送信息;而定频通信的载波频率保持不变,在相同的时间内监测到的数据量更大。

彩图

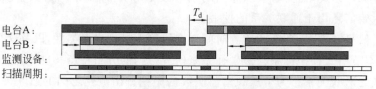

图 3.20 基于停止等待 ARQ 协议的数据帧收发过程示意

2. 扫描周期对频谱监测数据的影响

对于监测设备而言,扫描周期受到监测范围以及监测扫描速率的影响,不同的扫描周期对应着不同密度的监测数据。图 3.21 展示了监测站基于不同的扫描周期采集到的数据数量,其中绿色表示传播到监测站的频谱信号时长,紫色和橙色分别表示不同扫描周期对应的监测情况。显然扫描周期越小,监测到的频谱数据的数量越多。对定频通信来说,影响数据分布的原因主要是传播时延以及扫描周期的大小。

彩图

电台A:
电台B:
监测设备:
扫描周期:

图 3.21 定频通信频谱监测数据密度示意

另一方面,对跳频通信来说,监测到的频谱信号会有更多的缺失。为了抗干扰,跳频通信的载波频率是不断跳变的,这种跳变的特点也在很大程度上规避了监测设备的监测。图 3.22 展示了对于跳频通信的监测情况,横坐标为时间,以扫描周期为单位,纵坐标为频率。图 3.22 中的黄色矩形表示在一个扫描带宽内实际监测的频率范围,长短不同的横线代表不同的跳频信号。监测设备在 30～90MHz 范围内进行监测,扫描带宽(对应图中阴影矩形的高度)为 20MHz,一个扫描周期对应 3 个阴影矩形。白色区域内的信号是没有监测到的信号,所以实际扫描到的信号是含有大量缺失的。这种缺失造成监测数据的数据密度变小,数据分布不均匀。在数据处理过程中,需要考虑能容纳数据缺失的数据处理方法。

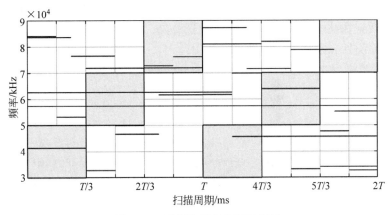

图 3.22 跳频信号的监测示意图

3.4.2.2 特征选择

信息的交互、传递使得通信个体之间具有联通关系,这种联通关系自然构成了通信网络。从频谱监测数据中挖掘信源之间的通联关系,就是基于频谱信号的特征通过聚类的方法对频谱信号进行分类,实现各个聚类集对应着信源在各自的通信中产生的频谱信号集;以聚类集作为信源,依据不同聚类集在时间上的分布特征确定信源节点之间的通联关系,实现从频谱监测数据中挖掘通联关系。

在频谱监测数据中,可以获取载波频率 f、信号带宽 B、信号功率 P、信号出现的时间 t、信号方向 θ 等相关特征。定频通信和跳频通信产生的频谱信号在载波频率以及信号功率上具有显著的区别。在通信过程中,如果电台位置保持不变,那么监测到的定频信号功率相对稳定,载波频率保持不变;跳频信号因为载波频率不断跳变,功率离散程度更显著。另一方面,尽管不知道收发电台的信号发送功率以及传播过程的实际衰减,但是监测到的功率信息也表征了通信设备与监测设备的相对距离。信号方向表征了信源相对监测设备的方向信息,尽管受到地形、信号衰减等因素的影响频谱监测设备所测定的方向具有误差,但是测定的信号方向保持相对稳定。结合信号功率信息,更进一步确定了电台与监测设备以及电台之间的相对位置,也为确定通信网络结点之间的相对位置提供了依据。

基于停止等待 ARQ 协议,电台之间信息的发送与确认具有连续的交替性,连续的通信使得监测设备获取到的频谱信号在时间上具有连续性和聚类性。由于通信双方的地理位置不同,通信双方相对于监测站的距离以及信号传播过程的衰落均不相同,所以监测到的收发电台产生的信号功率是不一样的。短时间内监测到两个信源的信号功率各自维持在稳定的范围。

由于从频谱监测数据中提取出来的载波频率、信号带宽、信号功率、信号出现的时间以及信号的方向角度等信息可以唯一标识频谱监测信号,并携带了频谱信号的重要信息,因此将其作为从频谱监测数据中挖掘通联关系以及更进一步挖掘推测通信网络以及进行结构分析的特征。

设频谱监测数据集为 $X=\{x_1,x_2,\cdots,x_i,\cdots,x_n\}$,其中 $x_i=\{f_i,B_i,\theta_i,P_i,t_i\}$,$f_i$ 表示信号频率,B_i 表示信号带宽,θ_i 表示信号方向,P_i 表示信号功率,t_i 表示信号监测时间。为了更直观地研究频谱数据聚类性质,本书引入柱坐标系来描述数据的分布情况,设频谱监测数据集为 $Y=\{y_1,y_2,\cdots,y_j,\cdots,y_n\}$,其中 $y_j=\{\theta_j,P_j,t_j\}$,图 3.23 展示了一对通信电台产生的频谱数据在柱坐标系中的分布情况,图 3.24 展示在极坐标系的分布情况,显然数据具有明显的聚类性和通信的方向性。

彩图

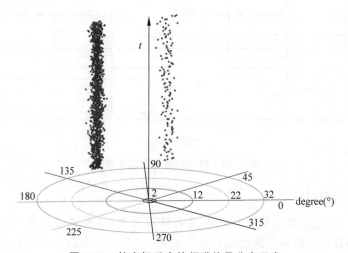

图 3.23　柱坐标系中的频谱信号分布示意

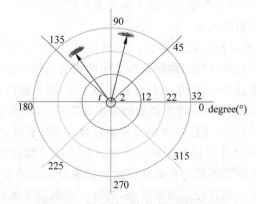

图 3.24　极坐标系中的频谱信号分布

3.4.3　基于频谱数据特征分析的通联行为识别

在频谱监测数据中挖掘信源之间的通联关系,就是依据信号的特征对监测到的频谱信号进行分类,实现从频谱监测数据中将各个通信电台在每次的通信过程中产生的频谱信号分离出来,分类集的频谱数据表示监测到的电台在一次通信中产生的频谱信号。基于分类结果,对时间范围相近的频谱数据分类集进行匹配,从而实现通联关系的挖掘。

3.4.3.1　OPTICS 算法改进

信号功率、信号方向以及信号监测时间能唯一标识监测到的频谱信号。因为传播时延和路径损耗以及监测设备的误差等因素导致监测到的频谱信号在信号功率、信号方向上存在误差,这种误差造成信号功率和信号方向近似服从正态分布;信号监测时间表征了信号的出现时间,监测数据的产生基于监测设备的扫描,持续的通信使得监测到的频谱信号在时间上是连续的,时间的积累使得由信号功率、信号方向和信号监测时间所表征的数据呈现出流形聚类,如图 3.23 所示。另一方面,由于监测到的数据是缺失、混乱的,也决定了需要通过聚类的方法实现数据的分类。

挖掘不同电台产生的频谱信号集,聚类提供了良好的解决方法。但是 K-均值等基于距离的聚类方法无法区分数据在各个维度上的不同距离,对流形的频谱数据不具有良好的聚类效果。DBSCAN 等基于密度聚类的方法能实现对任意形状的数据的聚类,但是 DBSCAN 算法是全局密度聚类,不能够对密度变化的数据实现良好的聚类[8]。OPTICS 算法是对 DBSCAN,能够实现多密度数据的聚类,因此本节采用 OPTICS 算法对频谱监测数据进行聚类分析。基于数据在柱坐标系的分布特点,对 OPTICS 算法进行了改进。

对于数据集 Y,数据自身的特点呈现出流形,在时间 t 的维度上,由于扫描周期不变,产生的数据的间距是相对稳定的,因此在时间维度上对数据的间距进行放缩不会改变数据的聚类特性。另一方面,基于柱坐标系的特点,本书将 OPTICS 算法原来中的球形 ε-邻域,改为柱状邻域,定义柱状邻域为:

$$N_\varepsilon(y_j) = \{y_i \in D \mid \mathrm{dist}(y_i - y_j) \leqslant \varepsilon\} \tag{3-14}$$

其中,

$$\mathrm{dist}(y_i, y_j) = \sqrt{(\theta_i - \theta_j)^2 + (P_i - P_j)^2 + \delta(t_i - t_j)} \tag{3-15}$$

$$\delta(t) = \begin{cases} 0, & |t| \leqslant h \\ \infty, & |t| > h \end{cases} \tag{3-16}$$

其中,h 是数据之间时间差值的阈值,决定了柱状邻域的高度,ε 则决定了柱状邻域的底面积。在定义了柱状邻域 $N_\varepsilon(y_j)$ 之后,需要进一步确定 MinPts 的值作为判断核心点的条件,并估计 ε 和 h 以确定邻域的范围。

文献[9]提出对邻域内 MinPts 值的选取要取决于数据中对象的数量。除此之外,数据的分布特点以及关于数据集群的附加信息也可以用来定义 MinPts。

基于预先设定的 MinPts 的值,进一步考虑 ε 和 h 的估计。文献[9]对于邻域半径 ε 的优化与研究数据维数相同,但是均匀分布在实验范围内的数据集进行估计,不考虑数据集中对象的分布。如图 3.25 所示,数据集 U 包含 m 个数据并服从正态分布,数据集 V 服从均匀分布并且和数据集 U 的数据维数、数据数量以及实验范围相同。为数据集 U 选择最优邻域半径 ε,就是计算数据集 V 中每个对象到它的第 MinPts 个近邻的距离,对 m 个数据计算距离升序排序,然后选择等于 95% 的距离作为 ε。

受到文献[9]的启发,本节对于柱状邻域的估计是结合数据集中对象的分布,对与研究数据维数相同,但是均匀分布在实验范围内的数据集进行估计。数据集 Y 的数据在柱坐标系的不同位置呈流形集中分布,不同聚类集有相似的密度及分布特点。在通信过程中,接收电台发送的确认信息时长小于发送电台发送信息的时长,在相同的时间内,监测到接收电台发送的信号数量少,在柱坐标系中接收电台频谱数据的密度小,如图 3.25 所示。收发电台频谱监测数据密度的差异决定了利用接收电台较小密度的聚类集来确定 ε 和 h 形成的柱状邻域,并且这样的柱状邻域对于稠密的数据依然有效。

彩图

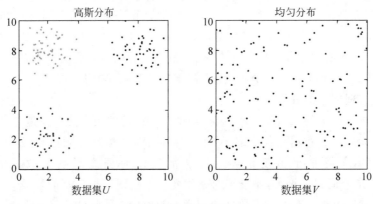

图 3.25 数据的分布示意

设某一个接收电台产生的频谱信号集为 $R=\{\theta_i,P_i,t_i\}$,其中 $i=1,2,\cdots,m$。为了更直观,将数据集 R 通过式(3-17)转换到三维直角坐标系中,得到 $R'=\{x_i,y_i,t_i\}$。

$$\begin{cases} x_i = P_i\cos\theta_i \\ y_i = P_i\sin\theta_i \end{cases} \tag{3-17}$$

数据集 R' 在空间中所占据的范围用体积表示为 V_R;设 R'' 是与数据集 R' 维数和实验范围相同,但是服从均匀分布的数据集,R'' 中每个对象所占据的平均范围可表示为 V_R/m,则有:

$$V_R = \pi \max_{1\leqslant i,j\leqslant m} \frac{1}{4}\left[(x_i-x_j)^2+(y_i-y_j)^2\right] \cdot (\max_{1\leqslant q\leqslant m} t_q - \min_{1\leqslant p\leqslant m} t_p) \tag{3-18}$$

$$\text{MinPts} \cdot \frac{V_R}{m} \leqslant 2h\pi\varepsilon^2 \leqslant (\text{MinPts}+1) \cdot \frac{V_R}{m} \tag{3-19}$$

其中,$2h\pi\varepsilon^2$ 表示柱形 ε-邻域所占据的范围,$\text{MinPts} \cdot \dfrac{V_R}{m}$ 表示每个对象邻域内有 MinPts 个点对应的平均范围。基于给定的 MinPts,式(3-19)确定了 h 和 ε 的关系以及柱状(ε,h)-邻域的范围。

为了更加具体地表现从频谱监测数据中挖掘的通联关系,我们引入极坐标来表示电台之间的相对位置和通联关系。电台的相对位置以 Y 的聚类集在极坐标系的投影的质心表示。

数据集 Y 在极坐标系的投影集为 $Z=\{z_1,z_2,\cdots,z_j,\cdots,z_n\}$,$Z$ 表示频谱监测数据中每个频谱信号的方向和功率信息,其中 $z_j=\{\theta_j,P_j\}$。在极坐标系中,数据集 Z 描述了频谱信号的相对位置信息,数据呈现出聚类分布。通过 DBSCAN 算法实现了数据集 Z 的一个划分,即:$Z=\{C_1,C_2,\cdots,C_p,\cdots,C_m,D\}$,其中 $p=1,2,3,\cdots m$;聚类集 C_p 的数据分布表征了信源在极坐标系中的相对位置,D 为异常点集合。各个聚类集 C_p 的质心邻域来表示信源的相对位置,并作为通信网络的节点。聚类集 $C_p=\{c_{p_1},c_{p_2},\cdots,c_{p_i},\cdots,c_{p_k}\}$(其中

$c_{p_i} = (\theta_{p_i}, P_{p_i}))$ 的质心位置 $\overline{C_p}$ 表示为：

$$(\overline{\theta_p}, \overline{P_p}) = \frac{1}{k}\sum_{i=1}^{k} c_{p_i} \tag{3-20}$$

3.4.3.2 基于改进的 OPTICS 算法的通联关系发现算法

通过改进的 OPTICS 算法实现了对频谱监测数据的分类，每个聚类集代表一次通信中电台产生的频谱信号集，如图 3.21 所示。基于停止等待 ARQ 协议，收发电台在通信中保持数据帧的发送与确认，因此对于具有通联关系的两个电台，产生的频谱信号在时间范围上的分布是相近的，即两个聚类集对应的初始信号时间和结束时间分别相近，由此可以依据时间上的分布确认信号源的通联关系。

算法 3.5：通联关系发现算法

输入：数据集 $Y = \{y_1, y_2, \cdots, y_j, \cdots, y_n\}$，其中 $y_j = \{\theta_j, d_j, t_j\}$
      ε, MinPts, h
输出：通联关系对应的信号频谱集 V
      信源的质心位置 $((\overline{\theta_i}, \overline{P_i})$
      通信方向
      通信顺序

1. 按照式(3-15)、式(3-16)定义的距离，用 OPTICS 聚类算法对数据集 Y 进行聚类，得到频谱信号聚类集 $U = \{U_1, U_2, U_3, \cdots, U_i, \cdots\}$
2. 按照式(3-20)计算聚类集 U_i 投影到极坐标系的质心位置 $(\overline{\theta_i}, \overline{P_i})$
3. 对聚类集 U_i 的对象按照时间排序，提取聚类集 U_i 信号的初始时间、结束时间
4. 计算聚类集 U_i 中数据的时间范围
5. 对聚类集 U_i 进行匹配，发现通联关系
6. While U 为空集
7.   if U_i 与 U_j 的初始时间相近
8.   if U_i 与 U_j 的结束时间相近
9. U_i 与 U_j 具有通联关系
10.   比较 U_i 与 U_j 数据数量，数量少的是接收方，数量多的是发送方
11. $V_k = \{U_i, U_j\}$，作为通联关系对应的频谱集
12.   end if
13.   end if
14.   从 U 中删除 U_i 与 U_j
15. end
16. 在柱坐标系中输出不同通联关系对应的频谱信号集

时间复杂度分析：OPTICS 算法的时间复杂度为 $O(n^2)$，计算聚类集 U_i 的中心位置的时间复杂度为 $O(n)$，计算聚类集 U_i 的时间范围的时间复杂度为 $O(n)$，最后进行通联关系匹配的时间复杂度为 $O(n)$，所以该算法的时间复杂度为 $O(n^2)$。

3.4.4 仿真结果和讨论

3.4.4.1 场景设置及数据说明

在宽度 30km、纵深 30km 的区域随机设置了 10 部电台作为实验的信源，其中电台 D 和

J 进行定频通信,其他电台进行跳频通信。电台通信的工作范围为 30～90MHz,监测设备的扫描带宽为 20MHz,扫描速率为 80GHz/s。图 3.26 展示了电台和监测站的分布情况,其中蓝色的点表示电台,红色的点表示监测站。

彩图

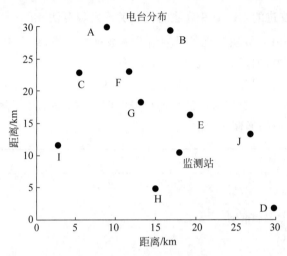

图 3.26   电台位置分布图

频谱监测数在经过数据处理后得到通联关系识别的数据集 X,数据包含的特征为:信号的中心频点、信号功率、信号监测时间、信号方向。表 3-9 展示了频谱监测数据集 X 的格式。

表 3-9   数据集 X 的字段格式

X	频率 f	功率 P	时间 t	方向 θ
X_1	49 400kHz	29.56dBm	$10''000$	137.2°
X_2	53 300kHz	28.74dBm	$10''016$	136.9°
...	...	...	...	...
X_i	73 200kHz	20.47dBm	$99''000$	209.7°
...	...	...	...	...

3.4.4.2   实验分析

图 3.27 展示了频谱监测数据在极坐标系中的投影,即通过信号功率和方向在极坐标系中标注信源的相对位置,不同颜色的聚类集表示不同的信源产生的信号的分布情况;图 3.28 是用图 3.27 各个聚类集的质心表示信源的相对位置。我们从频谱监测数据截取中 8s 时长的数据作为进行通联关系挖掘的实验数据集,即数据集 $Y=\{y_1,y_2,\cdots,y_j,\cdots,y_n\}$,其中 $y_j=\{\theta_j,d_j,t_j\}$。依据通联关系挖掘算法,对频谱监测数据集 Y 进行通联关系的挖掘。

在确定信源的相对位置后,对 $Y=\{y_1,y_2,\cdots,y_j,\cdots,y_n\}$ 进行通联关系的挖掘。图 3.29 是算法中基于改进的 OPTICS 算法对 Y 的数据进行聚类,聚类集对应着各个信源产生的频谱信号集,图 3.30 是基于聚类的频谱集按照聚类集信号的时间范围进行匹配,将具有通联关系的频谱信号标注为相同的颜色。图 3.31(a) 是 Y 的信号在极坐标系中分布,将其质心坐标与图 3.29 的质心邻域匹配,依据通联关系,将通信信源相连得到 Y 中各个电台之间的通联关系,如图 3.31(b)所示。

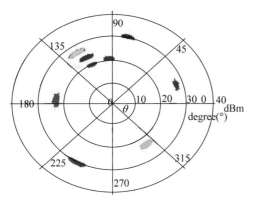

图 3.27 极坐标系中的数据分布

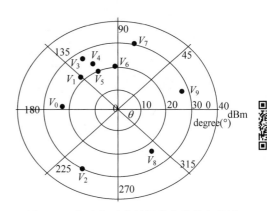

图 3.28 极坐标系中的聚类集的质心邻域

彩图

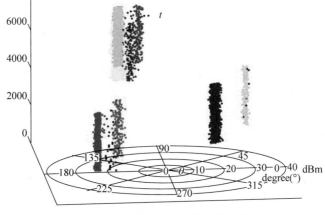

图 3.29 柱坐标系中数据的聚类结果

彩图

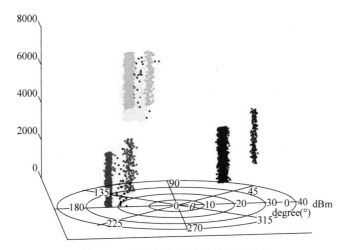

图 3.30 聚类集依据时间的匹配结果

彩图

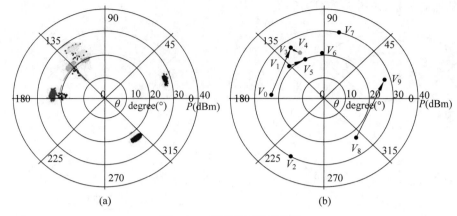

图 3.31　通联关系挖掘结果

3.4.5　小结

本节首先讨论了频谱监测数据的特点,然后从频谱监测数据中获取了信号的频率、信号功率、信号带宽、信号监测时间、信号方向等特征用于唯一标识频谱信号,并在由信号功率、信号监测时间、信号功率构成的柱坐标系中研究频谱信号的分布特点与统计规律。通过本节提出的频谱监测信号挖掘方法实现了从频谱监测数据中挖掘通信个体之间的通联关系。

实验结果表明:该方法对海量频谱监测信号有良好的适应性,能够从频谱监测数据中挖掘信源节点之间的通联关系,为推测通信网络结构奠定了基础。本节从频谱监测数据中挖掘出通信个体之间的通联关系,为挖掘通信网络结构以及电台的通信行为分析奠定了基础;基于频谱信号的物理特征和这些特征的统计规律对频谱信号进行数据挖掘,不需要破解信号的内容,对海量频谱监测数据的分析研究提供了新角度;在柱坐标系中对频谱监测数据进行处理,将 OPTICS 算法中 ε-邻域改进为适合柱坐标系的 (ε,h)-邻域,并对 ε,MinPts,h 之间的关系进行了研究。

3.5　开放性讨论

本章基于数据挖掘的相关方法对频谱监测数据进行了深入的挖掘研究,发现了电台之间的通联关系,并基于通联关系去推测构建通信网络结构以及分析电台的通信行为。然而由于从挖掘频谱数据中的通信个体的行为信息的研究仍处于初级阶段,在数据处理的复杂性以及行为描述分析的困难性方面充满挑战,以及受限于研究时间和研究能力,本章内容仍有进一步挖掘分析的广阔空间。在未来的研究工作中,相关的研究点以及研究方向可以参考以下内容:

(1) 本研究的目标在于从频谱监测数据挖掘通信个体之间的通联关系,而更进一步的研究是基于通信个体之间的通联关系分析、获取通信个体的通行行为、通信网络结构等信息。依据频谱信号的分布特征、统计规律以及频谱信号的联系来确定通信个体之间的联系,即通过聚类的方式寻找到不同电台在各自的通信过程产生的频谱信号集,然后依据频谱信号集之间的时间联系匹配发现通联关系。更自然的方式是通过合适的度量方式直接发现通信个体之间的联系。

（2）基于数据挖掘的方法从频谱数据中获取通信个体之间的通联关系是推测构建通信个体之间通信网络结构以及获取通信个体通信行为的基础，因此在下一部分工作中要更进一步直接有效地获取通联关系。构建网络结构的基础包括网络节点和边，因此如何基于频谱数据识别通信个体是构建网络的关键。

（3）真实实验数据的采集与分析是验证相关研究准确性与有效性的基础。对数据的有效分析至关重要，因此采取哪些特征，如何从数据中提取特征是下一步工作的重点。

3.6　相关算法代码

3.6.1　实验监测数据部分代码

```
function main_sup_data(t_length,p_com)
% 各站点之间的通信过程
% 监测站生成监测数据
P_COMM = 0.0001;
T_LENGTH = 60000;
T_POLL = 1;
if nargin == 0
    t_length = T_LENGTH;
    p_com = P_COMM;
    t_poll = T_POLL;
elseif nargin == 1
    p_com = P_COMM;
    t_poll = T_POLL;
elseif nargin == 2
    t_poll = T_POLL;
end
com_rate = [2.4,4.8,9.6,19.2];
i_com = 0;
load('file_frequencies');
frequency_state = zeros(length(fre),2);
frequency_state(:,1) = fre;
load('file_site');
i_site = length(sites);
site_state = zeros(i_site,1);
i_data1 = 0;                          % 监测站 1 的数据编号
i_data2 = 0;                          % 监测站 2 的数据编号
i_data3 = 0;                          % 监测站 3 的数据编号

send_pw = 50000;                      % 发送功率
i_send = 30;
t_cur = 0;
b_com = 0;
for i = 1:i_max
    t_cur = i * t_poll;
    % 发起一次新的通信
```

```
p = rand;
if p < = p_com
    com_fre = randi(i_frequency);          % 确定通信频点
    send_power = 50000;                    % 发送功率
    if frequency_state(com_fre,2) == 1
    else
        i_com = i_com + 1;

        id_site1 = randi(i_site);
        while site_state(id_site1) == 1
            id_site1 = randi(i_site);
        end
        id_site2 = randi(i_site);
        while id_site1 == id_site2 || site_state(id_site2) == 1
            id_site2 = randi(i_site);
        end
        frequency_state(com_fre,2) = 1;
        site_state(id_site1) = 1;
        site_state(id_site2) = 1;
        com_dis = norm(sites(id_site1,:) - sites(id_site2,:));
        if com_dis < = 10
            com_rate = 19200;
        elseif com_dis < = 30
            com_rate = 9600;
        elseif com_dis < = 40
            com_rate = 4800;
        else
            com_rate = 2400;
        end
        t_pack = i_send * 8 * 1000/com_rate;
        t_ack = i_ack * 8 * 1000/com_rate;
        t_prop = com_dis * 1000/300000;
        t_int = i_interval * 8 * 1000/com_rate;
        t_succ = t_pack + t_int + t_ack + 2 * t_prop + t_int;
        % -------------------------------------------------
        i_packets = random('poiss',2);
        if i_packets == 0
            i_packets = 1;
        end
        i_sending = 1;
        dbm_send = 10 * log10(send_pw);

        table_com(i_com).id = i;
        table_com(i_com).id_com = i_com;
        table_com(i_com).fre = fre(com_fre);
        table_com(i_com).sid = id_site1;
        table_com(i_com).rid = id_site2;
        table_com(i_com).rate = com_rate;
        table_com(i_com).dbm = dbm_send;
        table_com(i_com).band = 20;
        table_com(i_com).packets = i_packets;
```

```
            table_com(i_com).id_sending = i_sending;
            table_com(i_com).t_pack = t_pack;
            table_com(i_com).t_ack = t_ack;
            table_com(i_com).t_prop = t_prop;
            table_com(i_com).t_int = t_int;
            table_com(i_com).t_succ = t_succ;
            table_com(i_com).t_finished = i * t_poll + table_com(i_com).packets * t_succ;
            table_com(i_com).lastid_pack = 0;
            for j = 1:length(sup)
                ang_sup(j).tg1 = (sites(id_site1,2) - sup(j,2))/(sites(id_site1,1) - sup(j,1));
                ang_sup(j).left1 = (sites(id_site1,1)< sup(j,1));
                ang_sup(j).up1 = (sites(id_site1,2)> sup(j,2));
                dis = norm(sites(id_site1,:) - sup(j,:));
                ang_sup(j).delay1 = 1 * dis * 1000/300000;
                ang_sup(j).fade1 = - 20 * log10(dis);
                ang_sup(j).tg2 = (sites(id_site2,2) - sup(j,2))/(sites(id_site2,1) - sup(j,1));
                ang_sup(j).left2 = (sites(id_site2,1)< sup(j,1));
                ang_sup(j).up2 = (sites(id_site2,2)> sup(j,2));
                dis = norm(sites(id_site2,:) - sup(j,:));
                ang_sup(j).delay2 = 1 * dis * 1000/300000;
                ang_sup(j).fade2 = - 20 * log10(dis);
            end
            table_com(i_com).ang_sup = ang_sup;
        end
    end
    if i_com > 0
        m = length(table_com);
        for j = 1:m
            if table_com(j).id_sending < table_com(j).packets + 1
                if table_com(j).lastid_pack ~ = table_com(j).id_sending
                    temp(j).t_pack_sending = table_com(j).id * t_poll + (table_com(j).id_
sending - 1) * table_com(j).t_succ;
                    temp(j).i_pack_sending = ceil(temp(j).t_pack_sending/t_poll );
                    temp(j).t_pack_end = temp(j).t_pack_sending + table_com(j).t_pack;
                    temp(j).t_ack_sending = temp(j).t_pack_end + table_com(j).t_prop +
table_com(j).t_int;
                    temp(j).t_ack_end = temp(j).t_ack_sending + table_com(j).t_ack;

                    table_com(j).lastid_pack = table_com(j).id_sending;
                end
                m = length(sup);
                for k = 1:length(sup)
                        if temp(j).t_pack_sending + table_com(j).ang_sup(k).delay1 < = t_
cur && t_cur < = temp(j).t_pack_end + table_com(j).ang_sup(k).delay1
                            dbm_err = rand - 1;
                            fre_err = (rand - 1) * 1;
                            band_err = (rand - 1) * 3;

                            if k == 1
                                i_data1 = i_data1 + 1;
                                data_sup1(i_data1).id = i;
```

```
                                    data_sup1(i_data1).time = t_cur;
                                    data_sup1(i_data1).supid = k;
                                    data_sup1(i_data1).comid = j;
                                    data_sup1(i_data1).packid = table_com(j).id_sending;
                                    data_sup1(i_data1).fre = table_com(j).fre + fre_err;
                                    data_sup1(i_data1).dbm = table_com(j).dbm + ang_sup(k).fade1 +
dbm_err;
                                    data_sup1(i_data1).band = table_com(j).band + band_err;
                                elseif k == 2
                                    i_data2 = i_data2 + 1;
                                    data_sup2(i_data2).id = i;
                                    data_sup2(i_data2).time = t_cur;
                                    data_sup2(i_data2).supid = k;
                                    data_sup2(i_data2).comid = j;
                                    data_sup2(i_data2).packid = table_com(j).id_sending;
                                    data_sup2(i_data2).fre = table_com(j).fre + fre_err;
                                    data_sup2(i_data2).dbm = table_com(j).dbm + ang_sup(k).fade1 +
dbm_err;
                                    data_sup2(i_data2).band = table_com(j).band + band_err;
                                elseif k == 3
                                    i_data3 = i_data3 + 1;
                                    data_sup3(i_data3).id = i;
                                    data_sup3(i_data3).time = t_cur;
                                    data_sup3(i_data3).supid = k;
                                    data_sup3(i_data3).comid = j;
                                    data_sup3(i_data3).packid = table_com(j).id_sending;
                                    data_sup3(i_data3).fre = table_com(j).fre + fre_err;
                                    data_sup3(i_data3).dbm = table_com(j).dbm + ang_sup(k).fade1 +
dbm_err;
                                    data_sup3(i_data3).band = table_com(j).band + band_err;
                                end
                                dbm_err = rand - 1;
                                fre_err = (rand - 1) * 1;
                                band_err = (rand - 1) * 3;
                                if k == 1
                                    i_data1 = i_data1 + 1;
                                    data_sup1(i_data1).id = i;
                                    data_sup1(i_data1).time = t_cur;
                                    data_sup1(i_data1).supid = k;
                                    data_sup1(i_data1).comid = j;
                                    data_sup1(i_data1).packid = table_com(j).id_sending;
                                    data_sup1(i_data1).fre = table_com(j).fre + fre_err;
                                    data_sup1(i_data1).dbm = table_com(j).dbm + ang_sup(k).fade2 +
dbm_err;
                                    data_sup1(i_data1).band = table_com(j).band + band_err;
                                elseif k == 2
                                    i_data2 = i_data2 + 1;
                                    data_sup2(i_data2).id = i;
                                    data_sup2(i_data2).time = t_cur;
                                    data_sup2(i_data2).supid = k;
                                    data_sup2(i_data2).comid = j;
```

```
                                data_sup2(i_data2).packid = table_com(j).id_sending;
                                data_sup2(i_data2).fre = table_com(j).fre + fre_err;
                                data_sup2(i_data2).dbm = table_com(j).dbm + ang_sup(k).fade2 +
dbm_err;
                                data_sup2(i_data2).band = table_com(j).band + band_err;
                            elseif k == 3
                                i_data3 = i_data3 + 1;
                                data_sup3(i_data3).id = i;
                                data_sup3(i_data3).time = t_cur;
                                data_sup3(i_data3).supid = k;
                                data_sup3(i_data3).comid = j;
                                data_sup3(i_data3).packid = table_com(j).id_sending;
                                data_sup3(i_data3).fre = table_com(j).fre + fre_err;
                                data_sup3(i_data3).dbm = table_com(j).dbm + ang_sup(k).fade2 +
dbm_err;
                                data_sup3(i_data3).band = table_com(j).band + band_err;
                            end
                        end
                    end
                    t_finish = table_com(j).t_finished;
                    if t_cur <= table_com(j).t_finished
                        t_pack_succ = table_com(j).id * t_poll + table_com(j).id_sending * table
_com(j).t_succ;
                        if t_cur > table_com(j).id * t_poll + table_com(j).id_sending * table_com
(j).t_succ
                            table_com(j).id_sending = table_com(j).id_sending + 1;
                        end
                    else
                        table_com(j).id_sending = table_com(j).packets + 1;
                        frequency_state(com_fre, 2) = 0;
                        site_state(id_site1) = 0;
                        site_state(id_site2) = 0;
                    end
                end
            end
        end
    end
end
if i_com > 0
        save('table_com.mat', 'table_com');          % 产生的通信信息
        save('data_sup1.mat', 'data_sup1');          % 监测站 1 的数据信息
        save('data_sup2.mat', 'data_sup2');          % 监测站 2 的数据信息
        save('data_sup3.mat', 'data_sup3');          % 监测站 3 的数据信息
end
```

3.6.2 密度聚类算法部分代码

```
clear all
close all
disp('The only input needed is a distance matrix file')
disp('The format of this file should be: ')
```

```
disp('Column 1: id of element i')
disp('Column 2: id of element j')
disp('Column 3: dist(i,j)')
mdist = input('name of the distance matrix file (with single quotes)?\n');
disp('Reading input distance matrix')
xx = load(mdist);
ND = max(xx(:,2));
NL = max(xx(:,1));
if (NL > ND)
  ND = NL;
end
N = size(xx,1);
for i = 1:ND
  for j = 1:ND
    dist(i,j) = 0;
  end
end
for i = 1:N
  ii = xx(i,1);
  jj = xx(i,2);
  dist(ii,jj) = xx(i,3);
  dist(jj,ii) = xx(i,3);
end
percent = 2.0;
fprintf('average percentage of neighbours (hard coded): % 5.6f\n', percent);

position = round(N * percent/100);
sda = sort(xx(:,3));
dc = sda(position);

fprintf('Computing Rho with gaussian kernel of radius: % 12.6f\n', dc);

for i = 1:ND
  rho(i) = 0.;
end
for i = 1:ND - 1
  for j = i + 1:ND
    rho(i) = rho(i) + exp( - (dist(i,j)/dc) * (dist(i,j)/dc));
    rho(j) = rho(j) + exp( - (dist(i,j)/dc) * (dist(i,j)/dc));
  end
end

maxd = max(max(dist));

[rho_sorted,ordrho] = sort(rho,'descend');
delta(ordrho(1)) = - 1.;
nneigh(ordrho(1)) = 0;

for ii = 2:ND
  delta(ordrho(ii)) = maxd;
  for jj = 1:ii - 1
```

```matlab
        if(dist(ordrho(ii),ordrho(jj))< delta(ordrho(ii)))
            delta(ordrho(ii)) = dist(ordrho(ii),ordrho(jj));
            nneigh(ordrho(ii)) = ordrho(jj);
        end
    end
end
delta(ordrho(1)) = max(delta(:));
disp('Generated file:DECISION GRAPH')
disp('column 1:Density')
disp('column 2:Delta')

fid = fopen('DECISION_GRAPH', 'w');
for i = 1:ND
    fprintf(fid, '%6.2f %6.2f\n', rho(i),delta(i));
end

disp('Select a rectangle enclosing cluster centers')
scrsz = get(0,'ScreenSize');
figure('Position',[6 72 scrsz(3)/4. scrsz(4)/1.3]);
for i = 1:ND
  ind(i) = i;
  gamma(i) = rho(i) * delta(i);
end
subplot(2,1,1)
tt = plot(rho(:),delta(:),'o','MarkerSize',5,'MarkerFaceColor','k','MarkerEdgeColor','k');
title ('Decision Graph','FontSize',15.0)
xlabel ('\rho')
ylabel ('\delta')

subplot(2,1,1)
rect = getrect(1);
rhomin = rect(1);
deltamin = rect(4);
NCLUST = 0;
for i = 1:ND
  cl(i) = - 1;
end
for i = 1:ND
  if ( (rho(i)> rhomin) && (delta(i)> deltamin))
      NCLUST = NCLUST + 1;
      cl(i) = NCLUST;
      icl(NCLUST) = i;
  end
end
fprintf('NUMBER OF CLUSTERS: %i \n', NCLUST);
disp('Performing assignation')
for i = 1:ND
  if (cl(ordrho(i)) == - 1)
    cl(ordrho(i)) = cl(nneigh(ordrho(i)));
  end
end
```

```matlab
for i = 1:ND
  halo(i) = cl(i);
end
if (NCLUST > 1)
  for i = 1:NCLUST
    bord_rho(i) = 0.;
  end
  for i = 1:ND - 1
    for j = i + 1:ND
      if ((cl(i) ~ = cl(j))&& (dist(i,j) < = dc))
        rho_aver = (rho(i) + rho(j))/2.;
        if (rho_aver > bord_rho(cl(i)))
          bord_rho(cl(i)) = rho_aver;
        end
        if (rho_aver > bord_rho(cl(j)))
          bord_rho(cl(j)) = rho_aver;
        end
      end
    end
  end
  for i = 1:ND
    if (rho(i) < bord_rho(cl(i)))
      halo(i) = 0;
    end
  end
end
for i = 1:NCLUST
  nc = 0;
  nh = 0;
  for j = 1:ND
    if (cl(j) == i)
      nc = nc + 1;
    end
    if (halo(j) == i)
      nh = nh + 1;
    end
  end
  fprintf('CLUSTER: % i CENTER: % i ELEMENTS: % i CORE: % i HALO: % i \n', i, icl(i), nc, nh, nc - nh);
end

cmap = colormap;
for i = 1:NCLUST
  ic = int8((i * 64.)/(NCLUST * 1.));
  subplot(2,1,1)
  hold on

plot(rho(icl(i)), delta(icl(i)), 'o', 'MarkerSize', 8, 'MarkerFaceColor', cmap(ic,:), 'MarkerEdgeColor', cmap(ic,:));
end
subplot(2,1,2)
```

```
disp('Performing 2D nonclassical multidimensional scaling')
Y1 = mdscale(dist, 2, 'criterion','metricstress');
plot(Y1(:,1),Y1(:,2),'o','MarkerSize',2,'MarkerFaceColor','k','MarkerEdgeColor','k');
title ('2D Nonclassical multidimensional scaling','FontSize',15.0)
xlabel ('X')
ylabel ('Y')
for i = 1:ND
  A(i,1) = 0.
```

参考文献

［1］ Lin S,Costello D J，Miller M J. Automatic-repeat-request error-control schemes［J］. IEEE Communications magazine,1984,22(12)：5-17.

［2］ 谢希仁.计算机网络简明教程［M］.北京：电子工业出版社,2007.

［3］ 梅文华,杨先义.跳频通信地址编码理论［M］.北京：国防工业出版社,1996.

［4］ Li Y,Guo X,Yu F,et al. A New Parameter Estimation Method for Frequency Hopping Signals［C］. 2018 USNC-URSI Radio Science Meeting (Joint with AP-S Symposium). IEEE,2018：51-52.

［5］ 陈利虎,张尔扬,沈荣骏.基于优化初始聚类中心 K-均值算法的跳频信号分选［J］.国防科技大学学报,2009,31(2)：6.

［6］ 侯思祖,韩思雨,韩利钏,等.适合多密度的 DBSCAN 改进算法［J］.传感器与微系统,2018,37(318)：137-139.

［7］ Chang C I.Multiparameter receiver operating characteristic analysis for signal detection and classification［J］. IEEE Sensors Journal,2010,10(3)：423-442.

［8］ Smiti A,Eloudi Z. Soft DBSCAN：Improving DBSCAN clustering method using fuzzy set theory［C］. International Conference on Human System Interaction,2013.

［9］ Daszykowski M,Walczak B,Massart D L. Looking for natural patterns in data：Part 1. Density-based approach［J］. Chemometrics and Intelligent Laboratory Systems,2001,56(2)：83-92.

第4章

基于分布式频谱监测的电磁辐射源无源定位

仅从电磁频谱数据分析出电磁通联行为,还不能准确确定电磁目标对象,也不能准确刻画网络结构。为进一步达成对电磁频谱数据精准分析的目的,获取电磁辐射源的定位信息是一项基础性工作。其中,基于分布式频谱监测的无源定位,是本书关注的重点。

4.1 引言

从海量频谱信号数据中不仅能分析电磁通联关系,在某些条件下,还能通过对频谱信号进行进一步分析,实现对电磁辐射源的定位,这将有助于分析辐射源的身份和角色,对网络结构挖掘具有重要意义。其中,无源定位技术由于不主动发射电磁信号,对电磁环境无影响,能耗低,覆盖范围广,反应速度快,对监测系统本身安全性好、兼容性好,是电磁行为识别和网络结构挖掘的重要手段之一。

4.1.1 概述

21 世纪,随着无线通信技术的发展和普及,无线终端设备类型趋向多样化,数据传输趋向高速率化,应用密度趋向高密集化[1]。万物互联势不可挡,现代信息化社会的各个领域对于无线终端的定位需求显著提升,以期通过定位服务建立物与物之间的联系,交互融合物与物之间的信息,赋予万物精准的时空信息,提高环境感知和协同处理能力[2]。例如,在民用领域,定位服务信息已成为智慧出行、医疗保障、精细农业、灾害监测、协助安防等[3-6]不可或缺的关键技术;在国防领域,定位技术具有重要的战略意义,在对敌识别追踪、精确打击、监测非法入侵、早期威胁预警、电磁态势感知等智能侦察行动中发挥着重要作用[6]。

定位技术可以分为有源定位和无源定位,应用有源定位技术的终端设备发射电磁波信号并接收目标的反射回波完成对目标的定位,具有全天候、定位速度快、精度较高等优点,然而由于其向外辐射电磁波的频段较固定,在军事活动中容易被敌方侦察和跟踪,进而遭受敌方有针对性的电子干扰和精确制导武器的打击,这时不但会降低对目标的定位性能,还会危及定位系统的安全。而无源定位技术仅仅依靠接收到的目标辐射或散射的无线电信号,获取位置参数信息,实现对目标的探测、定位及跟踪。无源定位隐蔽性和生存能力强,不易被敌发现和干扰；作用距离远，覆盖范围广，具有较高的信号截获能力，对低空目标具有较强的探测能力；重量轻、体积小，无须建造庞大和昂贵的高功率发射机；因此在军事对抗中应用更为广泛。

按照辐射源信号中可获取的位置参数类型，无源定位可以分为接收信号强度（Received Signal Strength，RSS）、到达角（Angle Of Arrival，AOA），到达频差（Frequency Difference Of Arrivals，FDOA）、到达时间（Time Of Arrivals，TOA）、到达时间差（Time Difference Of Arrivals，TDOA）等方法。

4.1.2　本章主要内容

本章首先对适用于基于频谱数据分析进行电磁行为识别和网络结构挖掘的无源定位技术进行一个综合的介绍和分析对比，其中，重点对较为成熟的时差定位进行深入分析。然后，对同样较为成熟的基于接收信号强度的电磁辐射源定位技术进行了例证式的研究，包含相关基础理论介绍、算法设计以及分析研讨。

4.2　电磁辐射源无源定位技术分析

首先，对 TDOA 与 TOA、AOA、FDOA、RSS 等主要无源定位技术和方法进行对比。然后，基于时差定位的重要性，对其进行重点分析。从时差估计方法、解算方法、城市环境中的非视距传播影响、基站选择与几何分布等方面分析传统的基于优化理论的时差定位算法所面临的挑战。最后，针对机器学习与时差定位相结合的最新应用研究，分析发展趋势和机遇。

4.2.1　基本原理

4.2.1.1　基于 RSS 的定位方法

基于 RSS 的定位方法通过采集信号辐射源发出的信号在基站处的强度来实现定位。主要有两种方法。一种基于信号传播模型[7]，根据目标辐射源和基站处的信号强度得到路径损耗，然后选择或构建合适的信号传播模型[8]计算目标与基站之间的距离，利用至少 3 组目标与基站间的距离即可估计目标的位置。此方法的前提条件是已知目标辐射源的信号发射强度，在民用领域监测非法信号源以及在军事领域定位敌方辐射源都难以提前获取对方信号发射强度，限制了 RSS 定位方法的适用范围。另一方面，在选择或构建传播模型的环节，通常是选择经验模型或根据实际环境对模型进行修正，近年来也有研究提出用深度学习的方法来构建信号传播模型，但由于实际电磁环境复杂，存在其他无线信号源的干扰，且信号衰落、信道噪声复杂，传播模型难以贴合实际情况，在远距离定位时估计误差较大，因此基于传播模型的 RSS 定位方法多应用于小范围且精度要求不高的场景。

在定位区域的不同位置有不同的信道结构，因此各基站得到的 RSS 值也各不相同，不同于信号传播模型法，另一种基于 RSS 指纹的定位方法[9]就是以 RSS 值作为位置特征即"指纹"来实现定位。通过离线采集 RSS 指纹、建立数据库，在线匹配实时的 RSS 值与库中的数据，一旦找到了最佳的匹配，那么目标辐射源的位置就被估计为这个最佳匹配的指纹所对应的位置。但是，该方法建立指纹数据库需要大量的指纹采集测量，还要求数据库可以快速更新和高效维护,对场强的测量精度和稳定性有很高的要求,不适用于远距离、大范围的定位场景。

4.2.1.2　基于 AOA 的定位方法

基于 AOA 的定位方法[8]的基本原理是利用基站具有方向性的天线或天线阵列,得到目标辐射源发送信号的方向,从而根据信号的到达方向来进行定位。该方法仅依靠两个基站即可实现定位,其通过两直线相交不可能有多个交点确定位置,避免了定位的模糊性,但是要求基站配有方向性强的天线阵列。

在城市环境远距离定位场景中,多径效应导致的角度误差对定位精度的影响远比测距误差大,由于非视距传播及多径效应的影响,无线传感器网络的多个基站确定的多条方位线不能交于同一点,还需要采用最小二乘法、最大似然估计法等求精校正以确定最佳位置。另外,配备有 AOA 参数估计的节点硬件尺寸、功耗及成本相对较大,接收机天线的角度分辨率也受到硬件设备的极限限制,不适用于大规模的无线传感器网络。因此,AOA 定位方法在空旷地区更受青睐,在实际应用中,AOA 常与 TOA 或 TDOA 信息联合使用作为一种混合定位方法[10]。

4.2.1.3　基于 FDOA 的定位方法

当目标辐射源与基站有相对运动时,由于多普勒效应,多个基站测量到的目标发射信号的频率不同,基于 FDOA 的定位方法利用不同基站间的多普勒频差对目标辐射源进行定位[11]。每一个到达频差都对应一个目标位置和速度的复杂非线性方程。目前,基于 FDOA 的定位方法多与 TDOA 定位方法联合使用[12],很少单独使用,主要是由于 FDOA 方程非线性很强,解算复杂,难以得到解析解。

4.2.1.4　基于 TOA 的定位方法

基于 TOA 的定位方法是测量目标辐射源发出的信号到达基站的时间,乘以电磁波的传播速度,计算得到信号传播距离[13]。从二维几何意义上来看,TOA 是一种圆周定位方法,以各基站为圆心、以对应的辐射源信号到基站传播距离为半径的至少 3 个圆相交,交点即目标辐射源所在的位置。

TOA 定位方法首先要求基站与目标辐射源保持精确的时间同步,而这一要求在敌我双方的军事对抗中很难实现,即使在民用领域,也极具挑战。除了难以精确同步引入的时间偏差,设备固有的时钟漂移也会产生时间误差,根据电磁波传播速度,纳秒级的时间检测误差就会导致米级的距离估计误差。其次,在室外城市环境以及室内环境定位中,非视距传播、电磁波的反射、绕射等引起的多径效应会使基站接收到延迟的信号,大大降低了定位精度[14]。另外,TOA 技术的应用也受到节点硬件尺寸、价格和功耗的限制,与节点小型化、低成本和低功耗的趋势是相反的。

4.2.1.5　基于 TDOA 的定位方法

基于 TDOA 的定位方法与 TOA 定位方法类似,从几何意义上来看,TDOA 是一种双曲线定位方法[15],计算目标辐射源发射信号达到各个基站的时间差,以各基站为焦点,以时间差对应的距离差为长轴的不同双曲线相交,交点即目标辐射源所在的位置。

TDOA 值的测量与估计通常有两种方法:一种是直接利用测得的 TOA 作差得到

TDOA,可以减小一部分时间误差,但是仍需要精准的时间同步要求;另一种是时差估计方法,研究发展较为成熟。众多时差估计方法相继提出,应用最广泛的是广义互相关法,广义互相关法是对两路接收信号进行互相关运算,以滤波后的互相关峰值去逼近真实的时延,由于时域的互相关运算与频域的互功率谱——对应,因此广义互相关运算常在频域上完成。时差估计方法不要求基站与辐射源保持严格时间同步,对无线传感器网络时间同步的要求大大降低,可以更好地在非法监测、军事对抗中发挥作用。解算由双曲线确定的非线性方程组也是 TDOA 定位技术中的关键一步,典型求解方法有解析类算法和迭代类算法,不同算法对 TDOA 测量误差的统计特性要求不同,计算复杂度也各不相同,因此适用场景也有所不同。随着人工智能的发展,近年来机器学习的方法也逐渐被应用于目标位置求解中,给TDOA 定位技术带来了新的活力与生机。

与其他定位方法相比较,TDOA 定位方法不需要已知目标辐射源的发射信号强度,不受辐射源天线方向性的影响,不要求基站与目标辐射源保持严格时间同步,在电磁对抗场景中仍能发挥作用;不受角度误差影响,定位误差随基站与目标辐射源之间距离的增加增大相对缓慢;不依赖于信号传播模型,在实际的室外电磁环境中定位精度较高;基站设备不需要配备方向性强的天线阵列,只需单个监测天线,符合设备低功耗、小型化的发展趋势且避免了多天线的信号耦合问题。总的来说,TDOA 是一种简单高效的定位方式,广泛应用在无线传感器网络和无线电监测工作中。

4.2.2 基于优化理论的时差定位所面临的挑战

尽管 TDOA 定位技术优势突出且已经实现商业化用途,但随着现代信息社会对位置信息的精度要求越来越高,TDOA 定位技术在多个方面面临着优化挑战,本节重点从时差估计方法、解算方法、城市环境中的非视距传播影响、基站选择与几何分布等几个方面分析基于优化理论的 TDOA 定位技术所面临的挑战。

4.2.2.1 时差估计方法

作为最广泛应用的时延估计方法,广义互相关法一直是学界研究的热点。前期,大多数研究假设噪声基本不相关,以设计、选择或改进滤波器加权函数为研究重心,设计了 Roth、SCOT、PHAT、ML/HT 等一系列加权函数及其改进形式,旨在抑制噪声,提高时延估计精度。但是,在实际环境中,噪声环境复杂,存在源信号和干扰信号的反射、绕射等,不同位置的基站特别是距离较近的基站间接收到的噪声往往是相关的,这就会导致互功率谱中出现伪峰值,或在低信噪比环境中峰值淹没在噪声中,从而影响时延估计的准确性。

为了减小或克服 GCC 的局限性,后期一些研究开始针对相关噪声场或结合某些先验信息进行改进。文献[16]提出了一种简单的闭式最大似然交叉相位谱估计方法,该估计器只需假设噪声空间相干函数的先验信息,不以噪声不相关为假设,则不需要估计噪声互相关谱。文献[17]利用滑动窗口将 GCC 全频带分成一组 GCC 子频带,在噪声环境中子频带GCC 矩阵可以指出哪些子频带对可靠的时间延迟估计有积极贡献。利用低秩近似方法来恢复去噪的相关信号,最终可以削弱伪峰值,提高时延估计精度。

这两种方法在验证实验过程中都是针对于声源定位场景中 TDOA 的估计,虽然在实验中表现出了良好的性能,但在复杂电磁环境中噪声空间相干函数是否容易进行理论预测、两种方法在城市环境无线电信号定位场景中能否发挥作用仍需考量和研究。

4.2.2.2 定位解算算法

得到 TDOA 值后，将时延差转化为距离差便可列出由双曲线确定的非线性方程组，进而求解辐射源位置坐标。对于解算算法的研究和改进，一般着眼于减小噪声影响以及优化 TDOA 定位方程的非线性和非凸性来提高定位精度。克拉美罗下界（Cramer-Rao Lower Bound，CRLB）可以用于计算无偏估计中能够获得的最佳估计精度，因此经常用于计算理论能达到的最佳估计精度以及评估参数估计方法的性能（是否接近 CRLB 下界）。

解析类算法具有明确的解析解，计算量较小，但当 TDOA 测量值误差较大时或在低信噪比环境中，算法性能下降比较明显。该类算法中经典的 Chan 算法利用两步加权最小二乘法，在第一步假设辐射源位置与辐射源和参考基站距离差是相互独立的，计算得到辐射源位置初始估计的粗略解，在第二步利用辐射源和基站位置的约束关系得到更精确的目标位置估计。该算法的定位精度在视距环境下能够达到克拉美罗下限，但其推导过程都是基于 TDOA 误差较小且为零均值高斯随机变量这个前提，对于实际信道环境中误差较大的 TDOA 测量值，该算法的性能将会显著下降。

迭代类算法能在适当的 TDOA 噪声水平下提供比较准确的定位估计，具有更好的抗噪能力，但计算复杂度较高，并且需要一个与真实位置接近的初始估计以保证算法的收敛性，即算法性能严重依赖于初始值的质量。文献[18]提出了一种基于最大似然的 TDOA 迭代算法，把目标函数转化为两个凸函数的差，然后用 CCCP（Convex-Concave Procedure，一种局部最优函数的启发式算法）迭代寻求最优，其中迭代步骤由外环 CCCP 迭代和内环用于最小化凸函数的梯度下降迭代组成。通过精心设计的初始化，可以达到全局最优。文献[19]提出的一种偏差减小的方法既考虑了最大似然问题中的非线性问题，又考虑了噪声引起的测量误差，利用迭代的方法解决噪声的协方差矩阵和初始值未知的问题。有时，该迭代过程不能保证收敛到最大似然问题的全局解，当位置估计值与初始估计值相差甚远时，就采用传统的约束加权最小二乘法的解。

还有一些研究应用半正定规划和凸松弛的方法对定位算法进行优化，比如文献[20]在改进的极坐标系和笛卡儿坐标系中提出了两个新的半正定和二阶锥规划公式，还提出了两种精确而有效的凸松弛方法，用于统一 TDOA 近场与远场定位问题。该方法以多项式复杂度近似地解决了原始的约束加权最小二乘法问题，且没有局部收敛的风险。

但应注意到，许多研究都假设噪声是零均值服从高斯分布且相互独立的，或在仿真实验中，为了方便将噪声模拟为零均值的高斯噪声，比如文献[18-22]。但实际场景中的噪声并不是理想的独立分布的零均值高斯噪声，难以模拟真实的噪声环境正是基于优化理论的解算算法所面临的一大挑战。文献[23]在真实地理环境中比较了 Levenberg-Marquardt（LM）和 Gauss-Newton（GN）两种迭代算法求解辐射源位置的精度，GN 方法需要良好的初始值，以提供快速收敛和精确的估计，而 LM 方法是介于最速下降和 GN 方法之间的梯度下降混合方法，是一种对 GN 方法的改进算法，具有更好的收敛性。因此，在农村或郊区环境中，LM 方法定位精度比 GN 方法更高；但是在城市环境中，受多径效应影响更大，噪声环境更为复杂，二者定位精度不相上下，定位误差达到了 500m，改进的算法难以发挥作用。

4.2.2.3 城市环境中非视距传播影响

随着社会城市化水平不断提高，城市环境中定位需求也日益增多。城市环境中高楼林立,信号的非视距传播(NLOS)十分常见,即信号辐射源与基站接收机之间存在障碍物,使得信号无法进行直线或视距传播,无线电波会遭受一次或多次多径反射以及衍射、散射等。与视距相比,这将导致传播距离和传播时间的延长,产生高达几百米的 NLOS 传播误差[24]。

不少学者致力于 NLOS 识别和误差削弱的研究,以提高定位精度。最直接的思路是对基站得到的 TDOA 测量值进行识别,丢弃 NLOS 条件下的测量值[25-26]。文献[25]将所有 TDOA 测量值在多维标度(MDS)框架中形成标量积矩阵,然后利用标量积矩阵的子空间特性区分 LOS 和 NLOS 测量值,仅利用 LOS 子集进行定位。除了直接丢弃 NLOS 测量值,还可通过改变 LOS 与 NLOS 下 TDOA 测量值的权重来减小 NLOS 误差影响,比如文献[27-28],相比之下,这是一种较为温和的方法。直接丢弃 NLOS 测量值或赋给其较低权重的方法难以完全避免识别错误的问题,且可能会丢失可用信息,增加测量成本。

有些研究假设障碍物环境或传播路径状态是先验已知的[29-30],充分利用先验知识,选择更精确的视距测量,减小 NLOS 误差影响,提高定位性能。近年来,越来越多的研究着眼于利用更少的 NLOS 误差先验知识减小 NLOS 误差影响[31-35]。文献[31]不需要 NLOS 误差的先验信息,首先提出一种 NLOS 识别策略来检测 NLOS 的严重程度,根据严重程度将 NLOS 情况分为轻度 NLOS 和重度 NLOS 两类。其次,执行分类滤波以获得各自的位置估计。对于视距传播中的噪声,利用扩展卡尔曼滤波器处理;对于轻度 NLOS 情况,重新设计鲁棒扩展卡尔曼滤波器中的得分函数,去除较大的异常值;对于重度 NLOS 情况,提出了一种基于视线重构的误差抑制算法,估计 NLOS 误差的平均值,重构并校正测量值,用于后续定位。最后,采用交互式多模型算法对视线和 NLOS 的位置估计进行加权,得到最终的定位结果。文献[32-33]也不需要 NLOS 误差的统计信息,把 NLOS 条件下的定位问题转化为约束最小二乘的优化问题,进而有效抑制 NLOS 误差。文献[34-35]应用拉格朗日神经网络框架(一种物理上可实现的递归神经网络,使分布式、并行和实时计算成为可能,已成为解决各种数学规划问题的一种有前途的选择,不同于机器学习中神经网络的概念)解决 NLOS 条件下定位场景中非线性约束优化问题,改进定位算法,降低计算复杂度。以上文献所提方法均不假设关于 NLOS 的误差先验信息,在仿真实验中验证了算法的可行性和有效性,但其仿真 NLOS 误差仅单一模拟服从某一分布的噪声(比如服从高斯分布、均匀分布或者指数分布的噪声),难以模拟实际环境中复杂的 NLOS 噪声,也没有在真实的地理环境中进行过实验验证,因此能否有效抑制真实城市环境中的 NLOS 还有待研究。

文献[36]提出的定位算法校正由多径干扰和 NLOS 接收引起的附加偏差,其假设接收信号中受多径干扰或 NLOS 噪声的全球定位系统信号占少数,即未知误差向量具有稀疏性。文献[36]在 GPS 定位系统中进行了城市环境 NLOS 条件下的真实场景实验,当 NLOS 的卫星数量少于总数 11 颗中的 6 颗时,利用该方法减小 NLOS 误差影响是有效的,但如果 NLOS 卫星的数量超过 10 个中的 6 个,则所提出的方法的性能会恶化。这是由于 NLOS 卫星的数量逐渐增加,此时稀疏假设是不成立的。类似地,在 TDOA 定位场景中 NLOS 地面基站的稀疏假设也不一定成立,这是该算法应用于城市环境中基于 TDOA 定位的一大局限。

4.2.2.4　基站选择与分布

无线传感器网络被广泛应用于定位场景中的参数测量,在大规模网络中,使用所有基站进行定位是不切实际的,通常是计算中心根据目标所在的大概位置调度基站,收集测量数据,执行定位算法,从而进行精确定位。调度基站时对参考基站的选择和最终所选基站布局的几何形状都会对定位精度产生影响。

在 TDOA 定位系统中,时差是基于参考基站获得的,并且可以映射成双曲线。选择不同的参考基站,生成的双曲线也各不相同,在复杂的噪声环境中,由双曲线确定的估计位置与实际目标位置的误差也有大有小。因此,调度基站时如何选择最佳参考基站成为 TDOA 定位系统中的一个研究方向。为了减少目标定位对单个参考基站的依赖性,文献[37]提出联合多个参考基站进行定位的方法。首先选择不同基站作为单个参考基站,导出目标位置的所有可能估计,然后通过似然概率进行评估,找到与实际目标位置误差最小的一个。在仿真实验中,该方法确实提高了定位精度,但是遍历所有可能估计的思路使得计算中心的计算量增大、计算时间较长。

在卫星定位中,几何精度因子(Geometry Dilution of Precision,GDOP)常用来表示卫星布局和可用卫星数量引起的定位误差,广义上,它是基站和目标位置的函数,可以用来分析基站和目标之间的几何关系对定位性能的影响,理论上可以推导出 TDOA 定位系统中的 GDOP[38]。GDOP 值越低,定位能力越高。基站的几何布局对定位误差有很大影响,比如在所选基站分布在同一直线的情况下,当目标位于该直线或沿该直线移动时,TDOA 测量值中可用于定位估计的信息减少,定位性能下降[39]。而在已规划好的无线传感器网络中,基站位置通常是网格化的,根据文献[40],此时所选基站分布的几何设计问题相当于基站选择问题,可以转化为整数规划问题。文献[41-42]研究了如何同时选择参考基站和普通基站以形成最优基站布局来进行定位,且都使用了两个独立的布尔向量分别来确定参考基站的选择和普通基站的选择。文献[41]简化了噪声环境,难以模拟城市环境中复杂的电磁环境,而文献[42]虽考虑了 NLOS 误差的影响,但其减小 NLOS 误差的方法与文献[38]类似,都需要提前识别 LOS 基站与 NLOS 基站,给计算中心增加了额外的识别负担,可能会导致网络效率的降低。

4.2.2.5 TDOA 定位总结

TDOA 定位的研究成果丰硕,所提算法应用数学优化理论在解决收敛性、最优解等问题上都能发挥一定的作用,提高定位精度。但无论是在时延估计、定位解算还是基站选择上,都面临着 NLOS 误差带来的严峻挑战。一方面,基于数学理论的 NLOS 识别和误差减小方法推导烦琐、步骤复杂,改进难度较大;另一方面,绝大多数方法的验证实验在仿真环境中进行,真实地理场景中噪声环境更为复杂,实验效果还需进一步验证。同时还要考虑计算复杂度的问题,特别是在无线传感器网络中,计算中心收集并融合各基站的测量数据,交互信息量大,过大的计算复杂度会进一步增加网络负担,影响网络效率。在对动态目标的跟踪定位中,大规模数据的交互带来的时延将会严重影响网络系统的感知性能,导致对目标移动轨迹跟踪的中断,使得定位性能下降。基于传统的数学优化理论的 TDOA 定位方法需要新的思路来应对当前面临的各方面挑战。

4.2.3 机器学习辅助的机遇与挑战

近年来,以机器学习为代表的人工智能技术发展迅速,在数据挖掘、计算机视觉、图像与语音识别等领域应用广泛。机器学习构成了一个庞大的体系,涉及众多算法、学习任务和理论。有监督学习是机器学习的一个分支,旨在从大量历史数据中挖掘出其中隐含的规律,用于预测或者分类。也可以将其看作是寻找一个函数,输入是样本数据,输出是期望的结果,只是这个函数过于复杂,不便于形式化表达。随着计算能力的增强、学习算法的成熟以及应用场景的日益丰富,机器学习的研究不再仅限于支持向量机、多层感知机、集成学习等有监督学习方法,越来越多的人开始关注深度学习、迁移学习、对抗学习等,无监督学习、强化学习也成为越来越多学者的研究方向,机器学习的任务从分类和回归向推理、决策和博弈拓展。

前面提到受时差测量误差、非视距传播、基站选择及算法复杂度等因素影响,TDOA 定位精度受限,特别是在城市环境中。而机器学习强大的建模能力为克服 TDOA 定位面临的挑战注入了新的活力,一些学者利用机器学习的方法解决 TDOA 定位中的误差识别与校正、多源目标定位、动态目标跟踪等问题,验证了机器学习应用于复杂多样的定位场景中的可行性和有效性。接下来主要总结机器学习应用于定位场景的一些工作,并提出未来 TDOA 与机器学习相结合可能带来的发展机遇。

4.2.3.1　现有的基于机器学习的 TDOA 定位应用

非视距传播是影响 TDOA 定位精度的重要因素,识别视距与非视距传播,有助于在 TDOA 定位算法中降低非视距传播误差的影响,提高定位精度。机器学习广泛应用于分类任务,在 TDOA 定位中利用机器学习的方法提取特征,不需要构建传统的数学模型,只需要从有标记的经验数据中学习,就可以对视距传播与非视距传播进行识别与分类,常用的方法有支持向量机、集成学习、神经网络等。

支持向量机的基本模型是定义在特征空间上的间隔最大的有监督分类器,在线性二分类任务中理论完善、应用成熟,利用核函数可以实现非线性分类,SVM 也可以推广应用到多分类任务。文献[43]选择基于时差的距离估计值作为输入特征,利用 SVM 训练模拟数据和实测数据,对视距与非视距传播进行识别和分类,然后在定位过程中丢弃非视距传播数据,使用剩余的距离估计值和已知的基站坐标对目标辐射源进行定位。

集成学习的基本思想是通过构建和结合多个效果较弱的个体学习器,形成一个更好、更全面的强学习器来完成学习任务。文献[44]利用集成学习中 Adaboost 算法首先提取可以表征视距与非视距传播的信号特征,用于训练弱学习器。然后,采用调整样本权重的方式来对样本分布进行调整,提高前一轮个体学习器错误分类的样本的权重,降低那些正确分类的样本的权重,使得错误分类的样本受到更多的关注,以便在下一轮中可以正确分类。最终,通过迭代给弱学习器分配不同的权值,使预测误差率最小,得到一个强 NLOS 分类器。仿真实验证明,在进行准确率较高的视距与非视距传播识别之后,采用合适的算法减轻 NLOS 误差影响,可以获得更高的定位精度。随机森林是集成学习中的另一种具体方法,简单来说,就是随机生成多棵没有互相关联的决策树,每棵决策树都对输入进行预测分类,而随机森林集成了所有的分类投票结果,将投票次数最多的类别指定为最终的输出。

神经网络是一种模仿生物神经网络结构和功能的数学模型或计算模型,可以自动获取和学习输入数据的特征。随着对神经网络的研究越来越深入,其结构和功能更加多样化,为解决 TDOA 定位中的各类问题提供了新思路。文献[45]将卷积神经网络(CNN)和长短时记忆递归神经网络(LSTM-RNN)这两种典型的网络结构相结合,用 CNN 从原始信道脉冲响应(CIR)信号中学习频率特性,提取非时态特征,然后将 CNN 的输出送入 LSTM-RNN

中,对 LOS/NLOS 信号进行分类。在仿真实验中比较了不同层数的 CNN 对识别准确度的影响,结果表明,结构过深的 CNN 可能会导致过拟合和学习效率的降低,从而使分类精度下降;还与单一的 CNN 或 LSTM 网络进行了比较,可知在网络层数相同时,CNN 与 LSTM 相结合的方法分类准确度显著提升,如果没有 CNN,输入数据中包含的冗余信息可能会影响 LSTM 训练及其性能。文献[46]基于全球导航卫星系统(GNSS)在城市环境中比较了支持向量机和神经网络两种方法对视距与非视距传播进行识别和分类的性能,结果表明,神经网络比支持向量机有更好的识别效果,97.7%的非视距传播信号得到了正确的识别。

文献[47]考虑到非视距传播与多径影响的差别,将需要识别的误差情况分为视距传播、非视距传播与多径影响 3 类,利用收集到的实际测量数据,比较了支持向量机(SVM)、随机森林(RF)和多层感知器(MLP)3 种机器学习方法的预测精度、训练时间和测试时间。结果表明,SVM 的核函数类型的选择对分类准确性影响很大,最好能达到 82.96%,最差仅 50.59%;RF 的决策树数量需要在分类准确度和学习效率之间权衡,MLP 则要权衡隐藏层的多少以达到最优的定位性能。该文献中还提到以上各类分类器在新的未知环境中性能都会明显下降,这是由于环境噪声包含在训练数据中,分类模型也学习环境噪声。当在不同环境噪声模式下进行测试时,分类精度便会下降,这也是基于机器学习的视距与非视距传播识别方法的一大挑战。

针对这一挑战,文献[48]提出了一种基于迁移学习的识别方法,在新的测试环境中,未采用迁移学习的分类模型的准确率与训练环境相比下降了 50%以上,采用迁移学习后,分类精度提高到 98%,与实测环境基本一致。这一结果验证了迁移学习能够有效地消除现有模型中包含的环境噪声,用较少的数据和较短的训练时间来更新已有的模型以适应新的环境。

城市电磁环境噪声复杂多样,TDOA 的定位性能往往依赖于对噪声环境的分析和处理,传统的定位方法一方面难以在某一实际地理环境中对噪声误差的分布进行建模分析,另一方面构建的噪声模型在新的环境中不一定适用,而深度学习和迁移学习正是解决这两大难题的良药[49]。深度学习可以在有目标位置标签的定位场景中深入挖掘和学习复杂噪声环境的特征,刻画其丰富的数据信息,更好地拟合噪声分布,而迁移学习则可以将已有的模型应用在某些无目标位置标签或已知信息较少的新环境中,降低训练成本,提高定位算法的普适性。深度学习和迁移学习不仅在 TDOA 定位视距与非视距传播的识别和分类中表现出了明显的优势,在 TDOA 定位过程的其他环节中也具有实用性和有效性。

4.2.3.2 校正时差测量误差

时钟同步不准、时延估计偏差、基站位置误差和噪声环境影响都会导致 TDOA 测量产生误差,传感器网络负担过载或遭受攻击还可能会导致 TDOA 数据丢失,TDOA 值是定位必需的基础数据,减小 TDOA 测量误差的影响对于提高定位精度尤为重要。深度学习能够充分学习数据中复杂多样的特征,进而校正 TDOA 测量误差。

文献[50]首先根据已知目标和基站位置计算 TDOA 理论值,并得到已知目标信号到达基站的 TDOA 测量值,然后对二者求差,计算 TDOA 差值;然后将 TDOA 测量值和对应的 TDOA 差值输入深度神经网络进行训练;在测试阶段,输入未知目标的 TDOA 实测值,网络输出 TDOA 差值,二者求和即可校正 TDOA。仿真实验结果表明,采用深度神经网络,TDOA 误差下降了 50%以上。

文献[51]利用深度学习来解决异步定位中的时差测量误差或数据丢失问题。首先在未进行时间同步或同步不准的异步时差模型中,设置参考目标节点发送信号,将参考时差映射到模型中得到时差测量数据;然后经历离线阶段、在线阶段和定位阶段完成对未知目标辐射源进行定位。在离线阶段,已知辐射源和基站位置,先进行数据预处理得到时差测量和理论数据、相邻时刻的时差测量和理论的差值数据,然后构建和训练两个 LSTM 网络,第一个 LSTM 是目标状态预测网络,输入相邻时刻的时差测量和理论的差值数据以及目标位置,第二个 LSTM 是 TDOA 预测网络,输入时差测量和理论数据、目标位置以及上一个网络输出的目标状态。在在线阶段,首先通过异步 TDOA 模型实时采集 TDOA,完成数据预处理,然后将数据送入训练好的网络得到精准预测的 TDOA,解决时差测量误差或数据丢失问题。在定位阶段,利用量子行为粒子群优化算法(QPSO)对目标节点进行精确定位。实验结果表明,该深度学习的方法可以预测缺失数据或纠正定位异常值,从当前时差数据和以前的定位信息中获取更多的定位信息,实时估计定位,提高定位精度。

4.2.3.3　端到端定位

TDOA 定位的最终目的是得到目标辐射源的位置坐标,深度神经网络的黑盒特性为这种端到端需求提供了解决方法。训练合适的网络结构,输入原始信号或 TDOA 值,可以直接输出目标的位置坐标,例如文献[52]向神经网络输入原始声音信号,输出声源位置坐标,文献[53]提出了一种基于 TDOA 的声源定位方法,向训练好的神经网络输入到达时间差,得到声源位置坐标。但这种端到端的深度学习定位方法,需要大量有位置坐标标签的原始数据,数据采集和标记任务较为繁重。

文献[54]利用深度学习的方法研究多源定位的位置坐标求解和排列组合问题,向深度神经网络输入原始信号,输出基于分类的区域粗略解和基于回归的坐标精确解,二者相互关联,这种端到端的设计有助于同时定位多个目标源,还可以避免排列问题。

4.2.3.4　未来发展机遇

(1)提高定位算法的普适性:进一步利用深度学习和迁移学习,使得在某一环境中训练好的网络和算法能够适用于相似的新环境,且保证一定的定位精度。比如,在某一城市环境中已完成网络训练,定位精度有所提高,将该网络应用于另一城市环境中,无须大规模采集和训练数据,在保证精度的前提下提高了训练和定位效率。

(2)优化机器学习模型的结构和规模:现阶段的研究结果表明,越复杂、越深的模型结构未必能实现高精度的定位性能,同时结构和规模的复杂性还会影响到定位的计算复杂度和无线传感器网络的效率,未来期望研究机器学习如何实现自动调参和自动学习网络结构。

(3)由静态定位向动态决策发展:为实现在传感器网络中对目标进行精确的跟踪定位,考虑利用强化学习的方法,在某一步动态跟踪中调度基站并设计几何分布,形成最佳定位基站集合来实现对目标辐射源的实时定位。

(4)无监督学习和半监督学习的应用:军事对抗中的定位任务往往是紧急突发的,对定位的实时性要求较高,通常没有足够的时间对有标记数据进行采集和处理,研究无监督学习和半监督学习意义重大。

4.2.4　小结

本节首先阐述了现代信息社会中定位的丰富应用,然后比较基于 TDOA 的定位方法与其他无源定位方法,总结其优势。接下来重点分析了基于传统优化理论的 TDOA 定位方法所面临的挑战,然后针对这些挑战,介绍了机器学习方法在 TDOA 定位中的研究成果和应用,并分析了未来机器学习与 TDOA 定位相结合的发展前景和机遇。虽然 TDOA 定位和机器学习方法各自仍面临一些挑战,但相信机器学习特别是深度学习、迁移学习和强化学习等前沿技术会给 TDOA 带来新的活力与生机。

4.3　基于接收信号强度的电磁辐射源定位

4.3.1　简述

本节通过对各个频谱监测站对接收到的辐射源信号强度进行处理分析,建立合适的电磁波传播模型,应用合理的算法,定位辐射源。主要有以下几个特点:

(1) 依据环境特点建立模型。充分考虑地理环境的特点,结合传播过程中电磁波的衰落和噪声干扰,建立电磁波传播模型。

(2) 基于差分接收信号强度定位。借鉴 RSSI 和 TDOA 定位方法的思路,分布式电磁监测系统收集接收信号强度(RSS)数据,进行差分处理,进一步减小环境误差,提高定位精度。

(3) 采用遗传算法优化求解。在求解辐射源定位坐标的过程中,应用智能算法寻求最优解,可以快速收敛,稳定性和精度较好。

首先介绍电磁波的传播原理和模型,然后依据环境特点建立模型,对接收信号强度的干扰进行处理,最后利用分布式电磁监测系统的优势对接收信号强度进行差分处理,尽可能减小环境误差的影响,并进行实验仿真验证处理效果。基于分布式电磁监测系统的监测数据和电磁波传播模型推导辐射源坐标的求解方程,然后利用遗传算法的相关内容求得全局最优解,定位出频谱辐射源,最后通过仿真实验验证算法,分析定位结果。对所提的定位方法和算法进行评价分析,提出优化方案,提高分布式电磁监测系统的性能。

4.3.2　无线电波传播基础

4.3.2.1　无线电波传播原理

无线电波的传播特性不仅与其自身参数(例如电波强度、工作频率、相位或时延等)有关,还受传播环境、天线高度和传播方式等因素影响。自由空间传播模型是无线电波传播的最简单的模型,无线电波的损耗只与传播距离和电波频率有关系。在给定频率的情况下,因变量只有传播距离。自由空间是指无任何衰减、无任何阻挡、无任何多径的传播空间。理想的无线传播条件是不存在的,一般认为只要地面上空的大气层是各向同性的均匀介质,其相对介电常数 ε 和相对导磁率 μ 都视为 1;传播路径上没有障碍物阻挡,到达接收天线的地面反射信号场强也可以忽略不计;在这样的情况下,电波的传播方式就被认为是在自由空间传播。通常卫星通信和微波通信都被认为是在理想信道中的通信。

在自由空间,根据弗里斯传输公式:

$$P_{\mathrm{r}} = \frac{P_{\mathrm{t}} G_{\mathrm{t}} G_{\mathrm{r}} \lambda^2}{(4\pi)^2 d^2 L_0}$$

其中，P_r 为接收信号功率，P_t 为信号发射功率，G_t 为发射天线增益，G_r 为接收天线增益，λ 为波长（m），d 为发射端与接收端的距离（m），L_0 为与传播无关的损耗如传输线衰减、滤波损耗、天线损耗等。设定天线有单位增益，理想情况下无关损耗 $L=1$，则自由空间的传播损耗定义为：

$$L_s = 10\lg \frac{P_t}{P_r} = \left(\frac{4\pi d}{\lambda}\right)^2$$

单位用分贝（dB）表示，可以写作：

$$L_s = 32.45 + 20\lg f + 20\lg d \tag{4-1}$$

其中，f（MHz）为工作频率，d（km）为收发天线之间的距离。

在实际的无线移动通信中，无线信道环境十分复杂，既包含各类噪声干扰，也有因遭遇各种复杂的地物（如物体遮挡、地形变化等）所引起的反射、绕射和散射传播。在无线通信系统中，影响传播的 3 种最基本的因素正是反射、绕射和散射。

反射发生在地球的表面、建筑物等处，它是在电磁波遇到了比波长大得多的物体时发生的。

绕射是当接收机和发射机之间的无线路径被尖利的边缘阻挡时，电磁波就会发生绕射现象，甚至可以散布到阻挡体的背面。在高频波段，绕射与反射一样，与物体的形状以及绕射点入射波的振幅、相位和极化的情况有关。

当无线电波传播的介质中存在小于波长的物体，并且单位体积内阻挡体的数量巨大时，就会出现散射现象。散射波产生于粗糙表面、小物体或其他不规则的物体。在实际的无线通信系统中，树叶、灯柱等都会引起散射。

无论是要实现通信还是在特定环境下实现辐射源定位，在复杂电磁环境中简单的数学推导都是不全面、不切实际的，必须充分理解传输机制和路径损耗，建立合理的传播模型以预测不同环境的传播特性。

4.3.2.2 无线信道中的信号衰落

在实际情况中，信号从发射端经过多个路径抵达接收端，导致信号强度发生随机变化，这种现象被称为衰落。无线信道衰落的分类如图 4.1 所示。

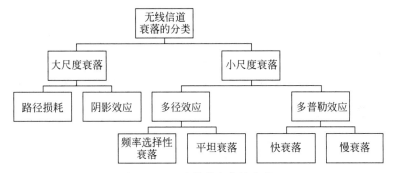

图 4.1 无线信道衰落的分类

尺度是相对于波长的，大尺度是指距离远远大于波长，是宏观意义上的衰落；小尺度是几倍波长、短距离、短时间，研究的是微观意义上的衰落。本书所研究的信号衰落主要是路径损耗、阴影效应和多径效应。

路径损耗指电波在空间传播所产生的损耗,是由发射功率的辐射扩散及信道的传播特性造成的,反映宏观范围内接收信号功率均值的变化。自由空间中,路径损耗可用式(4-1)表示。对于不同的传播模型,路径损耗公式不同。

阴影效应是发射机和接收机之间的障碍物造成的,这些障碍物通过吸收、反射、散射和绕射等方式衰减信号功率,严重时甚至会阻断信号。阴影衰减一般服从对数正态分布(若服从对数正态,则服从正态分布)。

多径衰落是指接收机所接收到的信号是通过不同的直射、反射、折射等路径到达接收机。由于无线电波通过各个路径的距离不同,因而各条路径中发射波的到达时间、相位都不相同。不同相位的多个信号在接收端叠加,如果同相叠加则会使信号幅度增强,而反相叠加则会削弱信号幅度。这样,接收信号的幅度将会发生急剧变化,就会产生衰落。这些多径信号的叠加在没有视距传播情况下的包络服从瑞利分布。

4.3.2.3　Okumura-Hata 传播模型

随着世界城市化进程的飞速发展,城市在现代化战争中的作用日益突出。城市是现代化战争的重要军事目标,是战争争夺、袭击的焦点和对象,城市战场环境中大量的信息目标也是双方争夺的焦点[55],城市战场环境也因此成为无线电波传播的主要环境。

Okumura-Hata 模型[56-58]是预测城市及周边地区路径损耗时使用最为广泛的模型,它是基于大量实验数据拟合得出的经验模型,以城市市区的传播损耗公式作为标准,其他地区采用校正公式进行修正,更符合城市战场环境的特点。

$$L_0 = 69.55 + 26.16 \lg f - 13.82 \lg h_t - a(h_r) + (44.9 - 6.55 \lg h_t) \lg r \qquad (4\text{-}2)$$

h_r 为监测站天线高度,$a(h_r)$ 为校正因子。

大城市校正因子公式为:

$$a(h_r) = 8.29(\lg 1.54 h_r)^2 - 1.1, \quad f \leqslant 300 \qquad (4\text{-}3)$$

$$a(h_r) = 3.2(\lg 11.75 h_r)^2 - 4.97, \quad f > 300 \qquad (4\text{-}4)$$

中小城市校正因子公式为:

$$a(h_r) = (1.11 \lg f - 0.7) h_r - (1.56 \lg f - 0.8) \qquad (4\text{-}5)$$

郊区环境修正公式为:

$$L(\text{郊区}) = L_0 - 2[\lg(f/28)]^2 - 5.4 \qquad (4\text{-}6)$$

乡村环境修正公式为:

$$L(\text{乡村}) = L_0 - 4.78(\lg f)^2 - 18.33 \lg f + 40.94 \qquad (4\text{-}7)$$

4.3.3　接收信号强度的干扰处理

接收信号强度 RSS 可用接收信号功率来衡量,以分贝(dB)表示,公式为:

$$P_r = P_t - L(r) \qquad (4\text{-}8)$$

以城市战场环境为背景,无线电信号在传播过程中引起的衰落 $L(r)$ 主要考虑路径损耗、阴影衰落和多径衰落,分别用 L_0、L_1、L_2 表示,则传播过程中的衰落损耗公式可表示为:

$$L(r) = L_0(r) + L_1(r) + L_2(r) \qquad (4\text{-}9)$$

通过 2.2 节中的研究分析,对于路径损耗 L_0,本节采用 Okumura-Hata 模型的大城市环境的基本公式(4-2)和校正公式[式(4-3)、式(4-4)]；对于符合正态分布的阴影衰落 L_1 和符合瑞利分布的多径衰落 L_2，本节将进行滤波处理[59]研究并进一步仿真验证。

4.3.3.1　高斯滤波

首先给出高斯分布函数和图像：

$$f(x;\mu,\sigma)=\frac{1}{\sigma\sqrt{2\pi}}\exp\left(-\frac{(x-\mu)^2}{2\sigma^2}\right)$$

由图 4.2 可知,高斯分布的特点是在均值附近的概率大,离之越远的概率越小。因此高斯函数用在滤波上所体现的思想是离某个点越近的点对其产生的影响越大,即权重越大；反之则权重越小。

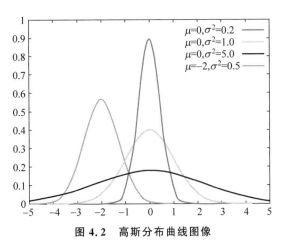

彩图

图 4.2　高斯分布曲线图像

根据这一思想,高斯滤波器是一类根据高斯函数的形状来选择权值的线性平滑滤波器,对于连续分布式监测系统连续测量得到的样本值,先通过高斯模型选取高概率发生区的样本值作为有效值,再求所有有效值的几何平均值,这种方法能够有效地减少小概率的大干扰对测量数据的影响,对于抑制服从正态分布的噪声非常有效,可以提高定位的准确性。但文献[59]也指出高斯滤波对阴影效应、能量反射等长时间干扰问题处理效果欠佳,因此本书将在 4.3.4.2 中采取差分处理的方法进一步减小环境噪声的干扰。

4.3.3.2　中值滤波

中值滤波是基于排序统计理论的一种能有效抑制噪声的非线性信号处理技术,对于一维样本数据序列,其基本原理是把样本数据序列中一点的值用该点的一个邻域中各点值的中值代替,让其附近的样本值接近真实值,从而消除孤立的噪声点。

具体实现时,可以先定义一个长度为奇数 L 的长窗口,$L=2N+1$,N 为正整数,对窗口内每个位置编号为 $(i-N),\cdots(i),\cdots(i+N)$,其中 (i) 为位于窗口中心的位置。设某一时刻,窗口内有 L 个 RSS 样本值,对这 L 个 RSS 样本值按从小到大的顺序排列后,其中值即在位置 (i) 处的样本数据值,定义为中值滤波的输出值。这种方法能有效消除多径效应引起的瑞利衰落。

4.3.3.3 仿真分析

假设频谱辐射源所在位置为适应 Okumura-Hata 模型的城市战场环境,其发射功率为 2W,发射频率为 300MHz,发射天线高度为 50m。为模拟在城市战场环境中无线电传播的阴影衰落和多径衰落,首先利用 MATLAB 函数库中的函数对接收到的信号强度叠加服从正态分布和瑞利分布的噪声,研究 2km 范围内的传播损耗;然后采用中值滤波对接收信号强度 RSS 进行处理。

在进行加噪模拟时,初步选定 MATLAB 瑞利函数的 sigma 参数值为 1,高斯函数的均值参数值为 0,sigma 参数值为 1;在进行中值滤波时,在不同传播距离上分别取 50 个 RSS 测量值,进行大小排序后取中间 10 个数据的均值作为输出结果,仿真结果如图 4.3 所示。

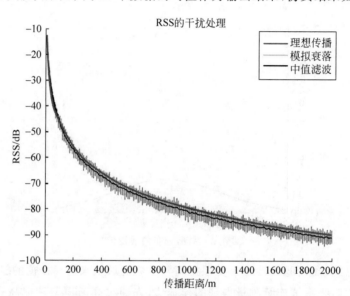

图 4.3 MATLAB 仿真的 RSS 干扰处理

从图 4.3 中可以看出,信号衰落对 RSS 测量值的准确性影响较大,而在进行中值滤波后,RSS 受到的干扰明显被抑制。

4.3.4 接收信号强度的差分处理

4.3.4.1 基于分布式监测系统的差分思想

分布式监测系统的一大优势在各监测站可以独立或联合进行数据采集和处理,利用这一优势,根据文献[60]中提到的差分方法,可以消除传播预测模型因环境中不确定因素导致的误差,提高后续滤波的效果。采取中值滤波方法有效抑制了多径衰落,则处理后的 RSS 值传播损耗可以不考虑式(4-9)中的多径衰落 L_2,则式(4-8)可以表示为:

$$P_r = P_t - (L_0(r) + L_1(r)) \tag{4-10}$$

在分布式监测系统中,不同监测站 M_i 和 M_j 接收的信号强度之差可以表示为:

$$\Delta P_{r,ij} = P_{r,i} - P_{r,j} = \Delta L_{0,ij} + \Delta L_{1,ij} \tag{4-11}$$

对于路径损耗 L_0,一定传播范围内环境特点基本不变,在进行差分处理后,$\Delta L_{0,ij}$ 仅与传播距离有关,而与 Okumura-Hata 模型中的其他参数无关。

　　对于符合正态分布的阴影衰落 L_1，两监测站阴影衰落之差 $\Delta L_{1,ij}$ 符合正态分布，因此 $\Delta P_{1,ij}$ 也服从正态分布。RSS 经过差分处理后再进行高斯滤波将使得测量结果更准确、更稳定，可有效减小阴影衰落的影响。

4.3.4.2　差分处理的仿真分析

　　在对 RSS 值进行干扰处理的基础上，以距离频谱辐射源 100m 的监测站作为参考点，每次取 20 个样本与其他不同距离上的 RSS 值做差分处理，然后对差分 RSS 值进行高斯滤波，仿真结果如图 4.4 所示。

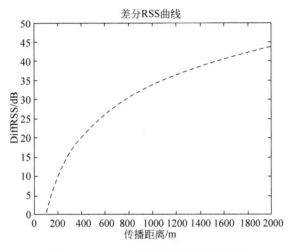

图 4.4　MATLAB 仿真的差分 RSS 曲线

　　由图 4.4 可以看出，经过差分处理和高斯滤波后，差分 RSS 曲线更加平滑，差分处理能有效减小衰落和噪声干扰的影响，提高定位精度。

4.3.5　基于分布式频谱监测数据的遗传算法定位

　　基于 Okumura-Hata 传播模型和分布式电磁监测系统，本节将模拟设置多个频谱监测器，监测战场频谱辐射源的信号强度，根据各个监测站的位置和处理后的差分 RSS 值，采用所提算法，理论推测频谱辐射源所在的具体位置坐标。然后通过仿真实验验证分析定位结果。

4.3.5.1　辐射源定位位置的理论求解

　　分布式电磁监测系统监测到的频谱辐射源信号强度符合式(4-8)，在经过分布式监测系统的差分处理后，不同监测站 M_i 和 M_j 的差分 RSS 可表示为：

$$\text{DiffRSS} = P_{r,i} - P_{r,j} = L(r_j) - L(r_i) \tag{4-12}$$

　　由于差分 RSS 值经过滤波处理后，阴影衰落和多径衰落的影响可以忽略不计，因此根据 Okumura-Hata 传播模型基本公式(4-2)，得到差分 RSS 计算公式为：

$$\text{DiffRSS} = (44.9 - 6.55 \lg h_t) \lg(r_j / r_i) \tag{4-13}$$

　　为方便计算，以分布式监测系统中某一监测站点 $M_1(x_1, y_1, z_1)$ 为参考点和坐标原点，其接收信号强度为 P_1，在该坐标系内，监测站总数为 N，其他监测站坐标为 $M_i(x_i, y_i, z_i)$，所有监测站接收天线高度相同,设待监测的战场频谱辐射源坐标为 $S(x,y,z)$,z 表示辐射源发射天线高度,则频谱辐射源与各监测站之间的距离表示为:

$$r_i = \sqrt{(x-x_i)^2 + (y-y_i)^2 + (z-z_i)^2} \qquad (4\text{-}14)$$

根据式(4-12)~式(4-14),可以得到非线性方程组:

$$C_i(x,y,z) = (x-x_i)^2 + (y-y_i)^2 + (z-z_i)^2 - (x^2+y^2+z^2)10^{\frac{2(P_1-P_i)}{44.9-6.55\lg(z)}}$$

$$= 0 \quad i=1,2,\cdots,N \qquad (4\text{-}15)$$

至此已推导出求解定位敌方频谱辐射源具体坐标的方程组。

4.3.5.2 遗传算法概述

工程中求解方程组(4-15)时一般转化为求最优解的问题,遗传算法是计算机科学人工智能领域中用于解决最优化的一种全局搜索启发式算法[61]。

遗传算法模拟自然选择和自然遗传过程中发生的繁殖、交叉和基因突变现象,在每次迭代中都保留一组候选解,并按某种指标从解群中选取较优的个体,利用遗传算子(选择、交叉和变异)对这些个体进行组合,产生新一代的候选解群,重复此过程,直到满足某种收敛指标为止。基本遗传算法的组成包括编码、适应度函数、遗传算子(选择、交叉、变异)和运行参数。

4.3.5.3 遗传算法的基本组成

1. 编码

利用遗传算法求解问题时,首先要确定问题的目标函数和变量,然后对变量进行编码,把变量抽象为由特定符号按一定顺序排成的串。这样做主要是因为在遗传算法中,问题的解是用数字串来表示的,遗传算子也是直接对串进行操作的。

2. 适应度函数

遗传算法对一个个体(解)的好坏用适应度函数值来评价,适应度函数值越大(如果求最大值的话),解的质量越好。适应度函数是遗传算法进化过程的驱动力,也是进行自然选择的唯一标准,它的设计应结合求解问题本身的要求而定。

3. 遗传算子

在介绍遗传算子之前,先解释几个遗传术语。基因是指编码后数字串中的基本符号,在二进制编码中 0 或 1 就是基因。基因组成的数字串在遗传算法中被称为基因型,常称作染色体或个体,即可行解。可行解的多少或个体数称为种群规模。数字串经过转型解码得到的实数型数值被称为表现型。

遗传算子有选择、交叉和变异。选择和交叉基本上完成了遗传算法的大部分搜索功能,变异增加了遗传算法找到最优解的能力。

选择运算是指从群体中选择优良个体并淘汰劣质个体的操作,它建立在适应度评估的基础上。适应度值越大的个体,被选择的可能性就越大,它的"子孙"在下一代中的个数就越多,选择出来的个体就被放入配对库中。目前常用的选择方法有轮赌盘方法、最佳个体保留法、期望值法、排序选择法、竞争法、线性标准化法。

交叉运算是指对两个相互配对的染色体依据交叉概率 P_c 按某种方式相互交换其部分基因,从而形成两个新的个体。交叉是遗传算法获取优良个体的重要手段,大大提高了遗传算法的搜索能力。

变异运算,是指依据变异概率 P_m 将个体编码串中的某些基因值用其他基因值来替换,从而形成一个新的个体。变异是产生新个体的辅助方法,它决定了遗传算法的局部搜索能力,同时保持种群的多样性。交叉运算和变异运算的相互配合,共同完成对搜索空间的全局搜索和局部搜索。

4. 运行参数

遗传算法的运行参数有 4 个:种群规模 M、遗传运算的终止进化代数 T、交叉概率 P_c 和变异概率 P_m。

种群规模 M 过大计算时间过长难以收敛,群体规模太小则会出现近亲交配,产生病态基因。

进化代数 T 太小,算法不容易收敛,种群还没有成熟;进化代数太大,算法已经熟练或者种群过于早熟不可能再收敛,只会增加时间开支和资源浪费。

交叉概率 P_c 决定全局搜索能力,一般取得很大,为 $0.6 \sim 0.9$,过大容易破坏已有的有利模式,随机性增大,容易错失最优个体;过小不能有效更新种群。

变异概率 P_m 决定局部搜索能力和种群多样性,通常选取很小的值,一般取 $0.001 \sim 0.1$,若过小,则种群的多样性下降太快,容易导致有效基因的迅速丢失且不容易修补;若过大,则可能导致遗传算法成为随机搜索。

4.3.5.4 遗传算法的应用求解式

应用遗传算法优化问题要具体问题具体分析,其一般计算流程如图 4.5 所示。

在本节中应用遗传算法目的在于寻求满足方程组(4-15)的坐标最优解,因此可以将该方程组作为遗传算法中的约束条件。对于方程 $C_i(x, y, z)$,较优的解会使 C_i 的值更接近于 0,因此可以设置适应度函数为:

$$\text{Fitness} = \frac{1}{N}\sum_{i=1}^{N}|C_i| \qquad (4\text{-}16)$$

使用遗传算法求使得适应度函数最小的解为:

$$S = \text{argmin}(\text{Fitness}) \qquad (4\text{-}17)$$

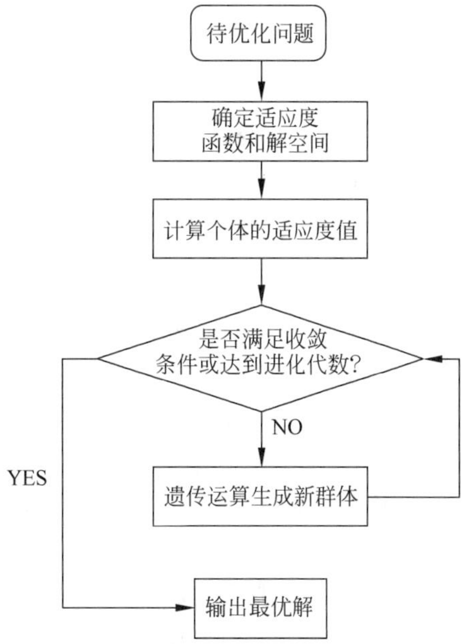

4.3.6 仿真结果与分析

以 MATLAB 软件为实验平台,仿真过程如下:

第一步,设置模拟的电磁频谱辐射源。

假设在坐标(8,8)处有一个发射功率为 2W,工作频率为 300MHz 的敌方频谱辐射源 S,其传播过程中收到均值为 0、方差为 1 的瑞利噪声以及均值为 0、方差为 1 的高斯噪声的影响,以模拟阴影衰落和多径衰落。

第二步,建立分布式电磁监测系统。

图 4.5 遗传算法流程图

设置若干个监测站以建立分布式电磁监测系统,假设在待监测区域有 20 个监测站,监测站接收天线高度均为 50m,每个监测站间隔为 5km,以监测站 M1(0,0) 为参考点,建立分布式电磁监测系统如图 4.6 所示,某一次采样监测站接收到的辐射源信号强度如表 4-1 所示,为后续求解辐射源坐标提供了数据支持。

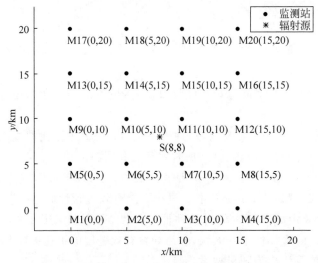

图 4.6　辐射源与监测站分布图

表 4-1　加入衰落后各位置监测站接收到的信号强度

RSS/dB x/km \ y/km	0	5	10	15
0	−12.3417	−10.5542	−9.7308	−12.4768
5	−8.5504	0.6274	1.7550	−8.9711
10	−12.5860	1.4366	3.0603	−8.3496
15	−15.5602	−7.5860	−8.5168	−12.7570
20	−17.9626	−17.6467	−16.1521	−18.3944

离辐射源近的地方接收信号强度大且受环境影响较小,为进一步提高定位精度,缩小遗传算法的搜索范围,选取所有监测站中信号强度最大的 4 个站点构成定位区域,由图 4.6 和表 4-1 可确定 4 个监测站,分别为 M6(5,5)、M7(10,5)、M10(5,10)、M11(10,10)。

第三步,基于遗传算法进行定位计算。

利用 MATLAB 函数库中遗传算法的 ga 函数,根据选取的监测站和式(4-15)～式(4-17)进行敌方频谱辐射源的位置求解,函数设置的初始种群大小为 20,最大遗传代数为 100,种群向量 x 的范围规定为定位区域范围内,定位结果如图 4.7 所示。

在本次定位运算中,电磁频谱辐射源的坐标为(8.0213,7.9198),与实际辐射源位置坐标的误差为 0.0830km,由图 4.7 可以直观看出定位算法的效果,从而验证了算法的可行性。

4.3.6.1　误差分析

经过多次测量,得到定位结果如表 4-2 所示。

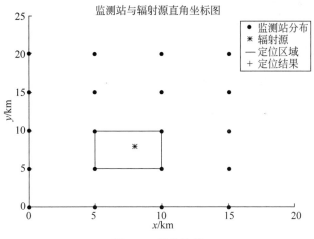

图 4.7　定位结果

表 4-2　定位结果表

定位横坐标/km	定位纵坐标/km	定位误差/km
8.3899	8.0065	0.3900
8.3771	9.3013	1.3549
8.3963	9.0912	1.1610
8.4009	8.9440	1.0256
8.2902	9.0709	1.1096

连续测量结果的平均误差为 1.0082km,本节所提的算法中主要采用了 3 种方法减小误差。其一是对接收到的信号强度进行滤波处理,减小传播衰落的影响;其二是通过差分处理接收信号强度,更加平滑的差分 RSS 曲线证明了该方法进一步减小了环境的干扰影响;其三是根据传播距离与 RSS 的关系可以缩小定位区域,提高遗传算法精度。为进一步改进算法,提高定位精度,本节将从改进遗传算法参数、调整监测站分布以及修正电磁波传播模型的角度提出详细思路。

4.3.6.2　提高定位精度的思路

1. 遗传算法参数的改进

遗传算法在计算过程中有以下几个终止条件:进化次数达到最终进化代数 T;个体已经达到最优解条件,无须进化;适应度函数已经饱和或者已经趋于饱和。因此,在还未达到最终进化代数且未寻到最优解时,可以设置适应度函数精度终止遗传算法。当相邻两次适应度函数相差达到该精度时,将不再迭代进化。

在 MATLAB 函数库中,ga 函数默认的精度为 1e-4,为减小定位结果的误差,可以通过 optimoptions 设置精度为 1e-6,计算运算时间并且画出迭代过程,代码如下:

```
%遗传算法定位结果
tic;
lb = [5 5 10];
ub = [10 10 80];
options = optimoptions('ga','ConstraintTolerance',1e-6,'PlotFcn', @gaplotbestf);
```

```
fun = @fitness;
rng default % For reproducibility
x = ga(fun,3,[],[],[],[],lb,ub,[],options)
ga11time = toc
```

运行改进后的程序,得到如下结果:

```
Optimization terminated: average change in the fitness value less than options.FunctionTolerance.
x =

    8.3899 8.0065 21.2548


ga11time =

    5.6740
```

得到遗传算法迭代过程如图 4.8 所示。

彩图

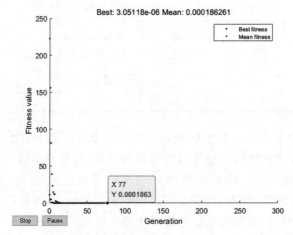

图 4.8 遗传算法迭代过程

类似地,还可以更改初始种群规模、交叉概率和变异概率的搭配来改进遗传算法的运算过程,这些参数的选择严重影响解的质量,而目前这些参数的选择大部分是依靠经验;另外,由于遗传算法搜索能力有限,不一定能得到方程组的准确解,因此总会引入一定的误差。

2. 分布式监测系统的改进

在本节的仿真实验中,频谱辐射源待测范围内共设置了 20 个监测站点,每个站点间隔为 5km,在缩小定位区域时,所确定的区域大小为 5km×5km,如果设置监测站点更加密集,间隔更小,将会进一步缩小定位区域,提高定位精度。

在第一次缩小的定位区域内,每间隔 2km 设置 16 个分布式监测站,再次定位频谱辐射源,定位结果如表 4-3 所示。

表 4-3　更新定位结果

定位横坐标/km	定位纵坐标/km	定位误差/km
7.9030	7.5389	0.4712
7.9317	8.0184	0.0708
8.0646	7.7498	0.2584
8.2956	7.9991	0.2956
8.0608	8.3214	0.3271

更加密集分布的电磁频谱监测系统中,定位的平均误差为 0.284 62km,定位准确度明显提高,若可以逐次缩小定位区域,则定位精度有望进一步提高。

3. 电磁波传播模型的修正

通过求解方程组(4-15),不仅可以得到频谱辐射源的位置坐标,还可以得到辐射源的发射天线高度,连续 5 次测量,得到天线高度及误差如表 4-4 所示。

表 4-4　发射天线高度测量

测量天线高度/m	高度误差/m	平均误差/m
23.8065	26.1935	
23.6746	26.3254	
23.8036	26.1964	26.2357
23.7996	26.2004	
23.7371	26.2629	

本节算法对发射天线高度的定位结果准确度较差,但稳定性较好,由于对天线高度的定位运算是在电磁波传播模型的基础上进行的,因此可以对模型进行修正以提高定位精度。

Okumura 模型完全基于测试数据和经验,定义了天线修正因子。通常来说,定义天线有效高度为天线顶端所在海拔高度与周围 3～15km 地面平均海拔高度之差,文献[62-63]给出了该模型发射端和接收端天线有效高度修正因子曲线,为修正传播模型提高天线高度的定位精度提供了数据支持。在战场待测区域为达到定位要求,还需进一步考察地形环境,研究模型修正的可行性和准确性。

4.3.7　小结

本节基于分布式电磁监测的接收信号强度对电磁辐射源定位技术的研究。首先介绍了无线电传播和衰落的基本原理,以及无线信号接收的相关知识。其次叠加瑞利噪声和高斯噪声模拟信号衰落环境,并利用分布式监测系统对接收信号强度进行差分和滤波处理。然后基于 Okumura-Hata 传播模型列出求解敌方频谱辐射源位置的方程组,在遗传算法的基础上寻求全局最优以得到辐射源的具体坐标,并通过仿真验证定位结果并进行分析。通过 MATLAB 仿真验证了定位算法的可行性和准确性,同时提出了提高定位精度的思路。其一是改进遗传算法的参数,提高运算效率及准确性;其二是改进电测监测系统的分布情况,更加密集的分布状态有利于缩小定位区域,提高定位精度;其三是修正电磁波传播模型,使模型更加适应实际环境。

4.4 基于频谱指纹的电磁辐射源定位

4.4.1 问题引入

近年来,利用无线电频谱图进行目标辐射源定位,即基于指纹的定位方法得到了越来越多的关注[64-70]。这类方法不再直接测量距离,而是事先在线下测量区域内每个点的信号强度值,并形成相应的指纹图。当设备提出位置服务请求时,通过测量其当前的信号强度值并与之前构建的指纹图做匹配,从而估计其位置。通过使用学习机制,基于指纹的定位方法能够应对复杂的环境需求并获得相对精确的估计性能[64,66,68,70]。由于构造和校准指纹数据库需耗费大量时间,有文献针对该问题展开了研究[64,68]。文献[64]提出了一种新方法,通过对测试区域的有限差时间域信号传播仿真获得训练数据。文献[68]针对 WIFI 室内定位系统,利用主成分分析法提升定位性能并降低计算开销,通过多种聚类策略均验证了该方法的有效性。为进一步提升定位性能,文献[66]计算了两种距离修正量,能够有效消除系统误差并提高定位精度。另外,文献[70]提出了一种新的位置估计策略,通过域聚类的方法避免了接入点的选择问题,从而提升了性能。

在实际生活中,由于定位环境较为复杂,信号在传播过程中往往会受到较大的阴影和衰落影响。然而传统研究中大部分的被动定位方法都是基于测量距离(Range based)的,其依赖于对传播模型的准确刻画。由于实际环境往往较为复杂,信号传播无法准确用数学模型表述,因此该类方法的定位性能较差。得益于指纹的学习机制,传统的基于指纹的定位方法能适应复杂环境且表现出较好的性能。但指纹定位需要预先知道辐射源的发射功率,无法直接用于被动定位问题。

本节通过分析指纹数据的相关性,设计了一种全新的基于指纹相关性的定位架构,包括指纹训练、指纹处理、指纹匹配 3 个过程。首先,研究了指纹之间的相关关系,发现了定点上的辐射源指纹与指纹库指纹之间的均值差异性。其次,利用该均值差异性引入修正因子概念,提出了一种新的基于相关指纹的被动定位架构。最后,基于所提架构,提出了一种基于指纹相关性的被动定位方法。所提方法通过计算修正因子并对指纹库做进一步处理,将指纹技术应用于被动定位问题中,能够有效克服地形环境对定位精度带来的影响,从而切实提升定位性能。仿真结果表明,所提算法能有效地实现指纹技术在被动定位中的应用,且相比其他被动定位算法性能更优。

4.4.2 模型建立

4.4.2.1 信号模型

考虑一个二维平面定位场景,共有 M 个频谱监测节点(也称为感知节点,两者通用)和一个辐射源,其中频谱监测节点位置已知而辐射源位置未知。频谱监测节点可网格化分布或随机分布于定位区域内。由于被动定位的核心工作即是频谱监测节点通过接收发射源的信号功率进行位置估计,基于信号传播模型,第 i 个频谱监测节点的平均接收功率可表示如下[71]:

$$P_i(\text{dB}) - P_t(\text{dB}) = K - 10\gamma\log_{10}\left(\frac{d_i}{d_0}\right) + n_i \tag{4-18}$$

式中，P_t 表示为信号源的发射功率，K 为常数，与参考距离 d_0 有关，参考距离通常取为 1m。γ 为路径损耗系数，d_i 为频谱监测节点 i 与信号源间的实际距离。n_i 为测量噪声，假设其服从高斯分布 $n_i \sim N(0, \sigma_i^2)$。

4.4.2.2 指纹定位模型

图 4.9 为传统指纹定位问题的一个基本模型。首先将测试区域划分为多个网格。基本的指纹技术包含两个步骤：指纹训练过程和指纹匹配过程[72,73-74]。在指纹训练过程中，用一个信号源(也称训练节点)在每个网格内发射信号，多个频谱监测节点接收并记录信号强度，形成该网格点处的指纹。当所有的网格点完成收集数据工作后，指纹数据库即构建成功。在指纹匹配过程中，当未知辐射源出现后，所有频谱监测节点收集其接收信号强度并形成辐射源指纹。辐射源指纹即用来与指纹数据库中的所有参考指纹进行匹配，通过一个匹配准则，找到一个最匹配的参考指纹，其对应的网格点位置即为最终估计的辐射源位置。

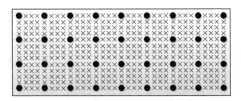

● 感知节点　× 网格点

图 4.9　传统指纹定位模型示意图

现有的绝大多数指纹定位方法是以辐射源和训练节点的发射功率相同为基本条件展开的研究[75-76]。本节采用最小欧氏距离作为匹配准则进行分析。当忽略噪声影响时，辐射源的指纹与其所在网格点的指纹的欧氏距离为零[77-79]。因此，估计辐射源的位置也就转化为寻找与辐射源指纹欧氏距离最小的指纹库指纹的问题。值得注意的是，由于其需要预先知道辐射源的发射功率，传统指纹定位技术被普遍认为是主动定位技术。

4.4.3　频谱指纹被动定位架构

由于被动定位中的发射功率未知，所以当指纹库构建起来后，即使辐射源与某一网格点恰好重合，两者指纹的欧氏距离也不会为零。为了将指纹技术有效地应用到被动定位问题中，本节将进一步研究指纹之间的相关关系，并设计一种新的基于指纹的被动定位架构，能够实现被动定位的精确估计。

4.4.3.1　设计原理

基于式(4-18)，接收功率 P_r 可写作如下形式：

$$P_r = P_t + K - 10\gamma\log_{10}\left[\frac{d}{d_0}\right] + n_{r,t} \tag{4-19}$$

式中，P_r、P_t 的单位是 dBm。可以看出，当距离 d 确定时，接收信号功率 P_r 是随发射功率 P_t 呈线性变化的。

定理 4-1： 对于指纹定位中的同一点 p，无论发射功率为多少，任意两个节点的指纹向

量具有内在的相关关系,表示如下:

$$\boldsymbol{F}_S - \boldsymbol{F}_{R,p} = \boldsymbol{V} + \boldsymbol{n} \tag{4-20}$$

式中,$\boldsymbol{F}_S$ 和 $\boldsymbol{F}_{R,p}$ 分别表示为两个不同节点的指纹向量。$\boldsymbol{V}$ 是一个常数向量,$\boldsymbol{n}$ 表示噪声向量。

证明:假设 M 个频谱监测节点部署用于定位,且测试区域被划分为 N 个网格。由于未知辐射源是部署于网格点 p,因此辐射源的指纹写为 $\boldsymbol{F}_S = [P_{r,S}^1, P_{r,S}^2, P_{r,S}^3, \cdots, P_{r,S}^M]$,而 p 点处的训练节点指纹为 $\boldsymbol{F}_{R,p} = [P_{r,R,p}^1, P_{r,R,p}^2, P_{r,R,p}^3, \cdots, P_{r,R,p}^M]$。$P_{r,S}^i$ 为第 i 个频谱监测节点接收到辐射源的接收功率,且 $P_{r,R}^i$ 表示为第 i 个频谱监测节点接收到训练节点的接收功率。

通过对两个指纹向量做减法,得到下式:

$$\boldsymbol{F}_S - \boldsymbol{F}_{R,p} = [P_{r,S}^1 - P_{r,R,p}^1, \cdots, P_{r,S}^M - P_{r,R,p}^M] \tag{4-21}$$

由于辐射源与参考节点位置重合,其与所有频谱监测节点的距离完全一样。将式(4-19)代入式(4-21)后,可进一步表示如下:

$$
\begin{aligned}
\boldsymbol{F}_S - \boldsymbol{F}_{R,p} \\
&= [P_{t,S}^1 + n_{r,S}^1 - P_{t,R}^1 - n_{r,R}^1, \cdots, P_{t,S}^M + n_{r,S}^M - P_{t,R}^M - n_{r,R}^M] \\
&= [\boldsymbol{V} + n_{S,R}^1, \cdots, \boldsymbol{V} + n_{S,R}^M] \\
&= \boldsymbol{V} + \boldsymbol{n}
\end{aligned}
\tag{4-22}
$$

式中,$\boldsymbol{V}$ 是一个常数向量,只与辐射源和训练节点的发射功率有关,如 $\boldsymbol{V} = \boldsymbol{P}_{t,S} - \boldsymbol{P}_{t,R}$。此时的测量噪声仍服从均值为零的高斯分布,$n_{S,R}^i = n_{r,S}^i - n_{r,R}^i \sim N(0, \sigma_{S,i}^2 + \sigma_{R,i}^2)$。

证毕。

由上面的介绍可以发现,对于任意两个位于同一位置的发射源,其指纹内各频谱监测节点接收数据的波动性是一致的。唯一的区别在于两个指纹的均值差异性 $\boldsymbol{V}$,其是由两个发射源的发射功率决定的。噪声 $\boldsymbol{n}$ 是一个零均值的随机变量,除了 $\boldsymbol{V}$ 外也能引起轻微差异。但是从统计平均的角度来看该影响可以忽略,因为噪声的均值 $\boldsymbol{\mu}_{n,new}$ 为零。

通过分析,发现辐射源和指纹库指纹的均值差异性可被用来作为一种修正因子,可促使指纹技术在被动定位中的应用,从而获得更好的性能。

4.4.3.2　架构分析

基于定理 4-1,任意两个位于同一地点的发射源指纹具有内在相关性,具体表现为两个指纹具有相对一致性而主要区别为一个常数向量。如果该常数向量能被计算出来并消除掉,则两个指纹将会重合到一起(图 4.10 中两个重叠指纹的轻微差异是由不可避免的噪声引起的),这也是相关指纹的核心思想。图 4.10 对于相关指纹概念给出了一个直观的描述。在本仿真中,随机选取了 3 个网格点,8 个频谱监测节点分布于已知定位区域位置,接收发射功率为 $P_{t,R} = 30\text{dBm}$ 的训练节点信号并生成指纹。在传统定位中,辐射源发射功率和训练节点的一致,$P_{t,S} = P_{t,R} = 30\text{dBm}$;在相关指纹定位中,辐射源的发射功率为 $P_{t,S} = 0\text{dBm}$。因此,所提新架构的核心工作即是计算出辐射源与指纹数据库指纹间的常数向量并进行消除,从而构建新的相关指纹数据库。为便于准确分析,将需要计算的常数向量称为修正因子。得益于新架构,指纹技术能有效地应用到被动定位中。

图 4.11 中具体展示了所提基于相关指纹的被动定位架构。与传统的指纹定位不同,所

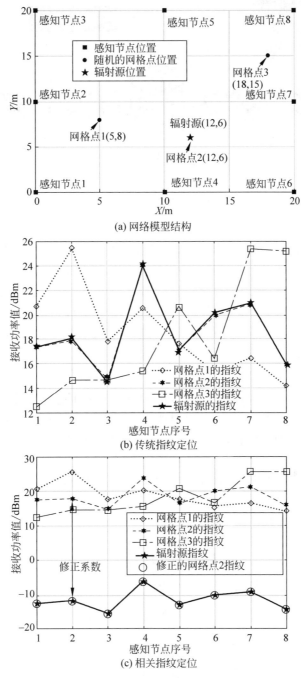

(a) 网络模型结构

(b) 传统指纹定位

(c) 相关指纹定位

图 4.10 相关指纹概念说明

彩图

提的新定位架构包含 3 个过程：指纹训练过程、指纹处理过程和指纹匹配过程。指纹训练过程的输出结果是一个指纹数据库，包含了所有频谱监测节点在各网格点处形成的相应指纹。其次在指纹处理过程中，通过利用指纹的相关性，将指纹数据库转化为一种新的形式。最后在指纹匹配过程中，所得新的相关指纹数据库将用来与辐射源指纹进行匹配，估计辐射源的位置。下面进行具体分析。

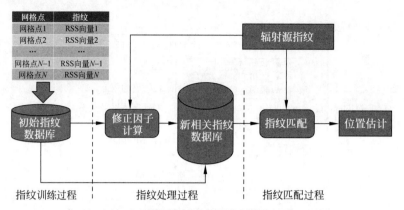

图 4.11 基于相关指纹的被动定位架构

1. 指纹训练过程

本过程的核心工作是构建指纹数据库。首先,随机选用一个任意发射功率的信号源作为训练节点,在测试区域内的每个网格点发射信号。因此,每个网格点所有感知数据接收到的信号数据,形成该点的指纹。所有网格点的指纹汇总形成全部的指纹数据库。

特别地,对于任一个网格点 p,其对应的指纹向量可写为 $\boldsymbol{F}_{R,p} = [P_{\mathrm{r},R,p}^1, P_{\mathrm{r},R,p}^2, P_{\mathrm{r},R,p}^3, \cdots, P_{\mathrm{r},R,p}^M]$。所有网格点的指纹均获得后,总指纹数据库可写为 $\boldsymbol{D} = [\boldsymbol{F}_{R,1}, \boldsymbol{F}_{R,2}, \boldsymbol{F}_{R,3}, \cdots, \boldsymbol{F}_{R,N}]^{\mathrm{T}}$。

2. 指纹处理过程

通过上述分析可知,由指纹训练过程得到的指纹数据库不能直接用于被动定位,需要对所得指纹做一定的必要处理才能使之应用到被动定位问题中。在指纹处理过程中,通过利用指纹的相关性,将指纹数据库转化为一种新的形式,从而使得指纹能够高效地应用到被动定位场景中。

当辐射源进入测试区域内,其指纹向量可由各频谱监测节点测量得到

$$\boldsymbol{F}_S = [P_{\mathrm{r},S}^1, P_{\mathrm{r},S}^2, P_{\mathrm{r},S}^3, \cdots, P_{\mathrm{r},S}^M] \tag{4-23}$$

在得到辐射源指纹 $\boldsymbol{F}_S$ 后,其均值可计算如下:

$$E(\boldsymbol{F}_S) = \left(\sum_{i=1}^{M} P_{\mathrm{r},S}^i\right)/M \tag{4-24}$$

同理,对于每个网格点 p,其对应指纹的均值为:

$$E(\boldsymbol{F}_{R,p}) = \left(\sum_{i=1}^{M} P_{\mathrm{r},R,p}^i\right)/M \tag{4-25}$$

因此,将 p 网格点处的修正因子 $\boldsymbol{C}_p$ 定义为:

$$\boldsymbol{C}_p = E(\boldsymbol{F}_S) - E(\boldsymbol{F}_{R,p}) \tag{4-26}$$

由于该修正因子对任一网格点处的所有频谱监测节点作用相同,$C_p^1 = C_p^2 = \cdots = C_p^M$。故 p 网格点的修正向量写为:

$$\boldsymbol{C}_p = [C_p^1, C_p^2, C_p^3, \cdots, C_p^M] \tag{4-27}$$

通过对所有网格点进行修正向量计算,并对原指纹库进行处理,可得新的相关指纹库

$$\boldsymbol{D}_{\mathrm{new}} = [\boldsymbol{F}_{R,1} - \boldsymbol{C}_1, \boldsymbol{F}_{R,2} - \boldsymbol{C}_2, \boldsymbol{F}_{R,3} - \boldsymbol{C}_3, \cdots, \boldsymbol{F}_{R,N} - \boldsymbol{C}_N]^{\mathrm{T}}$$

$$= [\boldsymbol{F}_{\mathrm{new},1}, \boldsymbol{F}_{\mathrm{new},2}, \boldsymbol{F}_{\mathrm{new},3}, \cdots, \boldsymbol{F}_{\mathrm{new},N}]^{\mathrm{T}} \tag{4-28}$$

3. 指纹匹配过程

一旦获得辐射源的指纹,即可通过搜寻新的相关指纹数据库进行位置估计。最匹配的指纹所对应的网格点即被认为是所估计的辐射源的位置。为了获得最优匹配值,许多搜寻算法都能被用于匹配过程。在本框架下,我们拟用一种应用最广的最小欧氏距离准则。因此,获得最小欧氏距离值的指纹对应网格点即为所估计的最终位置。

利用指纹处理过程所得的相关指纹数据库,新的指纹匹配过程可重写为 $\boldsymbol{F}_S - \boldsymbol{F}_{R,p} - \boldsymbol{C}_p$。当指纹恰巧位于网格点 p 时,可得:

$$
\begin{aligned}
\boldsymbol{F}_S - \boldsymbol{F}_R - \boldsymbol{C}_p &= \left[\cdots, P_{r,S}^i - P_{r,R}^i - \left(\frac{\sum_{i=1}^M P_{r,S}^i}{M} - \frac{\sum_{i=1}^M P_{r,R,p}^i}{M}\right), \cdots\right] \\
&= \left[\cdots, P_{t,S}^i - P_{t,R}^i - \left(\frac{\sum_{i=1}^M P_{t,S}^i}{M} - \frac{\sum_{i=1}^M P_{t,R,p}^i}{M}\right) + n_{S,R}^i, \cdots\right] \\
&= \left[\cdots, P_{t,S}^i - P_{t,R}^i - (P_{t,S}^i - P_{t,R}^i) + n_{S,R}^i, \cdots\right] \\
&= \left[\cdots, 0 + n_{S,R}^i, \cdots\right]
\end{aligned}
\tag{4-29}
$$

因此,忽略均值为零的高斯噪声后,从统计平均考虑,当辐射源与网格点 p 重合时,新的欧氏距离 $d_{e,\mathrm{new},p} = \|\boldsymbol{F}_S - \boldsymbol{F}_{R,p} - \boldsymbol{C}_p\| = 0$。因此,辐射源定位问题即转化为寻找最小欧氏距离点的问题。

4.4.4　基于相关指纹的定位计算

通过利用指纹的相关性,计算指纹库中各指纹的修正因子并对指纹库进行进一步处理,可有效突破传统指纹定位的局限性,将指纹技术高效地应用于被动定位问题中,提升定位性能。本节首先分析了传统指纹定位的局限性,然后基于新的被动定位框架,提出了一种新的基于相关指纹的被动定位方法。

4.4.4.1　传统指纹定位的局限性

这里首先对于传统指纹定位给出简单的理论分析。传统指纹方法主要包括两个过程:指纹训练过程和指纹匹配过程。在训练过程中,用发射功率为 $P_{t,R}$ 的训练节点构建指纹数据库 $\boldsymbol{D}$。然后在指纹匹配过程中,获得未知辐射源的指纹 $\boldsymbol{F}_S$ 并与指纹数据库 $\boldsymbol{D}$ 进行匹配。假设辐射源位置在 p 网格点,指纹数据库中 p 点的训练指纹为 $\boldsymbol{F}_{R,p}$。因此,基于式(4-21),两指纹的差如下:

$$
\begin{aligned}
&\boldsymbol{F}_S - \boldsymbol{F}_{R,p} \\
&= [P_{t,S}^1 + n_{r,S}^1 - P_{t,R}^1 - n_{r,R}^1, \cdots, P_{t,S}^M + n_{r,S}^M - P_{t,R}^M - n_{r,R}^M] \\
&= [\boldsymbol{V} + n_{S,R}^1, \cdots, \boldsymbol{V} + n_{S,R}^M]
\end{aligned}
\tag{4-30}
$$

同样,欧氏距离为 $d_{e,p} = \|\boldsymbol{F}_S - \boldsymbol{F}_{R,p}\|$。

尽管计算的欧氏距离结果受噪声影响,但从统计平均角度看,欧氏距离仍然是一个非零量,除非在特殊情况 $P_{t,S} = P_{t,R}$ 下。其原因在于即使处于同一位置,由于发射功率不同,辐射源指纹和训练指纹依然不可能相同,导致欧氏距离不为零,无法实现有效匹配。因此,传统指纹定位技术并不能直接用于被动定位场景中。

4.4.4.2 基于相关指纹的被动定位方法

基于新的被动定位架构,通过利用指纹间的相关性提出了一种新的被动定位算法。现有的指纹定位算法只适用于辐射源和训练节点的发射功率相同的情况,与之不同,所提算法应用了指纹之间的相关关系,从而不考虑两者发射功率是否相同。通过运用修正因子,在指纹处理过程中,最初的指纹数据库被转化为一种新的形式,进而与辐射源指纹进行匹配,可以有效实现指纹技术在被动定位场景中的应用,提升被动定位性能。所提算法总结如下。

首先,定位区域划分为多个网格,利用任意训练节点在每个网格处停止,所有频谱监测节点接收信号强度并形成该点对应的指纹。所有网格点训练完毕后,生成指纹数据库。当未知辐射源出现在定位区域内时,所有频谱监测节点接收信号并形成辐射源指纹。然后,指纹库中的每个指纹与辐射源指纹进行相关计算,得到针对该指纹的修正因子。通过修正因子对原指纹数据库进行处理,得到新的相关指纹数据库。最后,用辐射源指纹在相关指纹数据库中进行匹配搜索,利用最小欧氏距离准则找到最优匹配指纹,其对应的网格点即为最终的估计位置。

为便于分析,所提的基于指纹相关性的被动定位方法总结在算法 4.1 中。

算法 4.1:基于指纹相关性的被动定位方法

参数设置:划分区域为 N 个网格点,设置 M 个频谱监测节点,训练节点发射功率 P,指纹数据库 $\boldsymbol{D}$。

输入:未知辐射源指纹 $\boldsymbol{F}_S$

1. 计算辐射源指纹 $\boldsymbol{F}_S$ 的均值 $E(\boldsymbol{F}_S)$;

   for $p = 1, 2, \cdots, N$

2. 计算 p 点指纹 $\boldsymbol{F}_{R,p}$ 的均值 $E(\boldsymbol{F}_{R,p})$;

3. 计算修正因子 $\boldsymbol{C}_p = E(\boldsymbol{F}_S) - E(\boldsymbol{F}_{R,p})$ 并得到相应的向量 $\boldsymbol{C}_p$;

4. 计算新的欧氏距离值 $d_{e,\text{new},p} = \| \boldsymbol{F}_S - \boldsymbol{F}_{R,p} - \boldsymbol{C}_p \|$;

   end

5. 找到最小欧氏距离 $d_{e,\text{new},p,\min}$ 及其对应指纹 $\boldsymbol{F}_{R,p}$;

输出:该指纹对应网格点位置。

4.4.5 实验结果及分析

4.4.5.1 仿真设置

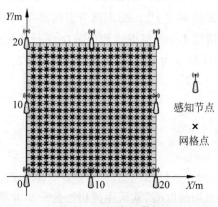

图 4.12 仿真场景图

图 4.12 给出了本章仿真的基本场景。在本次仿真中,测试环境为一个 20m×20m 的正方形区域。共有 8 个频谱监测节点分别位于已知坐标点处(0,0)、(0,10)、(0,20)、(10,0)、(10,20)、(20,0)、(20,10)、(20,20)。辐射源随机分布于定位区域内。定位区域被划分为 20×20 个网格,因此每个网格为 1m×1m 的正方形。图 4.12 中的信号塔图形表示为 8 个频谱监测节点的位置,交叉线表示训练指纹时所在的网格点。对于信号传播模型

的仿真设置,辐射源的发射功率为 $P_{t,S}=0\text{dBm}$。路径损耗系数 $\gamma=2$。噪声服从高斯分布,均值为 0 且方差为 $\sigma=1$。在指纹训练过程中,训练节点的发射功率为 $P_{t,R}=30\text{dBm}$。

4.4.5.2 指纹相关性分析

本实验比较了所提算法和传统指纹技术的定位性能。图 4.13 展示了两种算法在所有网格点的最终匹配结果(也即欧氏距离),这是对指纹相关性的一种直观揭示。实验中将辐射源设置在(11,8)网格点处。从图 4.13(a)可以看出,随着其他网格点到辐射源的距离变化,点与点之间的欧氏距离值是杂乱无序的。在一些网格点上计算的欧氏距离值甚至比(11,8)网格点处的欧氏距离值还低,从而导致了错误的定位结果。说明传统指纹定位方法在被动定位问题中是失效的。图 4.13(b)的实验使用了本节所提算法,可以看出,尽管实验结果受到噪声的影响,随着网格点到辐射源的距离不断增加,一个很明显的单调递增趋势得以表现。这是由于使用了修正因子,所提算法能够促使欧氏距离计算值与路径损耗模型获得一致的单调性趋势。当距离增大时接收信号强度值单调递减,欧氏距离值单调递增。特别是在(11,8)网格点,由于所提算法利用了修正因子,得到了最小的欧氏距离值。因此,所提算法保证了指纹技术在被动定位问题中的有效性,定位精度更高。

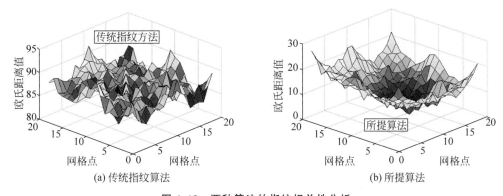

图 4.13 两种算法的指纹相关性分析

4.4.5.3 定位性能分析

在下面的仿真实验中,随机选取定位区域内的 100 个点作为辐射源的位置。对于每一个点,计算真实位置和估计位置间的距离误差。本节用距离误差的累积分布函数进行性能分析。同时,为了验证所提算法的有效性,用传统指纹定位方法和基于接收信号强度差(RSSD)方法[71]进行对比分析。其中,基于接收信号强度差方法代表了基于信号传播模型的一类测距定位方法。

1. 不同定位方法的性能比较

图 4.14 展示了 3 种不同算法的距离误差的累积分布函数并验证了所提算法的性能优越性。由图 4.14 可以看出,所提算法的定位精度(误差小于 2m)能达到 80%,对比之下 RSSD 算法能达到 63%,而传统定位方法只能达到约 22%。进一步地,通过计算,所提算法的平均定位误差为 1.15m,而 RSSD 算法的平均误差为 1.75m,传统指纹定位方法的错误偏离甚至达到了 5.25m。仿真证明了所提算法更适用于辐射源功率未知的被动定位问题。这是因为,传统的指纹定位技术只运用了欧氏距离准则做匹配,而所提算法利用了辐射源与

训练节点指纹间的相关性,等价于用修正因子对欧氏距离准则做了改进,所以算法依旧有效。另外,由于指纹技术能克服环境影响,所以相比其他经典的被动定位算法(基于 RSSD 的算法),所提算法仍能获得更高性能。

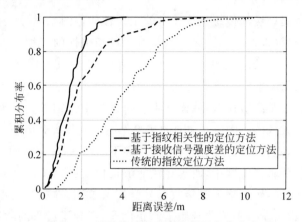

图 4.14 不同算法距离误差的累积分布率

2. 频谱监测节点数目的影响分析

如前面初始仿真条件设置,共有 8 个频谱监测节点参与被动定位。本实验重点研究了频谱监测节点数目对 3 种算法累积分布率的影响,具体如图 4.15 所示。为便于比较,本节从 8 个频谱监测节点中随机选出 4 个节点和 6 个节点进行定位工作。由图 4.15 可知,随着频谱监测节点数目的增多,所提算法的定位行为性能得到了较大提升。这是由于更多的频谱监测节点能够增大参与定位数据量,从而降低噪声的影响,提升了定位的精度。

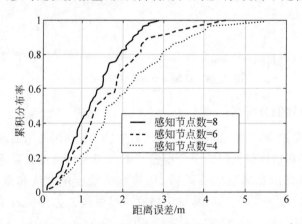

图 4.15 不同频谱监测节点数目下所提算法的距离误差累积分布率

3. 噪声功率的影响分析

噪声功率的增大会导致接收信号信噪比降低,噪声影响变大势必会对定位精度产生影响。为了准确描述,噪声功率对所提算法的累积分布率影响如图 4.16 所示。可以看到,随着噪声功率的增大,所提算法的定位性能逐渐降低。

4. 已知发射功率情况下所提算法的性能分析

图 4.14 中辐射源和训练节点的发射功率不同,研究的被动定位问题场景中辐射源的发

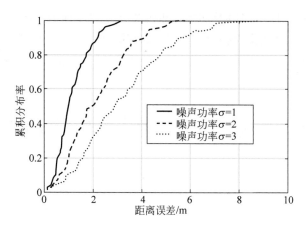

图 4.16　不同噪声功率下所提算法的距离误差累积分布率

射功率未知。在此条件下，比较了所提算法的定位性能，验证了其有效性。然而问题也随之产生：在上述两种信号源发射功率相同的情况下（即退化为传统的指纹定位场景），所提算法的有效性需要重新评估。基于该问题，本实验设置辐射源和训练节点的发射功率均为30dBm。图 4.17 仿真了所提算法和传统指纹定位方法在该场景下的距离误差累积分布率。可以看到，对比于传统指纹定位方法，所提算法在该定位场景中依然有效，从而更加完备地证明了所提算法在被动定位中的有效性。

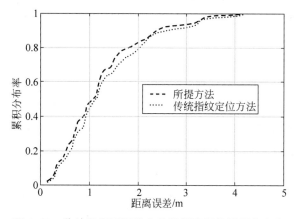

图 4.17　传统场景下两种方法的距离误差累积分布率

4.4.6　小结

本节针对指纹技术因需预知辐射源发射功率而无法应用于被动定位的问题，提出了一种基于指纹相关性的被动定位方法。首先，分析了信号源指纹之间的相关关系，发现任意点的两组指纹之间具有特定的均值差异性，通过利用该特性，可以消除特定指纹间的差别。然后，根据指纹的相关性，提出了一种新的基于相关指纹的被动定位架构，该架构通过利用指纹间的均值差异性生成特定的修正因子，对预先构建的指纹数据库进行处理，可使指纹技术有效地应用于被动定位问题中。最后，基于所提新的架构，提出了一种新的基于指纹相关性的被动定位方法。与传统的定位方法不同，所提方法包含 3 部分：指纹训练过程、指纹处理过程和指纹匹配过程。通过利用指纹相关性在指纹处理过程中生成修正因子,对原有数据库进行改进,实现了指纹技术在被动定位场景中的应用,且提升了定位性能。仿真结果表明,所提基于指纹相关性的被动定位方法能有效地处理被动定位问题,且相比其他算法得到了更高的定位性能。

4.5　频谱监测数据缺失条件下的辐射源定位

4.5.1　问题引入

由于其日益多样化的应用场景,被动定位算法在目前的研究中受到了越来越多的重视。例如,小型设备由于不具备处理模块无法主动定位,在特殊场景下一些设备(如秘密集会中的窃听器、日常生活中的伪基站、战场中的干扰机等[80])由于隐私性不想被发现。现有的大部分被动定位方法都是基于测量距离的,即依赖于传播模型,如接收信号强度(RSS)和接收信号强度差(RSSD)的方法[81-84]。在大尺度空旷的场景下,该类算法可能有效,然而在一些场景复杂的情况,如包含了损耗、阴影衰落、多径等综合因素,该类方法的定位性能明显较差[85-86]。基于指纹的定位方法通过接收信号数据获取定位区域内各处的指纹图来表征物理空间的变化[87-88]。由于该方法会提前学习所需定位区域的信号传播模型,并且通过匹配来获得辐射源的估计位置。其并不依赖于信号传播模型的确定,因此可以有效地适应各种复杂环境下的定位[89-90]。然而,指纹定位技术有一个局限条件,即预先知道辐射源的发射功率。本节以 4.4 节的内容为基础,进一步研究基于频谱数据空域稀疏性的稳健被动定位算法。

由于指纹定位需要使用指纹数据,无论是初始训练过程中在每个点采集的相应指纹,还是后续环境变化过程中的指纹校准,都需要收集并分析大量数据。一方面,由于数据量大、耗时长,在得到的测量数据中难免会发生概率性的数据错误。另一方面,由于感知设备的日益集成化和便携化,各式各样的设备均可作为频谱监测节点,因此会存在诸多潜在的不确定性因素,诸如频谱监测节点设备的异常故障或部分节点的非正常行为(恶意修改数据)等[91]。以上情况的发生均会对最终定位精度产生严重的影响。如何对异常数据建模且消除其对定位性能的损害是近年来的一个研究热点。另外,在实际环境中,信号传播并不是恒定的,因此文献[92]使用了一种动态的路径损耗模型来描述环境的变化,能够使定位算法更加稳健。考虑到环境变化的因素,文献[67]通过大量实验来量化环境因素是如何影响定位性能的,进而提出了一种相关性的方法来选择信道,从而降低定位误差率。同时,文献[93]提出了一种室内定位算法,利用不同设备间的同质特性来解决指纹定位中的设备异构性问题,同时也对不同设备间的接收信号强度值(RSS)的特性进行了全面的研究。文献[94]和文献[95]同样考虑了感知设备异构性的影响并且试图通过指纹间的信号强度差进行消除。特别地,文献[95]主要研究了归一化的信号强度比率。文献[94]进一步提出了一种信号强度差方法的理论分析并设计了一系列不同环境进行验证,能够有效消除异构设备带来的影响并提升定位性能。考虑到指纹训练时构建的指纹数据库和测量的辐射源指纹可能存在不匹配的问题,文献[76]提出了一种新的可测量的多信道指纹定位系统,用到了多种现代数学方法,如稀疏表征和矩阵完成等理论。就我们所知,目前还没有相关文献针对指纹定位中的异常数据的影响展开研究。实际上,当定位区域过于复杂时,如信号大尺度损耗、设备故障、恶意行为等情况时随时可能发生,异常数据的产生是大概率事件。因此,研究该问题对于设计稳健定位方法非常有必要。

另外,如前所述,指纹匹配过程在对辐射源指纹与指纹数据库的比较中扮演关键性角色,其匹配的准确度高低直接影响了最终的位置估计精度。目前有多种模式识别的技术已经被研究用于定位问题中,简单罗列如下:K 最近邻方法(KNN)、概率方法、支持向量机(SVM)和基于空间稀疏性的方法[96]。利用均方根误差准则,K 最近邻方法使用辐射源指纹在指纹数据库中寻找最相似的 K 个匹配值,通过对这 K 个匹配值的对应坐标进行平均,从而得到最终的估计位置。这里 K 只是一个参数,能够提升定位性能。当 $K=1$ 时,KNN方法也被称为最小欧氏距离方法[74,97]。概率方法通过对指纹特征图进行随机描述,利用最大似然准则等方法进行定位。除了基本的柱状图方法,基于核学习的方法也可被用来计算似然值[98-99]。支持向量机是一种用来做统计分析和机器学习的工具,也可以很好地处理一些回归问题,如辐射源定位[100-101]。基于空间稀疏性的方法主要利用了辐射源位置的稀疏特性,即同时只有很少的辐射源进行定位。通过解决一个最小化问题,定位问题可以重新被表示为一个稀疏逼近的问题[102-103]。

本节研究基于辐射源数据空域相关性的稳健被动定位方法设计。首先,考虑到偶发随机性的设备故障及恶意行为等情况的发生,对异常数据进行建模并设计一种数据净化方法对其滤除,能够有效地消除异常数据对定位性能的损害。其次,通过利用辐射源的稀疏性,引入了稀疏贝叶斯及相关向量机等问题研究。最后,基于对上述问题的研究,提出了一种稀疏贝叶斯学习方法,该方法通过从一系列潜在目标里找到最优的稀疏向量,进而确定辐射源的位置,能够有效提升定位精度。仿真结果表明,所提算法可有效消除异常数据对定位性能的影响,同时利用辐射源稀疏性进一步提升了定位精度。

4.5.2 模型建立

4.5.2.1 常规模型

考虑一个二维平面定位场景,共有 M 个频谱监测节点(也称为感知节点,在本书中两者通用)和一个辐射源,其中频谱监测节点位置已知而辐射源位置未知。频谱监测节点可网格化分布或随机分布于定位区域内。由于被动定位的核心工作即是频谱监测节点通过接收发射源的信号功率进行位置估计,基于信号传播模型,第 i 个频谱监测节点的平均接收功率可表示如下[71]:

$$P_i - P_t = K - 10\gamma \log_{10}\left(\frac{d_i}{d_0}\right) + n_i \tag{4-31}$$

式中,P_t 表示为信号源的发射功率,K 为常数,与参考距离 d_0 有关,参考距离通常取为 1m。γ 为路径损耗系数,d_i 为频谱监测节点 i 与信号源间的实际距离。n_i 为测量噪声,假设其服从高斯分布 $n_i \sim N(0,\sigma_i^2)$。

4.5.2.2 异常数据模型

对于被动定位问题而言,辐射源的所有信号特征信息都是未知的。除了未知的辐射源发射功率,首先应该在所监测的信道中追踪到辐射源信号且确认其占用哪个信道。得益于多信道检测技术如宽带频谱感知技术[104-106],对于每个信道都能同时记录多个信道的感知数据。在本章中,假设共有 H 个信道被监测,且辐射源随机占用其中的任意一个。所以,共有 M 个频谱监测节点检测 H 个信道并记录相应感知数据。感知数据矩阵如图 4.18 所示。

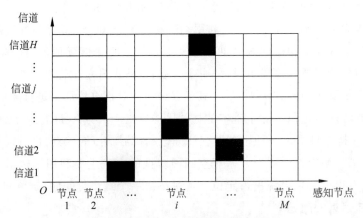

图 4.18　被动定位中的异常数据模型

由于未知的设备异常或恶意行为,每个频谱监测节点都可随机地产生异常数据。另外,当遇到较复杂的环境时,发射信号可能会产生严重的损耗,同样也会造成异常的感知数据。

考虑到异常数据的存在,基于式(4-31),信号接收功率 $P_{i,k}^{r}$ 可写为:

$$P_{i,k}^{r} = P_t + K - 10\gamma \log_{10}\left[\frac{d}{d_0}\right] + n_{i,k} + a_{i,k}$$

$$= P_{i,k}^{o} + n_{i,k} + a_{i,k} \tag{4-32}$$

式中,$P_{i,k}^{r}$ 表示为第 i 个频谱监测节点接收第 k 个信道的感知数据。$P_{i,k}^{o} = P_t + K - 10\gamma \log_{10}[d/d_0]$ 表示为基于信号传播模型的原始信号数据,不考虑噪声和异常数据的影响。$n_{i,k}$ 表示为噪声分量,其服从均值为零的高斯分布。$a_{i,k}$ 表示为异常数据分量,当 $a_{i,k} = 0$ 时,感知数据退化为正常数据。

由于各种未知情况的发生(如感知设备失常、恶意节点攻击等),异常数据的形式也存在多种样式,如常量或随机量等。异常数据模型经常出现于解决安全问题的研究中,特别是在频谱感知方向(例如,"总是正确/错误""总是相反"以及其他一些更为复杂的情况[107-110])。本节并不区分具体的数据状态,而是简单地构建一个通用的异常数据模型以描述数据的变化。由分析可知,所提异常数据模型仍然能够覆盖大多现有的数据模型,且能够描述其他的异常情况。具体来说,本节将异常数据 $a_{i,k}$ 建模为独立同分布的高斯随机变量,其均值为 μ_a,方差为 σ_a^2。

异常数据的存在会使得最终的定位精度变差。图 4.19 给出了两种数据模型下的克拉美罗界(CRLB)的简单比较。由图 4.19 可以明显看出,如果不对异常数据做相应处理,那么其存在必将损害辐射源定位的性能。

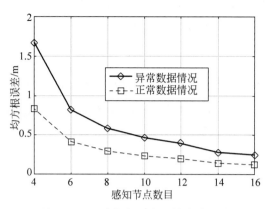

图 4.19　异常数据对定位性能的影响

4.5.3　稀疏贝叶斯模型

稀疏学习的模型具有一般形式[111]

$$g(\boldsymbol{x}) = \sum_{i=1}^{N} \omega_i \phi_i(\boldsymbol{x}) \tag{4-33}$$

其是相对于加权向量 $\boldsymbol{w} = [\omega_0, \omega_1, \cdots, \omega_N]$ 的一种线性模型。通过对多个加权值附 0 值,使其稀疏性增大,能够有效控制计算复杂度,避免了过度学习情况的发生。

在此基础上得到的一种稀疏概率模型即相关向量机(RVM)[112],其是在贝叶斯框架下通过估计得到预测值分布,进而得到一个基于核函数的稀疏解[113-114]。如下所示为相关向量机的输出函数表达式:

$$g(\boldsymbol{x}) = \sum_{i=1}^{N} \omega_i \boldsymbol{\Phi}(\boldsymbol{x}, \boldsymbol{z}_i) + \omega_0 \tag{4-34}$$

其中,$\boldsymbol{x}$ 为输入向量,g 为输出函数,一般建模为测量向量和训练集的核赋值的加权和。$\boldsymbol{\Phi}$ 为基函数,一般可认为是由核函数构成。通过训练数据决定加权值 $\boldsymbol{w} = [\omega_0, \omega_1, \cdots, \omega_N]$,同时,如果一些权值设为 0 的时候,那么其稀疏特性也会相应提升。

给出目标向量 $\boldsymbol{t} = [t_1, t_2, \cdots, t_N]$,则训练样本集的似然函数可表示如下:

$$p(\boldsymbol{t} \mid \boldsymbol{w}, \sigma^2)) = (2\pi\sigma^2)^{-\frac{N}{2}} \exp\left(-\frac{1}{2\sigma^2} \parallel \boldsymbol{t} - \boldsymbol{\Phi} \boldsymbol{w} \parallel^2\right) \tag{4-35}$$

如果直接最大化似然函数来估计参数向量 $\boldsymbol{w}$ 必然会导致模型的过度学习。在此,假设 $\boldsymbol{\alpha}$ 是决定参数 $\boldsymbol{w}$ 先验分布的超参向量,令参数服从均值为零方差为 a_i^{-1} 的高斯条件概率分布,即

$$p(\boldsymbol{w} \mid \boldsymbol{\alpha}) = \prod_{i=0}^{N} N(\omega_i \mid 0, a_i^{-1}) \tag{4-36}$$

因为高斯正态分布方差倒数的共轭概率分布为 Gamma 分布,由此可得 $\boldsymbol{\alpha}$ 和 σ^2 的超先验概率:

$$p(\boldsymbol{\alpha}) = \prod_{i=0}^{N} \mathrm{Gamma}(a_i) \tag{4-37}$$

$$p(\sigma^2) = \prod_{i=0}^{N} \text{Gamma}(\sigma^2) \qquad (4\text{-}38)$$

因此有：

$$p(\omega_i) = \int N(\omega_i \mid 0, a_i^{-1})) \text{Gamma}(a_i) \mathrm{d}a_i \qquad (4\text{-}39)$$

稀疏贝叶斯模型的一个显著特点是为每一个参数向量中的参数设置相互独立的超参，这也是导致模型具有稀疏性的根本原因。由于这种先验概率分布是一种自相关判定的先验分布，在模型训练结束后，非零权值的基函数所对应的目标向量即被称为相关向量，因此这种学习被称为相关向量机[115]。

4.5.4 基于稀疏贝叶斯的指纹定位方法

基于 4.4 节介绍的被动定位架构，指纹技术能够高效地应用于被动定位中。本节仍以基于相关指纹的被动定位架构为基础，重点研究基于辐射源数据空域稀疏性的稳健被动定位方法。为了消除异常数据带来的影响，所提算法利用异常数据的稀疏特性设计了一种数据滤除方法。通过对感知数据进行处理，尽可能去除异常数据带来的负面影响，辐射源的定位精度能够进一步提升。另外，所提算法利用了辐射源数据的空域稀疏性，通过求解相关指纹数据库中的欠定方程组问题，能够高效匹配出辐射源位置，使得定位精度进一步提升。

综上考虑，本节将所提算法划分为 3 部分：数据滤除部分，即接收辐射源数据并进行数据滤除工作，最终得到净化后的辐射源指纹；相关指纹构建过程，即构建初始指纹数据库并利用新的辐射源指纹进行相关处理，将其转化为新的相关指纹数据库；指纹匹配过程，即利用稀疏贝叶斯学习方法寻找最佳匹配点，继而估计出辐射源位置。为了更加直观清楚地描述所提方法，图 4.20 给出了算法各部分的基本流程和相关联系。下面将对 3 个部分进行详细描述。

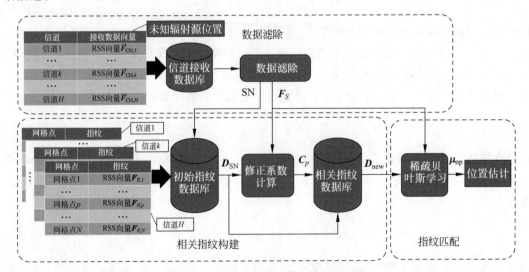

图 4.20 所提被动定位算法基本流程图

4.5.4.1 数据净化过程

在对所有的监测信道进行扫描后，频谱监测节点接收到所有的感知数据并形成一个辐

射源数据矩阵 $\boldsymbol{Y}$,如图 4.18 所示。如前所述,每个频谱监测节点都可能由于各种意外事件偶发随机的产生异常数据的情况。本章考虑异常数据是随机稀疏的分布于整个数据矩阵中,这也是现有研究中的通用假设[91]。因此,所接收的数据实际可包含 3 部分:原始数据、噪声数据和异常数据。基于公式(4-32),第 k 个监测信道的接收数据可进一步重写如下:

$$
\begin{aligned}
\boldsymbol{F}_{\mathrm{CH},k} &= [P^{\mathrm{r}}_{k,1}, P^{\mathrm{r}}_{k,2}, P^{\mathrm{r}}_{k,3}, \cdots, P^{\mathrm{r}}_{k,M}] \\
&= [P^{\mathrm{o}}_{k,1}, P^{\mathrm{o}}_{k,2}, P^{\mathrm{o}}_{k,3}, \cdots, P^{\mathrm{o}}_{k,M}] + [n_{k,1}, n_{k,2}, n_{k,3}, \cdots, n_{k,M}] + [a_{k,1}, a_{k,2}, a_{k,3}, \cdots, a_{k,M}] \\
&= \boldsymbol{F}_{\mathrm{o},k} + \boldsymbol{W}_k + \boldsymbol{A}_k
\end{aligned}
\tag{4-40}
$$

因此,所接收的总感知数据矩阵 $\boldsymbol{Y}$ 可表示为:

$$
\boldsymbol{Y} = [\boldsymbol{F}_{\mathrm{CH},1}, \boldsymbol{F}_{\mathrm{CH},2}, \boldsymbol{F}_{\mathrm{CH},3}, \cdots, \boldsymbol{F}_{\mathrm{CH},H}]^{\mathrm{T}} \in \mathfrak{R}^{H \times M} \tag{4-41}
$$

为便于后面分析,我们将数据部分转化为矩阵形式:

$$
\boldsymbol{X} = [\boldsymbol{F}_{\mathrm{o},1}, \boldsymbol{F}_{\mathrm{o},2}, \boldsymbol{F}_{\mathrm{o},3}, \cdots, \boldsymbol{F}_{\mathrm{o},H}]^{\mathrm{T}} \in \mathfrak{R}^{H \times M} \tag{4-42}
$$

$$
\boldsymbol{W} = [\boldsymbol{W}_1, \boldsymbol{W}_2, \boldsymbol{W}_3, \cdots, \boldsymbol{W}_H]^{\mathrm{T}} \in \mathfrak{R}^{H \times M} \tag{4-43}
$$

$$
\boldsymbol{A} = [\boldsymbol{A}_1, \boldsymbol{A}_2, \boldsymbol{A}_3, \cdots, \boldsymbol{A}_H]^{\mathrm{T}} \in \mathfrak{R}^{H \times M} \tag{4-44}
$$

那么,感知数据矩阵可写作如下新形式:

$$
\boldsymbol{Y} = \boldsymbol{X} + \boldsymbol{W} + \boldsymbol{A} \tag{4-45}
$$

其中,$\boldsymbol{Y}$ 表示所有频谱监测节点接收到的所有信道的粗糙的感知数据。$\boldsymbol{X}+\boldsymbol{W}$ 表示为正常的感知数据部分,$\boldsymbol{X}$ 为原始数据矩阵,$\boldsymbol{W}$ 为噪声矩阵。$\boldsymbol{A}$ 为异常数据部分。

本章考虑只有一个辐射源占用 H 个信道中的任一个,表明了矩阵 $\boldsymbol{X}$ 是低秩的。同时,考虑到设备故障和恶意行为等异常情况的特性,假设异常数据矩阵 $\boldsymbol{A}$ 中的非零元素是随机且稀疏分布的。因此,数据滤除的核心工作即是通过利用 $\boldsymbol{X}$ 的低秩特性和 $\boldsymbol{A}$ 的稀疏特性,将感知数据矩阵从异常数据的影响中恢复出来。

基于如上考虑,可建立如下主成分分析问题:

$$
\begin{aligned}
&\min_{\boldsymbol{X},\boldsymbol{A}} \operatorname{rank}(\boldsymbol{X}) + \lambda \langle \boldsymbol{A} \rangle \\
&\mathrm{s.\,t.\ } \boldsymbol{X} + \boldsymbol{W} + \boldsymbol{A} = \boldsymbol{Y}
\end{aligned}
\tag{4-46}
$$

其中,$\operatorname{rank}(\cdot)$ 表示矩阵的秩,$\langle \cdot \rangle$ 表示矩阵中的非零元素数目,λ 是控制参数。由于噪声对感知数据 $\boldsymbol{Y}$ 的影响,低秩性和稀疏性难以表现,同时,该优化目标难以直接求解,需要作进一步处理。为了解决该问题,通过计算奇异值,引入核范数 $\| \boldsymbol{X} \|_* = \sum_i \sigma_i(\boldsymbol{X})$ 替代 $\operatorname{rank}(\boldsymbol{X})$。另外,引入 l_1 模 $\| \boldsymbol{A} \|_1 = \sum_{m,n} |a_{m,n}|$ 替代 $\langle \boldsymbol{A} \rangle$。因此,式(4-46)可写为如下易处理的凸优化问题[116]:

$$
\begin{aligned}
&\min_{\boldsymbol{X},\boldsymbol{A}} \| \boldsymbol{X} \|_* + \lambda \| \boldsymbol{A} \|_1 \\
&\mathrm{s.\,t.\ } \| \boldsymbol{Y} - \boldsymbol{X} - \boldsymbol{A} \| \leqslant \varepsilon
\end{aligned}
\tag{4-47}
$$

其中,ε 为噪声相关参数。将 μ 表示为调谐参数,则该问题可进一步表示如下:

$$
\min_{\boldsymbol{X},\boldsymbol{A}} \| \boldsymbol{X} \|_* + \lambda \| \boldsymbol{A} \|_1 + \mu \| \boldsymbol{Y} - \boldsymbol{X} - \boldsymbol{A} \|^2 \tag{4-48}
$$

由于式(4-48)是一个凸优化问题,可用交替方向乘子法(ADMM)解决,能够用较少的迭代得到更高的精度。我们将 ADMM 用增广拉格朗日方法表示如下:

$$
L(\boldsymbol{X}, \boldsymbol{A}, \mu) = \| \boldsymbol{X} \|_* + \lambda \| \boldsymbol{A} \|_1 + \mu \| \boldsymbol{Y} - \boldsymbol{X} - \boldsymbol{A} \|^2 \tag{4-49}
$$

具体可分如下两步迭代。

（1）更新辐射源数据矩阵 $\boldsymbol{X}$：

$$
\begin{aligned}
\boldsymbol{X}[k] &= \mathrm{argmin} L(\boldsymbol{X}, \boldsymbol{A}[k-1], \mu) \\
&= \mathrm{argmin} \|\boldsymbol{X}\|_* + \mu \|\boldsymbol{Y} - \boldsymbol{X} - \boldsymbol{A}[k-1]\|^2 \\
&= \boldsymbol{P}\boldsymbol{\Psi}(\boldsymbol{S})\boldsymbol{Q}^{\mathrm{T}}
\end{aligned}
\tag{4-50}
$$

其中，$\boldsymbol{PSQ}^{\mathrm{T}}$ 表示为 $\boldsymbol{Y} - \boldsymbol{A}[k-1]$ 的奇异值分解。

（2）更新异常数据矩阵 $\boldsymbol{A}$：

$$
\begin{aligned}
\boldsymbol{A}[k] &= \mathrm{argmin} L(\boldsymbol{X}[k], \boldsymbol{A}, \mu) \\
&= \mathrm{argmin} \lambda \|\boldsymbol{A}\|_1 + \mu \|\boldsymbol{Y} - \boldsymbol{X}[k] - \boldsymbol{A}\|^2 \\
&= \boldsymbol{\Psi}(\boldsymbol{Y} - \boldsymbol{X}[k])
\end{aligned}
\tag{4-51}
$$

通过有限次迭代如上两步，可得到最终的优化量 $\widetilde{\boldsymbol{X}}$ 和 $\widetilde{\boldsymbol{A}}$。

本节暂不分析辐射源检测问题，只假设未知辐射源被准确检测到且其对应占用的信道编号为 SN。基于净化的感知数据矩阵 $\widetilde{\boldsymbol{X}}$ 和异常数据矩阵 $\widetilde{\boldsymbol{A}}$，净化后的辐射源指纹向量可写为 $\boldsymbol{F}_S = [P_{\mathrm{SN},1}^{\mathrm{r},S}, P_{\mathrm{SN},2}^{\mathrm{r},S}, P_{\mathrm{SN},3}^{\mathrm{r},S}, \cdots, P_{\mathrm{SN},M}^{\mathrm{r},S}]$，简单写为：

$$
\boldsymbol{F}_S = [P_1^{\mathrm{r},S}, P_2^{\mathrm{r},S}, P_3^{\mathrm{r},S}, \cdots, P_M^{\mathrm{r},S}]
\tag{4-52}
$$

4.5.4.2 相关指纹构建过程

在指纹定位问题中，一个核心工作即是构建指纹数据库。然而由于利用接收数据构建的指纹库无法直接应用于被动定位中，需要对指纹数据库做一些处理才能有效应用。基于之前所提的相关指纹架构，通过初始指纹数据库和净化的辐射源指纹计算修正因子，将初始数据库转化为相关指纹数据库，从而实现指纹技术在被动定位中的有效应用。

首先，利用一个任意的训练节点在信道 k 发射信号，所有频谱监测节点在每个网格点上记录接收信号强度数据。特别地，对于任意一个网格点 p，其对应的指纹向量可写为：

$$
\boldsymbol{F}_{R,p}^k = [P_{p,1}^{\mathrm{r},R}, P_{p,2}^{\mathrm{r},R}, P_{p,3}^{\mathrm{r},R}, \cdots, P_{p,M}^{\mathrm{r},R}]
\tag{4-53}
$$

在所有的网格点完成数据采集时，信道 k 的指纹数据库为：

$$
\boldsymbol{D}_k = [\boldsymbol{F}_{R,1}^k, \boldsymbol{F}_{R,2}^k, \boldsymbol{F}_{R,3}^k, \cdots, \boldsymbol{F}_{R,N}^k]^{\mathrm{T}}
\tag{4-54}
$$

因此，总的初始数据库包含了如上所有信道的指纹数据库，可简单表示为 $\{\boldsymbol{D}_1, \boldsymbol{D}_2, \cdots, \boldsymbol{D}_H\}$。

当辐射源占用的信道被检测到，相应的指纹数据库即被选出进行后续处理。为简单起见，本节将该指纹数据库记为：

$$
\boldsymbol{D}_{\mathrm{SN}} = [\boldsymbol{F}_{R,1}^k, \boldsymbol{F}_{R,2}^k, \boldsymbol{F}_{R,3}^k, \cdots, \boldsymbol{F}_{R,N}^k]^{\mathrm{T}}
\tag{4-55}
$$

在得到如式（4-52）所示的净化辐射源指纹 $\boldsymbol{F}_S$ 后，其相应的均值写为：

$$
E(\boldsymbol{F}_S) = \left(\sum_{i=1}^{M} P_i^{\mathrm{r},S}\right) / M
\tag{4-56}
$$

同样，对于每个网格点 p，数据库 $\boldsymbol{D}_{\mathrm{SN}}$ 中的指纹向量 $\boldsymbol{F}_{R,p}$ 如式（4-53）所示，其相应的均值可计算为：

$$
E(\boldsymbol{F}_{R,p}) = \left(\sum_{i=1}^{M} P_{p,i}^{\mathrm{r},R}\right) / M
\tag{4-57}
$$

将 p 网格点处的修正因子定义为 C_p

$$C_p = E(F_S) - E(F_{R,p}) \tag{4-58}$$

由于对同一网格点处的修正因子，有 $C_p^1 = C_p^2 = \cdots = C_p^M$。故 p 网格点的修正向量写为：

$$C_p = [C_p^1, C_p^2, C_p^3, \cdots, C_p^M] \tag{4-59}$$

通过对所有网格点进行修正向量计算，并对原指纹库进行处理，可得到新的相关指纹数据库如下：

$$\begin{aligned} D_{new} &= [F_{R,1} - C_1, F_{R,2} - C_2, F_{R,3} - C_3, \cdots, F_{R,N} - C_N]^T \\ &= [F'_{R,1}, F'_{R,2}, F'_{R,3}, \cdots, F'_{R,N}]^T \end{aligned} \tag{4-60}$$

4.5.4.3　指纹匹配过程

当相对指纹数据库和净化的辐射源指纹都得到后，即可通过搜索算法进行位置估计，最优匹配点即为辐射源的估计位置。目前已知有多种匹配准则可用于定位问题中。本节通过利用辐射源的空间稀疏性提出了一种稀疏贝叶斯的学习方法。其核心思想是位置相关向量在离散的物理空间内是具有潜在稀疏性的，因此可通过寻找最优稀疏解来估计辐射源的位置[76]。

这里考虑用稀疏向量 u 作为未知辐射源的位置信息，其中在 p 点的非零元素表示辐射源的位置在 p 网格点。例如，式(4-61)表示了未知辐射源的位置位于第一个网格点。

$$u = [1, 0, 0, \cdots, 0]^T \tag{4-61}$$

由于新的相关指纹数据库 D_{new} 已经得到，因此最终的指纹匹配过程可表示如下：

$$F_S = D_{new}^T u + \Upsilon \tag{4-62}$$

其中，F_S 即表示为所得到的新的辐射源指纹向量，Υ 为噪声向量。

由式(4-62)可知，被动定位问题即转化为精准检测稀疏向量 u 中的非零系数问题。本节用稀疏贝叶斯学习方法求解最终的位置估计。相关向量机中的贝叶斯模型给出了一种基于字典的稀疏惩罚机制，其带有的恒定特性使得稀疏信号估计更为精准，特别是对于结构化的字典库而言。给定了净化的辐射源指纹向量 F_S 和相关指纹数据库 D_{new}，则主要目标即为构造出稀疏向量 u 的后验概率分布。本节针对稀疏向量预设一个包含 N 个独立超参系数的超参向量 $b = [b_1, b_2, b_3, \cdots, b_N]^T$。每一个超参系数与相应的定位位置相联系，且各自独立的控制预设值的强度。

稀疏贝叶斯学习定义了一个零均值的高斯预置参数，对于稀疏向量 u 每一个元素的精度为 b_i，表示如下：

$$\begin{aligned} p(u \mid b) &= \prod_{i=1}^{N} N(u_i \mid 0, b_i^{-1}) \\ &= (2\pi)^{-\frac{N}{2}} \prod_{i=1}^{N} b_i^{\frac{1}{2}} \exp\left(-\frac{b_i u_i^2}{2}\right) \end{aligned} \tag{4-63}$$

同时，稀疏贝叶斯模型中的噪声向量被建模为统计独立的零均值高斯分布，其方差为 σ^2。

$$p(\Upsilon) = \prod_{i=1}^{N} N(\Upsilon_i \mid 0, \sigma^2) \tag{4-64}$$

基于式(4-62)，辐射源指纹向量建模为：

$$p(\boldsymbol{F}_S \mid \boldsymbol{u}, \sigma^2) = (2\pi\sigma^2)^{-\frac{M}{2}} \exp\left(-\frac{\parallel \boldsymbol{F}_S - \boldsymbol{D}_{new}\boldsymbol{u} \parallel^2}{2\sigma^2}\right) \tag{4-65}$$

基于贝叶斯准则及高斯似然模型,稀疏向量 $\boldsymbol{u}$ 的后验概率可定义如下:

$$p(\boldsymbol{u} \mid \boldsymbol{F}_S, b, \sigma^2) = \frac{p(\boldsymbol{F}_S \mid \boldsymbol{u}, \sigma^2) p(\boldsymbol{u} \mid b)}{p(\boldsymbol{F}_S \mid b, \sigma^2)}$$

$$= (2\pi)^{-\frac{N}{2}} \mid \boldsymbol{\Sigma} \mid^{-\frac{1}{2}} \exp\left(-\frac{1}{2}(\boldsymbol{u} - \boldsymbol{\mu})^{\mathrm{T}} \boldsymbol{\Sigma}^{-1}(\boldsymbol{u} - \boldsymbol{\mu})\right) \tag{4-66}$$

其中,$\mid \cdot \mid$ 表示矩阵的行列式。其均值 $\boldsymbol{\mu}$ 和协方差矩阵 $\boldsymbol{\Sigma}$ 表示如下:

$$\boldsymbol{\Sigma} = (\boldsymbol{V} + \sigma^{-2}\boldsymbol{D}_{new}^{\mathrm{T}}\boldsymbol{D}_{new})^{-1} \tag{4-67}$$

$$\boldsymbol{\mu} = \sigma^{-2}\boldsymbol{\Sigma}\boldsymbol{D}_{new}^{\mathrm{T}}\boldsymbol{F}_S \tag{4-68}$$

其中,$\boldsymbol{V}$ 为对角矩阵,$\boldsymbol{V} = \mathrm{diag}(b_1, b_2, b_3, \cdots, b_N)$。因此,求解稀疏向量 $\boldsymbol{u}$ 即转化为估计未知变量 $\boldsymbol{\mu}$ 和 $\boldsymbol{\Sigma}$,最终也就落在了对稀疏向量 $\boldsymbol{u}$ 的超参向量 b 的估计问题。

稀疏贝叶斯学习被建模为针对超参向量 b 的边缘函数的局部最优化问题。它是一个迭代过程,每次迭代通过估计 b 和 σ^2 最大化边缘函数。

$$\ell(\boldsymbol{b}) = \log p(\boldsymbol{F}_S \mid \boldsymbol{b}, \sigma^2)$$

$$= -\frac{1}{2}[M\log 2\pi + \log \mid \boldsymbol{C} \mid + \boldsymbol{F}_S^{\mathrm{T}}C^{-1}\boldsymbol{F}_S] \tag{4-69}$$

其中,$\boldsymbol{C} = \sigma^2\boldsymbol{I} + \boldsymbol{D}_{new}\boldsymbol{V}^{-1}\boldsymbol{D}_{new}^{\mathrm{T}}$。通过有限次迭代,一个超参系数 b_{op} 始终相对较小,表示稀疏向量 $\boldsymbol{u}_{op}$ 的非零部分。因此,所估计的辐射源位置即为网格点 op,其对应于 $\boldsymbol{u}_{op}$ 的最大值部分。

$$\eta = \underset{(b,\sigma^2)}{\mathrm{argmax}}\boldsymbol{u} = \underset{(b,\sigma^2)}{\mathrm{argmax}} p(\boldsymbol{F}_S \mid \boldsymbol{u}, b, \sigma^2) \tag{4-70}$$

基于以上分析,在算法 4.2 中总结了所提被动定位算法的全部流程。针对异常数据问题,所提算法应用了一种数据净化方法对感知数据进行处理,能有效消除异常数据带来的负面影响。针对复杂环境问题,所提算法以基于指纹相关性的被动定位架构为基础,将指纹技术高效应用于被动定位中。最后,在指纹匹配阶段,提出了一种稀疏贝叶斯的学习方法,该方法利用了辐射源的空间稀疏性,能有效提升辐射源位置估计的精度。

算法 4.2:基于空间稀疏性的稳健被动定位方法

参数设置:划分网格点数 M;感知节点数 N;监测信道数 H;迭代次数 NUM。
输入:初始指纹数据库 $\{\boldsymbol{D}_1, \boldsymbol{D}_2, \cdots, \boldsymbol{D}_H\}$;信道的感知数据矩阵 $\boldsymbol{Y}$
1. 数据净化过程
初始化 $\boldsymbol{A}^{(i)}$
for $i = 1$ to NUM do

    进行奇异值分解 $(\boldsymbol{P}, \boldsymbol{S}, \boldsymbol{Q}) = \mathrm{svd}(\boldsymbol{Y} - \widetilde{\boldsymbol{A}}^{(i)})$;

    更新净化的感知数据矩阵 $\widetilde{\boldsymbol{X}}^{(i+1)} = \boldsymbol{P}\Psi_\mu(\boldsymbol{S})\boldsymbol{Q}$;

    更新异常数据矩阵 $\widetilde{\boldsymbol{A}}^{(i+1)} = \Psi_{\lambda\mu}(\boldsymbol{Y} - \widetilde{\boldsymbol{X}}^{(i+1)})$;

返回 $\widetilde{\boldsymbol{X}}, \widetilde{\boldsymbol{A}}$; //净化的感知数据矩阵和异常数据矩阵

返回 F_S，SN；//净化的辐射源指纹和相应信道编号

2. 相关指纹构建过程

计算辐射源指纹 F_S 均值 $E(F_S) = \left(\sum_{i=1}^{M} P_{r,S}^i\right)/M$

for $p = 1$ to M do

    计算指纹库 D_{SN} 中 p 网格点处指纹 $F_{R,p}$ 均值 $E(F_{R,p}) = \left(\sum_{i=1}^{M} P_{r,R,p}^i\right)/M$

    计算修正因子 $C_p = E(F_S) - E(F_{R,p})$，拓展到向量形式 $C_p = [C_p^1, C_p^2, C_p^3, \cdots, C_p^M]$

end for

得到新指纹数据库 $D_{new} = [F_{R,1} - C_1, F_{R,2} - C_2, F_{R,3} - C_3, \cdots, F_{R,N} - C_N]^T$

返回 D_{new}；//相关指纹数据库

3. 指纹匹配过程

计算每一点处的先验分布 $p(u \mid b)$；

通过最大化边缘概率函数 $\ell(b)$ 估计超参向量 b；

估计稀疏向量 u 的后验概率 $p(u \mid F_S, b, \sigma^2)$；

通过 $\arg\max u$ 估计最终辐射源位置 s；

输出：s

4.5.5　实验结果及分析

4.5.5.1　仿真设置

本节考虑一个 $20\text{m} \times 20\text{m}$ 的正方形区域作为定位场景，其中共有 8 个频谱监测节点参与定位且坐标已知，分别是 $(0,0)$、$(0,10)$、$(0,20)$、$(10,0)$、$(10,20)$、$(20,0)$、$(20,10)$、$(20,20)$。另外，定位区域被划分为 20×20 的网格，因此每个网格为 $1\text{m} \times 1\text{m}$ 的正方形。辐射源随机分布于定位区域内。由于辐射源所占用的信道未知，所以需要检测多个信道以发现哪个信道被占用。假设共有 10 个信道被监测且辐射源随机占用其中的任意一个。对于信号传播模型，辐射源发射功率为 $P_{t,S} = 0\text{dBm}$ 而训练节点的发射功率为 $P_{t,R} = 30\text{dBm}$。路径损耗系数为 $\gamma = 2$。噪声服从高斯分布，其均值为 0 而方差为 1。对于异常数据状态，由于异常数据是独立同分布的随机变量，假设异常数据的均值为 10（后面的分析中称之为异常数据强度）。初始辐射源指纹中的异常数据的数量设为 1，且随机分布于 8 个频谱监测节点的接收数据中。

4.5.5.2　有效性分析

本节主要比较了几种情况下算法所用相关指纹架构的有效性，如图 4.21 所示。本节应用了累积分布函数（CDF）对各种不同方法的性能进行分析。在定位区域随机选取 100 个点作为待估计的辐射源位置。对于每一个点，计算真实位置和估计位置间的误差作为距离误差。累积分布函数图能给出一个直观的不同距离误差下定位算法的性能比较。同时，本节在不同的场景配置下设计了几种定位机制，用以比较算法所用的被动定位框架的有效性。

方案一："无架构＋K 最近邻"，即定位过程中没有使用基于相关指纹的被动定位架构，且匹配过程使用了 K 最近邻方法。

方案二："无架构＋稀疏贝叶斯学习"，即定位过程中没有使用基于相关指纹的被动定位架构，且匹配过程使用了稀疏贝叶斯学习方法。

方案三："架构＋K 最近邻"，即定位过程中使用了基于相关指纹的被动定位架构，且匹配过程使用了 K 最近邻方法。

方案四："架构＋稀疏贝叶斯学习"，也即所提被动定位方法。即定位过程中使用了基于相关指纹的被动定位架构，且匹配过程使用了稀疏贝叶斯学习方法。

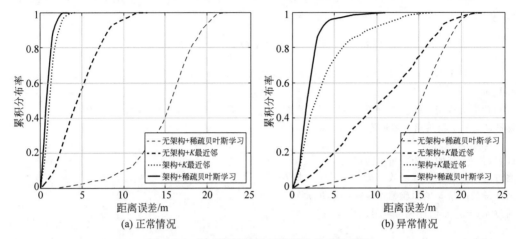

(a) 正常情况　　　　　　　　　　　(b) 异常情况

图 4.21　相对指纹架构对算法有效性的影响

图 4.21 给出了两个子图，分别展示了正常情况和异常情况下 4 种定位机制的性能比较。正常情况表示从辐射源接收到的数据是未受"污染"的，而异常情况表示接收的感知数据中包含了异常数据。图 4.21 可以看出，相比于未使用相关指纹架构的两种定位机制，使用了所提新定位架构的两种机制能获得明显优越的性能。就原因而言，基于相关指纹的定位架构能消除辐射源指纹与指纹库指纹间的均值差异性，进而将被动定位问题退化成为一个普通的指纹定位问题。因此，基于相关指纹的新架构能够明显提升被动定位的性能。另一方面，当比较使用稀疏贝叶斯学习的机制与使用 K 最近邻定位机制时，可以明显看出所提稀疏贝叶斯学习在指纹匹配过程中的高效性。这是由于所提算法利用了辐射源的空域稀疏性，通过寻找最优稀疏解来估计辐射源位置，使得定位精度更高。在后面的仿真分析中，将针对所提定位方法的有效性将给出更详细的分析。

4.5.5.3　性能分析

本节使用均方根误差（RMSE）准则评估位置估计性能，可以清楚地展示定位性能随不同特性条件的变化趋势。均方根误差写为：

$$\mathrm{RMSE} = \sqrt{\frac{1}{K}\sum_{i=1}^{K}\parallel \hat{\boldsymbol{s}}_i - \boldsymbol{s}_i \parallel^2} \tag{4-71}$$

其中，$\hat{\boldsymbol{s}}_i$ 表示为估计的辐射源位置，$\boldsymbol{s}_i$ 表示真实位置，K 为仿真次数。

同样，为了显示所提被动定位算法的有效性，根据不同条件设置了多种定位机制用于比较分析。由于前面分析了相关指纹架构的重要性，因此下面主要分析数据滤除方法和稀疏贝叶斯学习的有效性。具体定位机制描述如下：

方案一，"异常值"机制，即定位过程中直接使用了接收的感知数据，没有做任何的预处理，且利用稀疏贝叶斯学习方法进行最终位置估计。

方案二，"净化＋K 最近邻"，即定位过程中首先对原始的感知数据矩阵进行数据净化，然后用 K 最近邻方法进行最终的位置估计。

　　方案三,"净化+稀疏贝叶斯学习",即所提被动定位方法,定位过程中首先对原始的感知数据矩阵进行数据净化,然后在匹配阶段用稀疏贝叶斯学习方法进行最终的位置估计。

　　方案四,"完美净化+稀疏贝叶斯学习",即定位过程中使用的感知数据是假设异常数据全部完美滤除的,且匹配过程使用了稀疏贝叶斯学习方法进行位置估计。可知,该方案是一种理想化的情况。

　　方案五,"正常值",即定位过程中使用的感知数据矩阵不含有异常数据,且匹配过程使用了稀疏贝叶斯学习方法进行最终位置估计。

　　图4.22比较了不同异常数据强度下各种定位机制的定位性能。由于异常数据被建模为一个高斯随机变量,因此其真实的强度值很难被准确地刻画。在此本节用异常数据的均值作为其强度值进行分析。由图4.22可知,"异常值"机制的RMSE是随着异常数据强度的增大而增大的。其原因在于强度较大的异常数据会对原始数据改动更大,使得其对定位性能的影响更深。然而,通过使用数据滤除方法去除掉异常数据,3种带有数据净化方法的定位机制均随着异常数据强度的增大服从单调递减趋势。这是由于异常数据强度越大则越容易被发现,被滤除的概率就越高,使得数据滤除工作效率更高,进而对后续的位置估计起到积极的作用。另一方面,当异常数据强度非常小时,感知数据被错误滤除的概率进一步增大(正常数据被滤除,异常数据保留),其带来的负面影响甚至超过了异常数据本身所带来的影响。这也就解释了为什么当异常数据强度足够弱时,"异常值"机制的定位性能反而比所提的"净化+稀疏贝叶斯学习"方法好。"完美净化"机制是假设所有的异常数据被完美滤除的情况,因此其定位性能相比另外两种净化机制("净化+K最近邻","净化+稀疏贝叶斯学习")要更好。后两种定位机制由于现实原因,其中的异常数据不可能滤除干净且存在错误滤除的情况。当比较该两种净化的定位机制时可发现,所提算法由于使用了稀疏贝叶斯学习方法,其在最后的位置估计时精度更高。

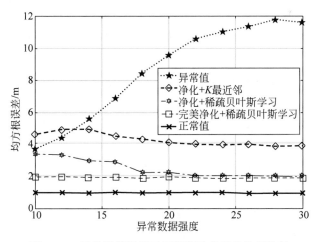

图4.22　异常数据强度对不同算法的定位性能比较

　　图4.23展示了异常数据数目对位置估计的均方根误差的影响。在本节中,只有异常数据存在于辐射源指纹F_S时才会对定位性能产生影响。因此,图4.23中所说的异常数据数目指的是辐射源指纹中的异常数据数目。本节使用了12个频谱监测节点进行定位,异常值的数目设置为1~4。例如,当异常值数目为2时,也就是说,12个频谱监测节点中的任意两

个节点的接收数据发生错误,因此最后接收到的辐射源指纹中包含了 10 个正常数据和 2 个异常数据。可以看出,当异常数据增多时,"净化＋K 最近邻"和"净化＋稀疏贝叶斯学习"两种机制的 RMSE 均增大,这意味着定位性能的降低。其原因在于太多的异常数据无疑会增大数据滤除的难度,因此正确滤除异常数据的精确度也会大幅降低。异常数据越多,数据滤除工作的效率就会越低,进而使得定位的性能就越差。另外,尽管"完美净化"机制能干净地滤除所有异常数据,但是过多的异常数据会导致可用于定位的正常数据越来越少,数据的完整度越来越低,同样会降低最终的定位性能。同时,需要注意的是,当异常数据非常多时,数据滤除的效率非常低,同时只有极少量的数据参与定位,其产生的消极影响已经超过异常数据本身带来的影响(例如,当异常数据数目为 4 时,"异常值"机制的 RMSE 要小于"净化＋K 最近邻"和"净化＋稀疏贝叶斯学习"两种机制)。另外,图 4.23 中也显示了一个现象:当异常数据数目增多时,"异常值"机制的 RMSE 略有降低。一个合理的解释可能是过多的异常值数目消除了异常值的稀疏特性,因此会降低异常数据带来的消极影响。

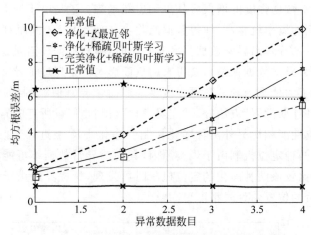

图 4.23　异常数据数目对不同算法的定位性能比较

4.6　基于缺失数据补全的被动定位方法

本节主要研究三维指纹定位中由于地形复杂无法测量或为降低开销减少采样测量导致的感知数据缺失问题。在一些特定的环境中,由于客观原因无法在某些采样点进行数据测量,因此所得指纹数据库由于缺少部分指纹而不完整。另外,指纹定位中的训练过程需要对每个采样点进行数据采集,以便形成指纹数据库。当定位区域较大或采样密度较大时,特别是在三维定位环境下,对每个采样点采集数据将是一项烦琐的负担。因此,减少采样点数据测量以实现降低定位开销情况下的高效定位是非常迫切的需求。为解决该问题,本节分析了感知节点的接收数据在空间上的相关性。根据该特性提出了一种新的指纹训练方法,用张量完成技术对缺失的指纹进行补全,修复指纹完整度,进而在降低定位开销的同时尽量提升定位性能。仿真结果表明,所提方法在减少采样开销的同时能有效提升定位性能。

4.6.1　问题引入

现有的大多数定位研究主要针对二维定位应用[117-119]。然而,在一些场景中,三维定位的应用必不可少,如城市生活中黑广播定位及大型建筑里的特殊识别用户定位等。特别是近期受到热捧的无人机研究,如战场环境中的敌方无人机定位,私人或受保护区域内的未授权无人机定位等,均需设计适应三维定位环境的高效算法[120-123]。

由于三维定位中存在的复杂环境特点和节点部署问题,使得原本在二维定位中有效的定位算法在三维环境中不再适用[124]。一般而言,二维定位方法较难拓展到三维定位环境中[117]。大量的现有工作集中于研究距离相关的三维定位算法。文献[125]和[126]通过几何原理将三维场景转化为二维场景以进行辐射源定位,然而这类方法通常需要额外的技术和硬件模块。文献[127]和文献[128]利用最小二乘算法处理三维定位问题,然而最小二乘算法过度依赖测量数据的准确性,极易受到环境影响,缺乏稳健性。文献[128]~文献[131]提出了基于多维标度分析的定位方法,其通过利用距离信息构建多样化矩阵,并利用降维技术将高维的空间向量转为各低维向量,进而计算各节点坐标值。然而由于需要距离信息,所以该类方法同样容易受到环境影响。

如前所述,基于指纹的定位方法通过使用学习机制,能够很好地克服复杂多变环境对定位性能的影响,使得定位过程更加稳健且性能更好。然而基于指纹的定位需在训练过程构建指纹数据库,即对测试环境内的每个采样点进行数据采集。一方面,由于复杂环境干扰等原因,部分采样点的测量数据可能无法接收或直接无法展开测量,导致部分测量数据的缺失[132];另一方面,指纹训练过程需要收集所有采样点的信号数据,当测试区域较大,特别是在三维定位场景下,其划分的网格采样点数将变得非常多,如果全部进行采样将是一项耗时耗力的巨大负担[133-134]。另外,为了提高定位的精确性,需要经常对指纹进行校准,以应对环境的变化,这无疑会进一步增大训练负担。另外,指纹采样点的密集程度也决定了最终的定位性能,为了获得较高的定位性能,需要适量增加指纹的采样点数。为了降低数据采集的开销,大量工作围绕着特征图的构造展开了研究。

文献[135]用不同的感知方法学习空间区域的功率谱密度图,并通过测量数据的压缩和量化实现通信开销的降低。文献[136]利用现实世界中的实测数据构建了频谱地图并评估了不同的无线电和网络性能准则。文献[137]提出了一种室内定位和频谱地图构建的联合策略,其能够在有限的校准开销下直接应用于室内环境。文献[138]和文献[139]通过部署参考节点,能够自适应地补偿测量数据的变化。这种方法能使无线电地图适应测试环境的变化,但仍需要构建初始地图。另外,实验也表明只有部署参考节点到一定密度时,该方案才能发挥效果。文献[140]和文献[141]通过利用多视图学习和流形对齐方法对不同时间和设备的数据进行处理,但是这类方法只适用于无线电地图的更新,仍然需要一个测量完整的初始无线电地图。还有一些其他的工作研究了智能手机的感知特性,希望能降低训练指纹的开销甚至全部消除。另外,为了收集数据,其他设备如加速计、指南针和陀螺仪等均被利用进行辐射源定位[142-143]。近年来,张量受到越来越多的重视,由于其可以被看成是一个结构化的多维数字数据阵列,所以可以被广泛应用于计算机可视化和制图等领域[144-146]。

针对训练过程中降低感知数据采样开销的问题,本节研究了基于张量补全的辐射源定位方法。首先,研究了感知节点的接收能量值在空间分布的相关性,揭示了频谱数据的低秩特性,为后面的设计算法提供理论基础。然后,提出了一种新的基于张量补全的指纹训练机制,基于部分不完整的测量数据,其能够高效地生成完整指纹数据库,进而显著降低训练过程中的开销。最后,提出了一种基于核学习的匹配方法,能够简化定位问题,提升指纹匹配的稳健性和准确性。仿真结果表明,所提算法能够在感知数据不完整的情况下依然实现准确的位置估计,在有效降低训练开销的同时保持高效的定位性能。

4.6.2 模型建立

4.6.2.1 场景模型

本节考虑的三维辐射源定位场景如图 4.24 所示。在一个长宽高均为 l 的立方体区域内,共有 M 个感知节点参与定位,分别分布于地面上正方形区域的四边。立方体区域中存在一个辐射源,其位置与发射功率均未知。为应用指纹定位算法,首先将定位区域划分为 N 个网格点。在指纹训练过程中,将训练节点随机置于部分网格点中,通过感知节点接收感知数据并形成相应的指纹。当辐射源出现于定位区域内,获得辐射源指纹后,通过所提算法最终确定辐射源的估计位置。

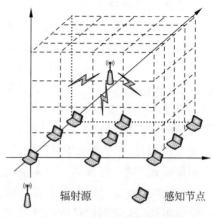

图 4.24 三维辐射源定位场景图

4.6.2.2 信号模型

如上所述,感知节点通过接收训练节点和辐射源的信号功率,形成相应的指纹。

根据信号传播模型,第 i 个感知节点的平均接收功率可表示如下:

$$P_i - P_t = K - 10\gamma \lg\left(\frac{d_i}{d_0}\right) + n_i \tag{4-72}$$

其中,P_t 表示为辐射源或训练节点的发射功率,K 为常数,与参考距离 d_0 有关,参考距离通常取为 1 米,γ 为路径损耗系数,d 为感知节点与发射源间的实际距离。n_i 为测量噪声,假设其服从高斯分布。

4.6.3 信号强度的空间相关性分析

通常测量数据的相关性可以由感知数据矩阵的自由度所体现。有限的自由度意味着一个矩阵是低秩的。感知数据矩阵的低秩特性可以由图 4.25 中的归一化奇异值分布所体现。

图 4.25 所用的感知数据矩阵为本节仿真实验场景所得。由于在仿真环境中,信号的空间传播特性具有标准的各向同性,因此从三维中的任一维展开数据矩阵的效果是一致的,在该仿真中不再具体体现。由图 4.25 可知,绝大多数的能量主要集中分布于最开始的几个奇异值上,其余类噪声等现象会导致其余的奇异值存在非常低的能量。这说明三维空间定位中的感知数据矩阵是具有很强相关性的,该特性将在后面所提基于张量补全的定位算法中发挥重要作用。

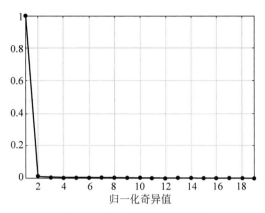

图 4.25　归一化的奇异值分布

4.6.4　基于数据补全的被动定位方法

本节介绍基于数据补全的辐射源定位方法。4.6.3节分析了测量的感知数据具有空间相关性,通过利用该特性,可以适量减少对部分网格点的指纹训练工作,从而降低定位开销。基于前文所提出的相关指纹框架,本节所提的新定位算法主要包括 3 部分:基于数据补全的指纹训练过程、基于相关指纹的指纹处理过程和基于核学习的指纹匹配过程。

4.6.4.1　基于数据补全的指纹训练

本节的核心内容是构建完整的指纹数据库。首先利用感知节点对测量区域内的部分网格点进行数据采集,形成对应的指纹。由于只有部分的网格点参与测量,得到的是不完整的指纹数据库。基于此,利用张量完成方法对数据库缺失部分进行矩阵补全,最终获得所有感知节点从所有网格点测得的感知数据,形成完整的指纹数据库。

由于利用了信号强度的空间相关性,所以在本节的分析过程中,首先从感知节点的角度出发,确保所有感知节点获得所有网格点处的训练节点信号强度(测量得到或数据补全得到)。

对于任一个感知节点 m,其最初测量得到有缺失的感知数据矩阵写为如下形式:

$$\boldsymbol{\Upsilon}_{\Omega} = \begin{cases} \boldsymbol{\Upsilon}, & i \in \Omega \\ \boldsymbol{0}, & \text{其他} \end{cases} \tag{4-73}$$

其中,Ω 表示为网格点子集,在该子集内的网格点进行数据测量。i 为相应的网格点标号。$\boldsymbol{\Upsilon}$ 表示为所希望恢复最精准的完整的感知数据矩阵。

针对缺失数据补全的张量完成方法可建模为如下的优化问题:

$$\min_{\boldsymbol{\Upsilon}} \parallel \boldsymbol{\Upsilon} \parallel_{*}$$
$$\text{s. t. } \boldsymbol{\Upsilon}_{\Omega} = \boldsymbol{\Gamma}_{\Omega} \tag{4-74}$$

其中,$\parallel \boldsymbol{\Upsilon} \parallel_{*}$ 表示为矩阵 $\boldsymbol{\Upsilon}$ 的核范数。由于所求矩阵为一个三维矩阵,因此 $\boldsymbol{\Upsilon}_{\Omega}$ 和 $\boldsymbol{\Gamma}_{\Omega}$ 均为三维张量且在每一维都有相同大小的尺寸,$\boldsymbol{\Gamma}$ 中来源于 Ω 子集的元素是已知的,剩余元素仍是缺失的。$\boldsymbol{\Upsilon}$ 表示为需要补全的不完整张量。由于计算张量的秩是一个 NP 难问题,不能直接通过近似估计矩阵的秩解决。这里引入了如下张量追踪范数的定义

$$\parallel \boldsymbol{\Upsilon} \parallel_* = \sum_{i=1}^{3} \alpha_i \parallel \boldsymbol{\Upsilon}_{(i)} \parallel_* \qquad (4\text{-}75)$$

其中，$a_i \geqslant 0$ 且满足 $\sum_{i=1}^{3} a_i = 1$，$\parallel \boldsymbol{\Upsilon}_{(i)} \parallel_*$ 表示延展矩阵 $\boldsymbol{\Upsilon}_{(i)}$ 的范数。对任一个张量的追踪范数而言，其对于每一个维度上的各延展矩阵是一致的。在此定义下，上述优化问题写为如下形式[132]：

$$\min_{\boldsymbol{\Upsilon}} \sum_{i=1}^{3} \alpha_i \parallel \boldsymbol{\Upsilon}_{(i)} \parallel_*$$
$$\text{s. t.} \boldsymbol{\Upsilon}_{\Omega} = \boldsymbol{\Gamma}_{\Omega} \qquad (4\text{-}76)$$

由于矩阵追踪范数的内在关联性，因此，引入新的矩阵 $\{\boldsymbol{T}_1, \boldsymbol{T}_2, \boldsymbol{T}_3\}$ 来分离这些相互依存条件。上述优化问题可进一步简化如下：

$$\min_{\boldsymbol{\Upsilon}, \boldsymbol{T}_i} \sum_{i=1}^{3} \alpha_i \parallel \boldsymbol{T}_i \parallel_*$$
$$\text{s. t.} \boldsymbol{\Upsilon}_{(i)} = \boldsymbol{T}_i, \quad i = 1, 2, 3$$
$$\boldsymbol{\Upsilon}_{\Omega} = \boldsymbol{\Gamma}_{\Omega} \qquad (4\text{-}77)$$

这里应用交替方向乘子法解决该凸优化问题。首先用张量向量 $\boldsymbol{\beta}_i$ 代替其对应的矩阵 $\boldsymbol{T}_i$，可得

$$\min_{\boldsymbol{\Upsilon}, \boldsymbol{\beta}_1, \boldsymbol{\beta}_2, \boldsymbol{\beta}_3} \sum_{i=1}^{3} \alpha_i \parallel \boldsymbol{\beta}_{i(i)} \parallel_*$$
$$\text{s. t.} \boldsymbol{\Upsilon} = \boldsymbol{\beta}_i, \quad i = 1, 2, 3$$
$$\boldsymbol{\Upsilon}_{\Omega} = \boldsymbol{\Gamma}_{\Omega} \qquad (4\text{-}78)$$

则其增广拉格朗日表达式可写作如下形式[133]：

$$L_{\rho}(\boldsymbol{\Upsilon}, \boldsymbol{\beta}_i, \gamma_i) = \sum_{i=1}^{n} \alpha_i \parallel \boldsymbol{\beta}_{i(i)} \parallel_* + \langle \boldsymbol{\Upsilon} - \boldsymbol{\beta}_i, \gamma_i \rangle + \frac{\rho}{2} \parallel \boldsymbol{\beta}_i - \boldsymbol{\Upsilon} \parallel_F^2 \qquad (4\text{-}79)$$

通过有限次迭代 $\boldsymbol{\beta}_i$、γ_i，最终可获得 m 感知节点的补全感知数据矩阵 $\boldsymbol{\Upsilon}$。对于其他感知节点可应用相同的流程获得其对应的补全数据矩阵。最后，对于每个感知节点在每个网格点的数据采集得到完整展示 $\{\boldsymbol{\Upsilon}^1, \boldsymbol{\Upsilon}^2, \cdots, \boldsymbol{\Upsilon}^M\}$。

为了便于后面的分析，将上面得到的补全数据矩阵集转为指纹形式。即，对于任意一个网格点 p，其对应的指纹向量表示如下：

$$\boldsymbol{F}_{R,p} = [P_{r,R,p}^1, P_{r,R,p}^2, P_{r,R,p}^3, \cdots, P_{r,R,p}^M] \qquad (4\text{-}80)$$

其中，$P_{R,p}^m$ 表示 m 感知节点接收到 p 网格点处训练节点的信号强度。

因此，完整的指纹数据库写为

$$\boldsymbol{D} = [\boldsymbol{F}_{R,1}, \boldsymbol{F}_{R,2}, \boldsymbol{F}_{R,3}, \cdots, \boldsymbol{F}_{R,N}]^T \qquad (4\text{-}81)$$

4.6.4.2 基于相关指纹的指纹处理

训练过程所得的指纹库并不能直接用于被动定位，需要对指纹库做一定的处理。下面利用指纹相关性对指纹库做进一步转变，使得指纹定位能适用于被动定位场景中。

当辐射源进入测试区域内，其指纹向量可由各感知节点测量得到

$$\boldsymbol{F}_S = [P_{r,S}^1, P_{r,S}^2, P_{r,S}^3, \cdots, P_{r,S}^M] \qquad (4\text{-}82)$$

在得到辐射源指纹 $\boldsymbol{F}_S$ 后,其均值可计算如下

$$E(\boldsymbol{F}_S) = (\sum_{i=1}^{M} P_{r,S}^i)/M \tag{4-83}$$

同理,对于每个网格点 p,其对应指纹的均值写作

$$E(\boldsymbol{F}_{R,p}) = (\sum_{i=1}^{M} P_{r,R,p}^i)/M \tag{4-84}$$

因此,将 p 网格点处的修正因子定义为 $\boldsymbol{C}_p$

$$\boldsymbol{C}_p = E(\boldsymbol{F}_S) - E(\boldsymbol{F}_{R,p}) \tag{4-85}$$

由于该修正因子对任一网格点处的所有感知节点作用相同,$C_p^1 = C_p^2 = \cdots = C_p^M$,故 p 网格点的修正向量写为

$$\boldsymbol{C}_p = [C_p^1, C_p^2, C_p^3, \cdots, C_p^M] \tag{4-86}$$

通过对所有网格点进行修正向量计算,并对原指纹库进行处理,可得新指纹库

$$\boldsymbol{D}_{new} = [\boldsymbol{F}_{R,1} - \boldsymbol{C}_1, \boldsymbol{F}_{R,2} - \boldsymbol{C}_2, \boldsymbol{F}_{R,3} - \boldsymbol{C}_3, \cdots, \boldsymbol{F}_{R,N} - \boldsymbol{C}_N]^T$$
$$= [\boldsymbol{F}_{new,1}, \boldsymbol{F}_{new,2}, \boldsymbol{F}_{new,3}, \cdots, \boldsymbol{F}_{new,N}]^T \tag{4-87}$$

4.6.4.3 基于核学习的指纹匹配

在指纹匹配过程中,通过定义一个函数 $\boldsymbol{\Psi}(\cdot)$ 以便进行辐射源定位,则位置估计问题可写作如下[147-148]

$$\hat{\boldsymbol{x}} = \boldsymbol{\Psi}(\boldsymbol{F}_S) \tag{4-88}$$

其中,$\boldsymbol{F}_S$ 为辐射源指纹,在此表示为所定义函数 $\boldsymbol{\Psi}(\cdot)$ 的输入元素。$\hat{\boldsymbol{x}}$ 表示为相应的估计坐标。因此,核心工作是找到合适的函数 $\boldsymbol{\Psi}(\cdot)$,使之能够将任一指纹 $\boldsymbol{F}_{R,p}$ 与其相对应的坐标 $\hat{\boldsymbol{y}}_p$ 联系起来。由于本节研究三维定位问题,令 $\hat{\boldsymbol{y}}_p = (\hat{y}_{p,1}, \hat{y}_{p,2}, \hat{y}_{p,3})$ 表示为相应网格点 p 的估计坐标。另外,为方便分析,将函数 $\boldsymbol{\Psi}(\cdot)$ 分解表示为 $\boldsymbol{\Psi}(\cdot) = (\boldsymbol{\Psi}_1(\cdot), \boldsymbol{\Psi}_2(\cdot), \boldsymbol{\Psi}_3(\cdot))$,其中 $\boldsymbol{\Psi}_d(\cdot)$ 表示针对 d 维坐标的估计模型。

本节中将利用核学习方法构造函数 $\boldsymbol{\Psi}_d(\cdot)$。考虑用一个再生核,将其表示为再生核希尔伯特空间 υ 且内积为 $\langle \cdot, \cdot \rangle_\upsilon$。则函数 $\boldsymbol{\Psi}_d(\cdot)$ 可通过最小化如下正则化经验风险获得[149]

$$\xi((p_{1,d}, \boldsymbol{\Psi}_d(\boldsymbol{F}_{new,1})), \cdots, (p_{N,d}, \boldsymbol{\Psi}_d(\boldsymbol{F}_{new,N}))) + \eta\zeta(\|\boldsymbol{\Psi}_d\|_\upsilon^2) \tag{4-89}$$

其中,ξ 表示任意的代价函数,如均方根误差等。ζ 表示为一个严格单调增的实值函数。第二部分是一个正则项,通过调谐参数 η 控制错误数和复杂度的均衡。

将式(4-89)具体化,第一部分代价函数即表示为估计距离 $\boldsymbol{\Psi}_d(\boldsymbol{F}_{new,p})$ 和实际位置 $y_{p,d}$ 间的均方根误差。

$$\xi((p_{1,d}, \boldsymbol{\Psi}_d(\boldsymbol{F}_{new,1})), \cdots, (p_{N,d}, \boldsymbol{\Psi}_d(\boldsymbol{F}_{new,N}))) = \frac{1}{N}\sum_{p=1}^{N}(y_{p,d} - \boldsymbol{\Psi}_d(\boldsymbol{F}_{new,p}))^2 \tag{4-90}$$

对于第二部分正则项,用最简单形式形式表示 $\|\boldsymbol{\Psi}_d\|_\upsilon^2$。因此,优化问题可重写为如下形式

$$\min \frac{1}{N}\sum_{p=1}^{N}(y_{p,d} - \boldsymbol{\Psi}_d(\boldsymbol{F}_{new,p}))^2 + \eta\|\boldsymbol{\Psi}_d\|_\upsilon^2 \tag{4-91}$$

通过定义有限维变量 $\alpha_{p,d}$,$\boldsymbol{\Psi}_d(\cdot)$ 可表示为一个关于再生核的有限线性组合。因此,问题

可描述为如下简单形式

$$\Psi_d(\cdot) = \sum_{p=1}^{N} \alpha_{p,d} K(F_{\text{new},p}, \cdot) \tag{4-92}$$

最终可得到关于 $\alpha_{*,d}$ 的优化问题

$$\min(P_{*,d} - \Phi\alpha_{*,d})^{\text{T}}(P_{*,d} - \Phi\alpha_{*,d}) + \eta N\alpha_{*,d}^{\text{T}}\Phi\alpha_{*,d} \tag{4-93}$$

其中,$P_{*,d}$ 表示为所有网格点的 d 维坐标,$P_{*,d} = [y_{1,d},\cdots,y_{p,d},\cdots,y_{N,d}]$;$\Phi$ 为 $N \times N$ 矩阵,其中 (i,j) 元素表示为 $v\langle F_i, F_j \rangle, i,j \in \{1,2,\cdots,N\}$;同时,$\alpha$ 为 $N \times 3$ 矩阵,其中 d 列表示为 $\alpha_{*,d}$,p 行表示为 $\alpha_{p,*}$。

这是一个标准的二次回归问题,对 $\alpha_{*,d}$ 求导并置为 $\mathbf{0}$

$$-KP_{*,d} + K^2\alpha_{*,d} + \eta NK\alpha_{*,d} = \mathbf{0} \tag{4-94}$$

由此可得如下形式的结果

$$\alpha_{*,d} = (K + \eta NI)^{-1} P_{*,d} \tag{4-95}$$

其中,I 为 $N \times N$ 的单位矩阵。在对所有维度进行求解后,完整的公式表达如下

$$\alpha = (K + \eta NI)^{-1} P \tag{4-96}$$

通过以上分析,得出最终的估计函数,同时对辐射源的三维坐标进行估计。

$$\Psi(\cdot) = \sum_{p=1}^{N} \alpha_{p,*} K(F_{\text{new},p}, \cdot) \tag{4-97}$$

因此,将辐射源指纹 F_S 作为输入元素代入该函数,可得到最终的估计位置 $\hat{x}$。

为分析方便,我们将该方法总结于算法 4.3 中。

算法 4.3:基于数据补全的辐射源定位算法

输入 M, N, K, ρ, P

---

1. 指纹训练过程

    for $m=1$ to M do

        形成感知数据矩阵子集 Υ_Ω

        设置 $\Upsilon_\Omega = \Gamma_\Omega$ and $\Upsilon_{\hat{\Omega}} = 0$

        for $k=1$ to K do

            for $i=1$ to 3 do

                $\beta_i = \text{fold}_i\left[D_{\frac{\alpha_i}{\rho}}\left(\Upsilon_i + \frac{1}{\rho}\gamma_i(i)\right)\right]$

            end for

            $\Upsilon_\Omega = \frac{1}{3}\left(\sum_{i=1}^{3}\beta_i - \frac{1}{\rho}\gamma_i\right)_{\hat{\Omega}}$

            $\gamma_i = \gamma_i - \rho(\beta_i - \Upsilon)$

        end for

    end for

    $\{\Upsilon^1, \Upsilon^2, \cdots, \Upsilon^N\} \to D$

    返回 D;//补全的指纹数据库

2. 指纹处理过程

    得到辐射源指纹 F_S

$$E(\boldsymbol{F}_S) = \left(\sum_{i=1}^{M} P_{r,S}^i\right)/M$$

for $p=1$ to M do

$$E(\boldsymbol{F}_{R,p}) = \left(\sum_{i=1}^{M} P_{r,R,p}^i\right)/M$$

$$C_p = E(\boldsymbol{F}_S) - E(\boldsymbol{F}_{R,p})$$

end for

$$\boldsymbol{C}_p = [C_p^1, C_p^2, C_p^3, \cdots, C_p^M]$$

$$\boldsymbol{D}_{\text{new}} = [\boldsymbol{F}_{R,1} - \boldsymbol{C}_1, \boldsymbol{F}_{R,2} - \boldsymbol{C}_2, \boldsymbol{F}_{R,3} - \boldsymbol{C}_3, \cdots, \boldsymbol{F}_{R,N} - \boldsymbol{C}_N]^{\text{T}}$$

返回 $\boldsymbol{D}_{\text{new}}$

3. 指纹匹配过程

for $i=1$ to N do

    for $j=1$ to N do

$$\boldsymbol{K} = \exp(-\parallel \boldsymbol{F}_{\text{new},i}, \boldsymbol{F}_{\text{new},j} \parallel_2^2 / 2\sigma^2)$$

    end for

end for

$$\boldsymbol{\alpha} = (\boldsymbol{K} + \eta N \boldsymbol{I})^{-1} \boldsymbol{P}$$

$$\boldsymbol{\Psi}(\boldsymbol{F}_S) = \sum_{p=1}^{N} \boldsymbol{\alpha}_{p,*} \boldsymbol{K}(\boldsymbol{F}_{\text{new},p}, \boldsymbol{F}_S)$$

输出 $\hat{\boldsymbol{x}}$

4.6.5　仿真分析

4.6.5.1　基本仿真设置

本节采用 MATLAB 仿真对三维辐射源定位进行分析,定位场景如图 4.27 所示。测试环境为一个 $100\text{m} \times 100\text{m} \times 100\text{m}$ 的立方体空间,共有 17 个感知节点分布在地面上正方形区域的四边参与定位,其垂直坐标均为 0,水平坐标分别为(0,0)、(0,50)、(0,100)、(25,0)、(25,50)、(25,100)、(50,0)、(50,25)、(50,50)、(50,75)、(50,100)、(75,0)、(75,50)、(75,100)、(100,0)、(100,50)、(100,100)。未知辐射源随机分布于立方体空间内。空间共划分为 $10 \times 10 \times 10$ 个网格,因此每个网格为 $10\text{m} \times 10\text{m} \times 10\text{m}$ 的立方体。辐射源的发射功率为 $P_S = 100\text{dBm}$,路径损耗系数为 $\gamma = 4$,噪声服从均值为 0、方差为 1 的高斯分布。在训练过程中,训练节点的发射功率为 $P_C = 150\text{dBm}$。在对各网格点进行指纹采集时,假设只有部分网格点被测量,选取测量的网格点比例为 0.5 且网格点的选取随机。

另外,为了验证所提定位算法的有效性,根据不同的参数场景设计了如下 4 种定位方案用于比较。

方案一,"完整数据+核学习",即定位过程使用了初始的完整感知数据,没有任何缺失,同时在指纹匹配时使用了核学习方法。

方案二,"缺失数据+核学习",即定位过程使用了数据采样后剩下的缺失矩阵,且没有做任何补全处理,同时在指纹匹配时使用了核学习方法。

方案三,"内插法+核学习",即在定位过程中使用了数据采样后的缺失矩阵,并利用内插法对缺失数据进行补全,同时在指纹匹配时使用了核学习方法。

方案四,"张量补全＋核学习",也即本章所提算法。即在定位过程中使用了数据采样后的缺失矩阵,并利用张量完成方法对缺失数据进行补全,同时在指纹匹配时使用了核学习方法。

方案五,"张量补全＋K 最近邻",即在定位过程中使用了数据采样后的缺失矩阵,并利用张量完成方法对缺失数据进行补全,但在指纹匹配时使用了 K 最近邻方法[134]。

方案六,"内插法补全＋K 最近邻",即在定位过程中使用了数据采样后的缺失矩阵,并利用内插法对缺失数据进行补全,且在指纹匹配时使用了 K 最近邻方法[134]。

4.6.5.2　数据补全性能分析

本节主要分析了几种不同方法下数据补全的性能对比。由于各感知节点的数据收集具有独立性,在本次仿真中,我们只对坐标为(0,0)的感知节点进行实验,测量其接收到的所有网格点处的发射信号。另外,假设缺失数据的比率为 0.5,即只对 50％的网格点数进行指纹采集,其中网格点数随机选取。图 4.26 给出了 4 种情况下的感知数据的直观可视图,分别为原始感知数据图(数据无缺失)、缺失数据图(比率为 0.5)、基于内插法的数据补全图和基于张量完成的数据补全图。可以直观地看出,相比内插法,所提的基于张量完成补全的算法能够更加有效地对缺失数据进行补全,为后续位置估计提供更精准的数据。

彩图

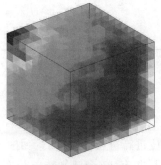
(a) 原始的感知数据矩阵

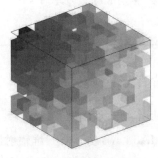
(b) 缺失的感知数据矩阵

(c) 内插法补全的感知数据矩阵

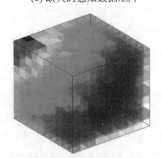
(d) 张量完成补全的感知数据矩阵

图 4.26　不同数据补全算法下的三维可视化数据图

为进一步说明所提算法的优越性,下面对两种数据补全方法的性能进行量化比较。定义均方根误差准则如下

$$\mathrm{RSE(dB)} = 10\lg \frac{\parallel \hat{\boldsymbol{r}} - \boldsymbol{r} \parallel_2}{\parallel \boldsymbol{r} \parallel_2} \tag{4-98}$$

其中,$\hat{\Upsilon}$ 表示为补全的感知数据矩阵,Υ 为原始感知数据矩阵。

图 4.27 比较了不同采样率下两种数据补全方法的均方根误差。可以发现,两种方法的数据补全性能均随着数据采样率的增大而提升(均方根误差降低)。这是由于采样率增大时即缺失数据减少,因此采用两种方法进行补全时所使用的数据就越多,进而会使补全的性能大大提升。然而,通过比较两条曲线可以发现,在同等数据采样率的条件下基于张量完成的数据补全方法的均方根误差明显小于内插法,说明了所提基于张量完成补全算法的高效性,为后续定位工作提供更精确的数据,进而提升定位性能。

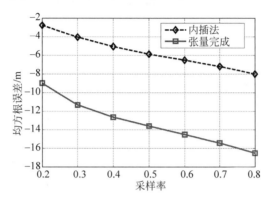

图 4.27 不同采样下两种数据补全方法的性能对比

4.6.5.3 定位性能分析

1. 张量补全对定位性能的影响分析

本节首先对数据补全方法对定位性能的影响给出仿真分析。此处暂不考虑匹配方法的影响,因此,在仿真中的所有定位方案均使用了核学习方法进行指纹匹配。

本次实验比较了在不同数据采样率条件下各种定位方法的定位性能,如图 4.28 所示。可以看出,当数据采样率逐渐增大时,"内插法补全"和"张量补全"两种方案的均方根误差均随之下降,这是由于随着采样率的增大,定位可用数据增多而缺失数据减少,提高了正常数据的完整度,因而定位性能提升。另一方面,如之前分析,采样率的增大会提升数据补全的效率,使得缺失数据的补全准确度更高,进而促使定位精度的提高。然而,通过对比发现,所提算法使用了张量完成补全的方法,使得数据补全效率更高,因而定位性能相比基于内插法的定位方法有明显提升。对于"缺失数据"方案,由于采样率的增大使真实数据增多,提高了正常数据的完整度,因而其定位性能随采样率的增大而提升。由于"完整数据"方案始终使用初始完整数据,没有数据缺失,因此采样率的变化对其没有影响。值得注意的是,在仿真中发现"内插法补全"的定位方案性能比"缺失数据"方案的性能还要差,即数据补全后的性能比没有补全还要差。针对该问题,一个合理的解释可能是,"内插法补全"定位方案的数据补全效率过低,其补全的数据与原数据差别过大,导致其对定位性能的影响甚至比空缺数据带来的影响还要大,因此其定位性能会更差。同样,可以发现当数据采样率过低时(sr≤0.3),所提基于张量完成补全的定位方法性能比"缺失数据"方案差,其原因如上面的解释一样,过低的采样率导致数据补全效率较差,以至于其带来的消极影响甚至比不进行数据补全还要大,因此定位性能更低。

本实验主要比较了不同感知节点条件下各定位方案的性能,如图 4.29 所示。在本实验

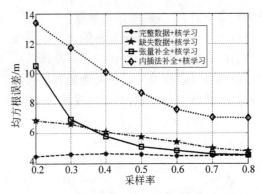

图 4.28　不同数据采样率下各方案的定位性能对比

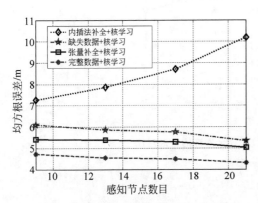

图 4.29　不同感知节点数目下各方案的
定位性能对比

中,将数据的采样率固定,设为 0.5。可以看出,随着感知节点数目的增多,定位可用的感知数据增多,因此"完整数据"和"缺失数据"两种方案的定位性能均会随之提升。此时会出现一个奇怪的现象,即同样对数据进行补全,但是"张量补全"和"内插法补全"两种定位方案的性能趋势完全不同。下面给出一个可能的合理解释,由于本节所说采样是指对网格点的采样,而感知节点数目增加主要是对单个网格点指纹的数据的增加,因此,感知节点的增多基本不会对数据补全的效率产生多大影响,但是其造成的指纹数据增大会扩

大补全较差的数据的消极影响。对于补全效率较高的"张量补全"定位方案,其补全的数据准确度较高,近似于补全出原始数据,所以增大指纹长度对其产生的影响近似于"完整数据"定位方案的性能,即随着感知节点数目的增多而定位精度更高。但是对于"内插法补全"定位方案,由于其数据补全的准确度较低,相当于部分补全的数据是"错误"的,因此增大指纹长度反而会扩大"补全错误"的影响,从而使得定位精度越来越差。

本实验主要比较不同噪声功率下各定位方案的性能。噪声增大会降低信号的信噪比,因此导致所有定位方案的性能降低。然而,由图 4.30 可知,通过利用张量完成方法,方法能够高效地补全缺失数据,相比其他定位方案尽可能提升了定位精度。

2. 核学习对定位性能的性能比较

图 4.31 给出了不同采样率条件下使用核学习方法对定位性能的影响。其中参与定位的感知节点数目仍设为 17。由可以看出,随着采样率的增大,所有定位方法的性能均随之提升。通过比较张量补全条件下的两种学习方法,可以发现使用了核学习进行指纹匹配的定位性能要明显好于使用 K 最近邻的定位方法。然而对于内插法补全的两种定位方案,我们发现当采样率过低时,使用 K 最近邻的定位方法的性能反而要优于核学习方法。可能的原因是,由于使用内插法补全数据,其效率较低,补全的数据错误偏离率过高。而 K 最近邻方法相比核学习方法对错误数据的容忍度较高,当数据错误率过高时,使用 K 最近邻方法

进行指纹匹配的性能反而要略胜于核学习方法。

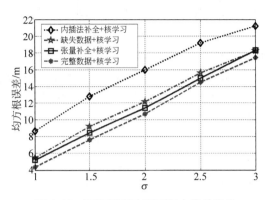

图 4.30　不同噪声功率下各方案的定位
　　　　性能对比

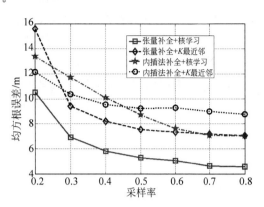

图 4.31　不同采样率下核学习方法对定位性能
　　　　影响对比

4.6.6　小结

本节针对训练过程中感知数据采样开销过大及部分数据缺失的问题,研究了基于张量补全的辐射源定位方法。首先,研究了感知节点的接收能量值在空间分布的相关性,揭示了频谱数据的低秩特性,为后面设计算法提供了理论基础。然后,提出了一种新的基于张量补全的指纹训练机制,基于部分不完整的测量数据,能够高效地生成完整指纹数据库,从而显著降低训练过程中的开销。最后,提出了一种基于核学习的匹配方法,能够简化定位问题,提升指纹匹配的稳健性和准确性。仿真结果表明,所提算法能够在感知数据不完整的情况下依然实现准确的位置估计,在有效降低训练开销的同时保持较高的定位性能。

4.7　基于异常数据滤除的被动定位方法

本节主要研究辐射源定位中由于设备出现偶然故障或者用户的恶意行为造成随机偶发地产生异常数据的问题。为了有效解决异常数据所带来的性能降低问题,本节首先提出了一个定位问题中的异常数据通用模型,该模型能有效涵盖包括设备异常及恶意用户等情况在内的大多数影响。在此基础上,本节考虑到接收数据的低秩性和异常数据的稀疏性,提出了一种基于数据净化的稳健定位算法。通过数据净化过程可以得到异常数据滤除后的新感知数据矩阵和估计的异常数据矩阵,分别用于辐射源检测和定位,进而最终实现辐射源的位置估计。仿真结果表明,所提基于数据净化的稳健定位算法能够有效消除异常数据带来的影响,进而明显提升定位性能。

4.7.1　问题引入

无线传感网的辐射源定位问题得到越来越广泛的关注,被应用于各个行业,例如应急救援、基于位置信息服务、智能运输系统、干扰源定位等[150-151]。无线传感网的监测区域中包含了许多无线感知节点,而感知节点的位置信息是已知的。辐射源定位的主要目的就是用这些感知节点所接收的能量值去估计辐射源的发射位置[152-153]。

基于接收的能量测量值,大多数现有基于距离估计的辐射源定位算法可分为如下几类:基于接收信号强度的定位算法(RSS)、基于到达角的定位算法(AOA)和基于到达时间的定位算法(TOA)[154-157]。近期,也有一些改进算法,如基于接收信号强度差(RSSD)和基于到达时间差的定位算法(TDOA)得到广泛关注。由于这些算法在定位精度和部署成本间存在内在的折中,因此应用哪种算法应视具体环境而定。在无线传感网络中,一般会在测量区域内布设大量节点,进而能够使信号检测更加准确[158]。另外,在噪声给定的情况下,最大似然估计能够达到近似最优值。因此,最大似然估计得到广泛应用。然而,由于最大似然估计问题具有非线性和非凸特性,因此很难得到闭合表达式。为了解决该问题,提出了包括迭代算法、网格搜寻和凸松弛等在内的多种方法。文献[159]研究了多源定位问题,但其提出的最大似然估计方法导致了非线性问题的产生,使得计算复杂度变大。为了解决这个问题,文献[160]提出了一种新的期望最大化算法,能够在降低运算复杂度的同时提高定位性能。

由于部署环境和传播信道的复杂性,传统的基于理想环境的定位研究在现实中并不适用。考虑到现实中存在的各种实际问题,如非视距传播、动态传播特性、锚节点位置不确定等,稳健定位和安全定位等问题也受到了广泛关注。文献[161-163]考虑了基于到达时间(TOA)的定位问题中非视距传播(NLOS)的情况,研究了多种凸松弛方法以消除非视距传播误差对定位性能的影响。文献[92]考虑到实际场景中信道参数非恒定的问题,提出了一种动态的路径损耗模型来描述环境变化,使得定位算法更加稳健。文献[164]和文献[165]重点研究了感知节点的问题。其中文献[165]针对感知节点位置不确定的情况,利用凸松弛方法解决问题并提出一种混合稳健的半正定-二阶锥规划定位框架。文献[164]分析了噪声场景下感知节点位置误差的存在性并得出了发射节点的最优部署位置以校准感知节点位置。有少量文章研究了关于接收数据的相关问题。文献[166]考虑到一种极端场景,即测量数据是受限及不完整的,此时只能得到连通信息,由此分析了定位的误差界。文献[167]在知晓感知节点信任度的前提下,利用信任函数理论估计节点位置。文献[168]从几何学角度分析了恶意节点问题,在性能无损情况下得出了恶意节点数目的临界值并针对测量误差提出了一种基于凸优化的定位方法。文献[169]针对基于感知时间定位中的恶意节点行为,推导了克拉美罗界的闭合表达式并进一步进行了分析。

本节考虑无线传感网中的辐射源定位问题,由于存在偶然的设备故障或者恶意用户行为,每个感知节点可能存在随机的异常数据,因此会导致定位准确性降低。为了解决该定位问题,本节提出了一种稳健定位算法,通过利用一种数据净化机制,使异常数据能够得到有效滤除,从而最大限度地降低异常数据对定位精度的影响。具体来讲,首先提出了一种定位问题中的异常数据通用模型,该模型能够有效涵盖感知设备异常和恶意节点数据伪造等多数数据类型。在此基础上分析了异常数据对定位性能的影响。然后,通过利用接收数据的低秩特性和异常数据的稀疏性,提出了一种基于数据滤除的稳健定位算法。通过该算法可得到净化后的新数据矩阵和估计的异常数据矩阵,分别用于未知辐射源的检测和最终的位置估计,提升了最终的定位性能。最后,针对该定位问题中的位置估计进行了克拉美罗界的分析,同时以均方根误差为准则对所提算法进行了仿真分析,证明了所提算法的稳健性。

4.7.2　模型建立

4.7.2.1　网络模型

本节给出了辐射源定位的网络模型。为了详细描述,本节的网络模型将分为如下两部分:

(1)场景模型如图 4.32 所示,主要描述了网络的部署。在定位区域中包括 N 个感知节点和 M 个辐射源,其中感知节点的位置信息已知而辐射源的位置未知,需要通过感知节点接收到的能量值进行位置估计。感知节点按网格化分布在定位区域而辐射源服从随机分布。

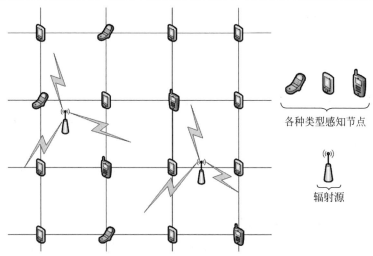

各种类型感知节点

辐射源

图 4.32　辐射源定位场景模型

(2)频谱模型如图 4.33 所示。辐射源可以使用不同信道用于通信。假设该网络共有 K 个不同信道,则 M 个辐射源将随机占用全部 K 个信道中的 M 个信道(为避免信号干扰,假设每个信道只被一个辐射源占用)。另外,由于频谱资源的低利用率,假设信道的占用率相对较低,即 $M \ll K$。通过对 K 个信道进行扫描检测,将会得到一个 $K \times N$ 的数据矩阵,由于只有 M 个信道中包含辐射源信号,则最终其中的 $M \times N$ 数据矩阵将会用于最终定位。然而,由于未知的设备故障或恶意用户行为的存在,异常数据会随机产生在接收到的数据矩阵中,所以直接使用该数据矩阵会降低定位性能。

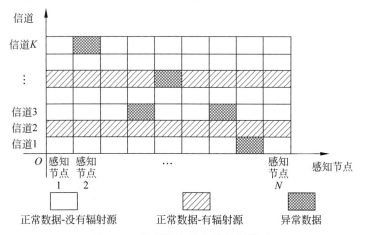

正常数据-没有辐射源　　　正常数据-有辐射源　　　异常数据

图 4.33　辐射源定位频谱数据模型

4.7.2.2 信号模型

本节用接收能量值作为数据信息对辐射源进行定位。其中感知节点的位置已知,可写为 $t_j(j=1,2,\cdots,N)$,而未知辐射源的位置记为 $s_i(i=1,2,\cdots,M)$。本节主要考虑二维定位场景,即辐射源和感知节点在同一平面,另外所有的感知节点均具备全向天线。

由于信号采样间隔足够小,所以对采样信号做平均以作为接收信号强度[160]。

$$Y_{ij}=X_{ij}+W_{ij}, \quad i=1,2,\cdots,M;\ j=1,2,\cdots,N \tag{4-99}$$

其中,X_{ij} 表示为第 j 个感知节点接收第 i 个辐射源信号平均强度值,W_{ij} 为相应的独立同分布的加性高斯白噪声,其均值为 0,方差为 σ_{ij}^2。

根据各向同性信号强度衰减模型,可得到[159]

$$(X_{ij})^2=G_j\widetilde{P}_{i0}\left(\frac{d_{ij}}{d_0}\right)^{-\gamma} \tag{4-100}$$

其中,G_j 为第 j 个感知节点的信号增益,$\widetilde{P}_{i0}$ 为参考距离 d_0 处第 i 个辐射源的发射功率,γ 为路径损耗系数,$d_{ij}=\parallel s_i-t_j\parallel$ 表示为第 i 个辐射源到第 j 个感知节点的实际距离。

假设所有的感知节点的信号增益相同,即对于任意感知节点 j 有 $G_j=G$。因此,定义 $P_{i0}=G_j\widetilde{P}_{i0}=G\widetilde{P}_{i0}$。为不失一般性,假设 $d_0=1\mathrm{m}$,则最终的信号表达式可写为

$$Y_{ij}=P_{i0}^{\frac{1}{2}}(d_{ij})^{-\frac{1}{2}\gamma}+W_{ij} \tag{4-101}$$

4.7.2.3 辐射源定位中的最大似然估计

辐射源定位可分为两部分:辐射源检测过程和位置估计过程。其中位置估计问题显得尤为重要。当噪声特性已知时,最大似然估计被认为是能达到渐进最优的,当测量数据趋于无穷时,它能达到定位性能的克拉美罗界。定位模型的最大似然估计可表示为如下的非凸优化问题

$$\hat{\theta}=\mathrm{argmin}\sum_{i\in\Lambda}\sum_{j\in\Upsilon}(Y_{ij}-P_{i0}^{\frac{1}{2}}(d_{ij})^{-\frac{1}{2}\gamma})^2 \tag{4-102}$$

其中,$\hat{\theta}=(x,P_0)$ 为需估计的参数。Λ 和 Υ 分别是辐射源集和感知节点集。$x=[x_1^\mathrm{T},x_2^\mathrm{T},\cdots,x_M^\mathrm{T}]$ 和 $P_0=[P_{10},P_{20},\cdots,P_{M0}]$ 分别表示为未知辐射源的位置坐标和发射功率,因此未知参数共有 $3M$ 个。

向量形式表达式可写为

$$\theta=\mathrm{argmin}\sum_{t=1}^{M}\parallel Y_t-PD_t\parallel^2 \tag{4-103}$$

其中相应的向量函数 $[Y_t,P,D_t]$ 表示如下

$$Y_t\overset{\mathrm{def}}{=}[Y_{t1},Y_{t2},\cdots,Y_{tN}]^\mathrm{T} \tag{4-104}$$

$$P=[P_{10}^{\frac{1}{2}},P_{20}^{\frac{1}{2}},\cdots,P_{M0}^{\frac{1}{2}}] \tag{4-105}$$

$$D_t\overset{\mathrm{def}}{=}[d_{t1}^{-\frac{1}{2}\gamma},d_{t2}^{-\frac{1}{2}\gamma},\cdots,d_{tN}^{-\frac{1}{2}\gamma}]^\mathrm{T} \tag{4-106}$$

由式(4-106)可知,一旦辐射源的发射功率已知,则优化问题可以分解成多个独立组成,即通过估计发射功率 P,各辐射源可以独立定位。本节中利用迭代的最大似然估计方法,通过连续估计辐射源发射功率和相应位置解决该优化问题。

4.7.3　定位问题中的异常数据建模

由图 4.34 可知,感知节点需要检测所有信道以发现哪个信道被辐射源占用。同时,由于未知的设备异常或恶意行为,每个感知节点都可随机偶发性地产生异常数据。这与现有研究的大多数情况不同,现有研究均假设辐射源的数目已知且感知数据均为正常。因此,本节所提的新定位场景使得现有定位算法不再适用,定位精度明显降低。

本节将异常数据和正常数据统一考虑,提出了一种通用的感知数据表达式

$$Y_{jk} = \begin{cases} P_{i0}^{\frac{1}{2}}(d_{ij})^{-\frac{1}{2}\gamma} + W_{jk} + A_{jk}, & i \text{ 辐射源占用 } k \text{ 信道} \\ W_{jk} + A_{jk}, & \text{无辐射源占用 } k \text{ 信道} \end{cases} \quad i=1,2,\cdots,M; k=1,2,\cdots,K$$

(4-107)

其中,Y_{jk} 为 j 感知节点记录的 k 信道的感知数据;W_{jk} 为噪声分量,其服从均值为 0、方差为 σ_W^2 的高斯分布,$W_{jk} \sim N(0,\sigma_W^2)$;$A_{jk}$ 为异常数据分量。值得注意的是,当 $A_{jk}=0$ 时,感知数据退化为正常数据。

由于各种未知情况的发生(如感知设备失常、恶意节点攻击等),异常数据的形式也存在多种样式,如常量或随机量等。在本节中,异常数据建模为独立同分布的高斯随机过程,其均值为 μ_A、方差为 σ_A^2。该通用模型能够涵盖大多数现有的异常数据模型[91]。

异常数据的存在会使得最终的定位精度变差,图 4.34 通过仿真分析了异常数据对定位性能的影响。图 4.34 中上面两条曲线为仿真情况下有无异常数据的定位性能,下面的两条曲线分别为异常数据模型和正常数据模型下的克拉美罗界。由图 4.34 可以看出,如果不对异常数据做相应处理,那么其存在必将损害辐射源定位的性能。关于异常数据模型下克拉美罗界的具体分析将在 4.7.7 节中给出。

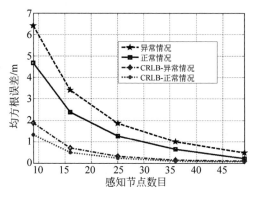

图 4.34　异常数据对定位性能的影响

4.7.4　基于数据滤除的稳健定位方法

为了消除异常数据带来的影响,本节研究了基于数据滤除的稳健定位算法。所提算法主要利用了异常数据的稀疏特性。通过对接收的感知数据进行处理,辐射源检测和定位性能均得到大幅改善。另外,所提算法无需先验知识和历史信息等,从而避免了复杂的算法设计。

4.7.4.1 数据滤除过程

根据式(4-107),本节中的数据矩阵可写成如下统一的矩阵形式

$$Y_{K \times N} = X_{K \times N} + W_{K \times N} + A_{K \times N} \tag{4-108}$$

其中,$X_{K \times N} + W_{K \times N}$ 为接收的正常数据矩阵,包括噪声矩阵 $W_{K \times N}$ 和辐射源信号数据矩阵 $X_{K \times N}$。如果 k 信道没有辐射源信号,则 $X_{K \times N} = 0$。$A_{K \times N}$ 为异常数据矩阵。

如前所述,本节考虑辐射源的信道占用率较低的场景($M \ll K$),这表明矩阵 X 为低秩矩阵。另外,考虑到偶发和随机的异常情况,矩阵 A 中的非零数据分布具有随机性和稀疏性。因此,数据滤除的核心工作即为通过利用 X 的低秩特性和 A 的稀疏特性,从受"污染"的感知数据矩阵 Y 中恢复出原始的辐射源信号数据矩阵 X。

通过分析,本问题可表示为如下的主成分追踪问题

$$\begin{aligned} &\min \ \mathrm{rank}(X) + \lambda \langle A \rangle, \\ &\mathrm{s.t.} \ X + W + A = Y \end{aligned} \tag{4-109}$$

其中,$\mathrm{rank}(\cdot)$ 表示矩阵的秩,$\langle \cdot \rangle$ 表示矩阵中的非零成分,λ 是控制参数。由于噪声对感知数据 Y 的影响,低秩性和稀疏性难以表现,同时,该优化目标难以直接求解,需要作进一步处理。

通过计算奇异值,引入核范数 $\| X \|_{*} = \sum_{i} \sigma_{i}(X)$ 替代 $\mathrm{rank}(X)$。另外,引入 l_1 模 $\| A \|_{1} = \sum_{m,n} |a_{m,n}|$ 替代 $\langle A \rangle$,式(4-109)可写为如下易处理的凸优化问题

$$\begin{aligned} &\min_{X,A} \ \| X \|_{*} + \lambda \| A \|_{1}, \\ &\mathrm{s.t.} \ \| Y - X - A \| \leqslant \varepsilon \end{aligned} \tag{4-110}$$

其中,ε 为噪声相关参数。用 μ 表示调谐参数,则该问题可进一步表示如下

$$\min_{X,A} \ \| X \|_{*} + \lambda \| A \|_{1} + \mu \| Y - X - A \|^{2} \tag{4-111}$$

交替方向乘子法能够用较少迭代得到更高精度,可用于解式(4-111)的凸优化问题。将其用增广拉格朗日方法表示如下

$$L(X, A, \mu) = \| X \|_{*} + \lambda \| A \|_{1} + \mu \| Y - X - A \|^{2} \tag{4-112}$$

具体可分如下两步迭代。

(1) 更新辐射源数据矩阵 X:

$$\begin{aligned} X[k] &= \mathrm{argmin} L(X, A[k-1], \mu) \\ &= \mathrm{argmin} \| X \|_{*} + \mu \| Y - X - A[k-1] \|^{2} \\ &= P \Psi(S) Q^{\mathrm{T}} \end{aligned} \tag{4-113}$$

其中,$P \Psi(S) Q^{\mathrm{T}}$ 表示为 $Y - A[k-1]$ 的奇异值分解。

(2) 更新异常数据矩阵 A:

$$\begin{aligned} A[k] &= \mathrm{argmin} L(X[k], A, \mu) \\ &= \mathrm{argmin} \lambda \| A \|_{1} + \mu \| Y - X[k] - A \|^{2} \\ &= \Psi(Y - X[k]) \end{aligned} \tag{4-114}$$

通过有限次迭代如上两步,可得到最终的优化量 $\widetilde{X}$ 和 $\widetilde{A}$。

4.7.4.2 稳健定位方法

利用如上数据滤除方法可得到净化的感知数据 $\widetilde{X}$ 和估计的异常数据 $\widetilde{A}$。值得注意的

是,净化后的感知数据矩阵 $\widetilde{\boldsymbol{X}}$ 仍包括了所有数据(正常数据和异常数据),但其中的异常数据部分已经被修正到近似正常的水平。然而该过程不可避免地会影响到正常数据部分,正常数据也会被修改为一个"平均"水平。因此,净化的感知数据 $\widetilde{\boldsymbol{X}}$ 与初始感知数据 $\boldsymbol{Y}$ 的区别在于异常值部分被大尺度修正而正常值部分则被小尺度修改。由于位置估计需要精确的能量数据提升精度,所以净化的感知数据 $\widetilde{\boldsymbol{X}}$ 并不适合用于位置估计。但是得益于其"平滑"了整个数据矩阵,净化的感知数据 $\widetilde{\boldsymbol{X}}$ 可用于辐射源检测过程且检测性能得到进一步提升。在所提算法中,通过将估计的异常数据 $\widetilde{\boldsymbol{A}}$ 中异常值从初始感知数据 $\boldsymbol{Y}$ 中剔除出去,能得到另一种净化的数据矩阵 $\hat{\boldsymbol{X}}$,尽管该矩阵损失了一小部分的数据完整度,但是其仍能显著消除异常数据的影响,提升定位性能。下面对所提稳健定位算法进行简单描述。

(1) 得到初始感知数据 $\boldsymbol{Y}$ 并进行数据滤除,最终得到净化的感知数据 $\widetilde{\boldsymbol{X}}$ 和估计的异常数据 $\widetilde{\boldsymbol{A}}$。

(2) 利用净化的感知数据 $\widetilde{\boldsymbol{X}}$ 进行辐射源检测,最终得到辐射源的数目和其占用的相应信道编号。

(3) 利用估计的异常数据 $\widetilde{\boldsymbol{A}}$ 得到新净化数据矩阵 $\hat{\boldsymbol{X}}$ 并通过迭代的最大似然估计算法进行辐射源位置估计,最终得到估计的辐射源位置。

为分析方便,我们将该方法总结于算法 4.4 中。

算法 4.4:基于数据滤除的稳健定位算法

输入 $\boldsymbol{Y}, N, K, \lambda, \mu, \text{NUM}, \eta, \theta$

1. 数据净化过程

　　初始化 $\boldsymbol{A}^{(i)}$

　　for $i = 1$ to NUM do

　　　　$(\boldsymbol{P}, \boldsymbol{S}, \boldsymbol{Q}) = \text{svd}(\boldsymbol{Y} - \widetilde{\boldsymbol{A}}^{(i)})$;

　　　　$\widetilde{\boldsymbol{X}}^{(i+1)} = \boldsymbol{P} \Psi_\mu(\boldsymbol{S}) \boldsymbol{Q}$;

　　　　$\widetilde{\boldsymbol{A}}^{(i+1)} = \Psi_{\lambda\mu}(\boldsymbol{Y} - \widetilde{\boldsymbol{X}}^{(i+1)})$;

　　返回 $\widetilde{\boldsymbol{X}}, \widetilde{\boldsymbol{A}}$;//净化的感知数据矩阵和异常数据矩阵

2. 辐射源检测过程

　　for $i = 1$; $i \leqslant K$ do

　　　　$\text{num1}(i) \leftarrow \widetilde{\boldsymbol{X}}(i, :) \geqslant \eta$;

　　　　$\text{num2}(i) \leftarrow \text{num1}(i) \geqslant \theta$;

　　$[M, \text{SN}] \leftarrow \text{num2}$;

　　返回 M, SN;//辐射源数目及占用的相应信道编号

3. 辐射源估计过程

　　初始化 $\boldsymbol{x}_t^{(1)}$

　　$\hat{\boldsymbol{Y}} \leftarrow \boldsymbol{Y}(\text{SN}, :) - \boldsymbol{A}(\text{SN}, :)$;

　　for $i = 1$ to N

$$\text{for } j = 1 \text{ to } M$$

$$P_{t \leftarrow j}^{(i)} \leftarrow \| \hat{\boldsymbol{Y}}_t - \boldsymbol{PD}_t(\tilde{\boldsymbol{s}}_t^{(i)}) \|^2;$$

$$\boldsymbol{P}^{(i)} = \frac{1}{M} \sum_1^M P_{t \leftarrow j}^{(i)};$$

$$\tilde{\boldsymbol{s}}_t^{(i+1)} \leftarrow \operatorname{argmin} \| \hat{\boldsymbol{Y}}_t - \boldsymbol{P}^{(i)} \boldsymbol{D}_t(\tilde{\boldsymbol{s}}_t) \|^2;$$

输出 $\tilde{\boldsymbol{s}}$

4.7.5 仿真分析

4.7.5.1 基本仿真设置

本节采用 MATLAB 仿真,定位区域为 $60\text{m} \times 60\text{m}$ 的正方形平面。在定位区域中,共有 25 个感知节点和 2 个辐射源,其中感知节点网格化均匀分布于整个测试区域内而辐射源服从随机分布。辐射源可用信道为 10 个,且辐射源随机占用其中的任意两个信道。对于信道传播模型设置,路径损耗系数 $\gamma = 2$。噪声为均值为 0、方差为 1 的高斯白噪声。对于异常数据设置,异常数据信号强度设置为 15,异常数据比率设置为 0.1。

定位性能的分析主要包括如下两部分:用正确检测概率衡量辐射源检测性能,能刻画出未知辐射源识别的准确性;用均方根误差衡量辐射源定位性能,能刻画出位置估计的精度,其定义为

$$\text{RMSE} = \sqrt{\frac{1}{M} \sum_{i=1}^M \| \tilde{\boldsymbol{s}}_i - \boldsymbol{s} \|^2} \tag{4-115}$$

其中,M 表示仿真次数,$\tilde{\boldsymbol{s}}_i$ 为第 i 次仿真中估计的辐射源位置,$\tilde{\boldsymbol{s}}$ 为辐射源的真实位置。

为证明所提稳健定位算法的有效性,根据不同的参数设置设计了如下 4 种定位方案用于比较。

方案一:"异常值",即定位过程直接用初始感知数据,没有任何处理,数据矩阵表示为 $\boldsymbol{Y} = \boldsymbol{X} + \boldsymbol{W} + \boldsymbol{A}$。

方案二:"异常值+数据滤除",也即所提稳健定位算法,利用净化后的数据矩阵进行定位,数据矩阵表示为 $\hat{\boldsymbol{X}}$。

方案三:"异常值+完美滤除",即在初始数据中完美将异常值识别并剔除,然后进行定位。此为一种理想方案,需要预先知道异常值的分布状态。该方案也为所提稳健算法提供了一个性能下界。

方案四:"正常值",即定位所用的数据矩阵不包含异常值,数据矩阵表示为 $\boldsymbol{X} + \boldsymbol{W}$。

4.7.5.2 辐射源检测性能分析

本节对比分析了 3 种方案的检测性能,如图 4.35 所示。检测性能用辐射源正确检测的概率表示,其包含两个意思:一是辐射源的数目正确检测;二是每个辐射源占用的相应信道正确检测。由图 4.35 可知,"异常值"方案的性能最差,其原因在于异常值通过提高虚警概率以降低辐射源的正确检测概率。通过对比可知,所提算法通过应用数据滤除算法能够明显提升检测性能。

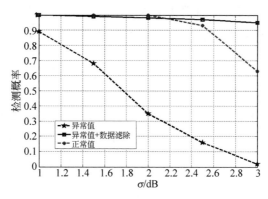

图 4.35　不同噪声功率下各定位方案的辐射源检测性能对比

随着噪声功率的增大，信噪比降低，"异常值"和"正常值"方案性能均变差。然而，数据滤除方法具有"平滑"功能，能够将噪声过大的数据修正到平均水平，与降低噪声方差的作用一样。因此，通过应用净化的数据矩阵 $\tilde{\boldsymbol{X}}$，所提算法能够有效降低虚警概率，从而提升正确检测概率。特别是在强噪声场景下（$\sigma > 2$），所提算法的性能甚至超过"正常值"方案。

4.7.5.3　辐射源位置估计性能分析

图 4.36 主要比较了不同异常数据强度下各方案的定位性能。"异常值"方案明显呈现一个单调递增的趋势，这是因为定位性能随着异常值强度的增大而降低。然而对于所提算法，通过应用数据滤除方法消除异常值的影响，其性能明显优于"异常值"方案。特别是当异常值强度增大时，正确检测并滤除异常值得概率增大，因此其位置估计的均方根误差能够进一步减小，服从递减趋势。"异常值＋完美滤除"和"正常值"方案的性能几乎恒定，不随异常值强度变化。这是因为这两种方案所用的感知数据矩阵均不包含异常值。然而"异常值＋完美滤除"方案由于滤除了异常值而导致数据完整度降低，因此其性能相比"正常值"方案也相对较差。

图 4.37 主要比较了不同异常数据比率条件下各方案性能。随着异常数据比率的增大，异常数据数量也随之增多，必然会对"异常值"方案和所提算法的性能产生影响，定位精度变差。由于利用了数据滤除方法，所提算法能滤除掉大部分的异常值，因此其定位性能要明显

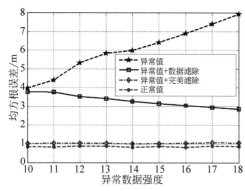

图 4.36　不同异常数据强度下各方案的定位
性能对比

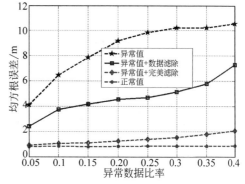

图 4.37　不同异常数据比率下各方案的定位
性能对比

优于"异常值"方案(例如,当异常数据比率为 0.25 时,定位估计的均方根误差能降低将近 5m)。值得注意的是,"异常值+完美滤除"方案也服从一种单调递增的趋势,这是因为其定位所用的数据矩阵中包含的正常数据越来越少(异常数据比率增大),数据完整度越来越低,对最终定位性能的影响越来越大。而"正常值"方案的性能仍几乎保持不变,因为其所用的数据矩阵中不含异常数据。

图 4.38 主要说明了噪声功率对不同定位方案的定位性能的影响。噪声增大会降低信号的信噪比,因此对于所有定位方案的性能都会导致降低。由于利用了数据滤除方法,大部分的异常值能够被"清理",所提算法的性能优越于"异常值"方案(例,当 $\sigma=1$ 时,均方根误差降低了将近 3m)。然而,所提算法性能仍然低于"异常值+完美滤除"方案(所有异常值被完美滤除),更不必说"正常值"方案。特别是当噪声功率增大时,噪声和异常数据的差别减小,必然会增大异常值的识别和滤除困难,导致部分额外的正常值被误认为异常值而滤除掉。因此,所提方案与理想的"异常值+完美滤除"方案间差别会随着噪声增大而逐渐变大。

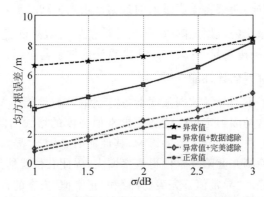

图 4.38 不同噪声功率下各方案的定位性能对比

图 4.39 和图 4.40 主要说明了感知节点数量和辐射源数量对定位性能的影响。由图 4.40 可知,随着感知节点数目的增多,定位性能会有明显提升。特别是当数量并不太多时($N\leqslant 25$),所提算法的性能相比"异常值"方案能提升将近一倍。图 4.41 表明了辐射源数量的增多会降低所有方案的定位性能。

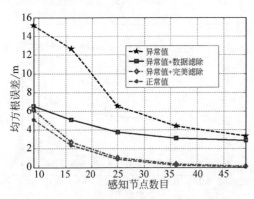

图 4.39 不同感知节点数目下各方案的定位性能对比

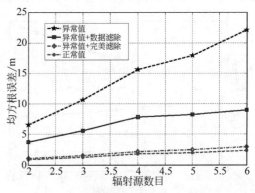

图 4.40 不同辐射源数目下各方案的定位性能对比

4.7.6　小结

本节主要针对辐射源定位中所面临的存在偶发随机异常数据的问题,提出了一种基于数据滤除的稳健被动定位算法。在无线传感网的定位问题中,由于存在随机的设备故障或者恶意用户行为等各种突发情况,每个感知节点可能存在随机的异常数据,因此会导致定位准确性降低。为解决该问题,提出了一种稳健定位算法,通过利用一种数据净化机制,异常数据能够得到有效滤除,从而最大限度降低异常数据对定位精度的影响。具体从以下 3 方面进行说明:

首先,提出了一种定位问题中的异常数据通用模型,该模型能够有效包括了感知设备异常和恶意节点数据伪造等多种异常数据类型。在此基础上分析了异常数据对定位性能的影响。

其次,通过利用接收数据的低秩特性和异常数据的稀疏性,提出了一种基于数据滤除的稳健定位算法。通过该算法可得到净化后的新数据矩阵和估计的异常数据矩阵,分别用于未知辐射源的检测和最终的位置估计,提升最终的定位性能。

最后,针对该定位问题中的位置估计进行了克拉美罗界的分析,同时以均方根误差为准则对所提算法进行了仿真分析,证明了所提算法的稳健性。

4.7.7　本节附录

本节分析了异常数据模型下位置估计的克拉美罗界。克拉美罗界对无偏估计的协方差矩阵确定了一个最低限制,并被用来作为评估估计性能的一个准则[74][169]。由于异常值随机分布于感知数据矩阵中且信号强度并非恒定,公式中的异常数据模型很难用于分析克拉美罗界。在此基础上考虑一个简化的异常数据模型,即异常数据的均值设为零($\mu_A=0$),且所有数据均有包含异常数据的概率。因此,异常数据 A_{ij} 服从高斯随机分布 $A_{ij} \sim N(0, \sigma_{ij}^2)$。该异常数据模型的费舍尔信息矩阵(FIM)写作如下:

$$\text{cov}(\boldsymbol{\varphi}) \geqslant J^{-1} \tag{4-116}$$

其中,J 表示为 FIM,$\boldsymbol{\varphi}$ 表示未知参数向量,包括所有辐射源的位置坐标 $\boldsymbol{s} = [\boldsymbol{s}_1^T, \cdots, \boldsymbol{s}_i^T, \cdots, \boldsymbol{s}_M^T]$ 和发射功率 $\boldsymbol{P}_0 = [P_{10}, \cdots, P_{i0}, \cdots, P_{M0}]$。因此,$\boldsymbol{\varphi}$ 可写为 $\boldsymbol{\varphi} = [\boldsymbol{s}^T, \boldsymbol{P}_0^T]$。

根据信号传播模型,感知数据的联合概率密度函数可写作如下:

$$g(\boldsymbol{P} \mid \boldsymbol{\varphi}) = (2\pi)^{-\frac{NM}{2}} |\boldsymbol{C}|^{-\frac{1}{2}} \exp\left(-\frac{1}{2}(\boldsymbol{P}-\boldsymbol{\mu})^T \boldsymbol{C}^{-1}(\boldsymbol{P}-\boldsymbol{\mu})\right) \tag{4-117}$$

其中,$\boldsymbol{P}$ 为感知信号强度,$\boldsymbol{C}$ 为协方差矩阵,$\boldsymbol{\mu}$ 为测量数据 $\boldsymbol{P}$ 的均值。

$\boldsymbol{C}$ 中的矩阵元素 C_{mn} 写为:

$$C_{mn} = \sigma_W^2 + \sigma_{ij}^2, \quad m=n \tag{4-118}$$

$\boldsymbol{\mu}$ 中的矩阵元素 μ_{ij} 写为:

$$\mu_{ij} = P_{i0}^{\frac{1}{2}} d_{ij}^{-\frac{1}{2}\gamma}, \quad i=1,2,\cdots,M; j=1,2,\cdots,N \tag{4-119}$$

另外,式(4-117)的对数函数形式如下:

$$\ln(g(\boldsymbol{P} \mid \boldsymbol{\varphi})) = K - \frac{1}{2}\sigma_{ov}^{-2}(\boldsymbol{P}-\boldsymbol{\mu})^T(\boldsymbol{P}-\boldsymbol{\mu}) \tag{4-120}$$

其中，$K = -\dfrac{1}{2}\ln\left[(2\pi)^{NM}|\boldsymbol{C}|\right]$ 为常量，其并不依赖于未知向量 $\boldsymbol{\varphi}$。

由式（4-116）可知克拉美罗界实际上是 FIM 的逆，而 FIM 计算如下

$$J(\boldsymbol{\varphi}) = -E\left[\frac{\partial^2 \ln g(\boldsymbol{P}\,|\,\boldsymbol{\varphi})}{\partial\boldsymbol{\varphi}\,\partial\boldsymbol{\varphi}^{\mathrm{T}}}\right] = \sigma_{\mathrm{ov}}^{-2}\left(\frac{\partial\boldsymbol{\mu}}{\partial\boldsymbol{\varphi}}\right)^{\mathrm{T}}\left(\frac{\partial\boldsymbol{\mu}}{\partial\boldsymbol{\varphi}}\right) \tag{4-121}$$

令 $\boldsymbol{F} = \dfrac{\partial\boldsymbol{\mu}}{\partial\boldsymbol{\varphi}}$，因此

$$\frac{\partial\boldsymbol{\mu}}{\partial\boldsymbol{\varphi}} = \left[\boldsymbol{F}_1, \cdots, \boldsymbol{F}_i, \cdots, \boldsymbol{F}_M\right]^{\mathrm{T}} \tag{4-122}$$

其中，$\boldsymbol{F}_i = \left[\boldsymbol{F}_{i-1}, \cdots, \boldsymbol{F}_{i-j}, \cdots, \boldsymbol{F}_{i-N}\right]^{\mathrm{T}}, i = 1, 2, \cdots, M; j = 1, 2, \cdots, N$。

具体表示为：

$$\boldsymbol{F}_{i-j} = \left[\boldsymbol{0}_{1\times 3(i-1)}, \frac{\partial\boldsymbol{\mu}_{i-j}}{\partial s_{ix}}, \frac{\partial\boldsymbol{\mu}_{i-j}}{\partial s_{iy}}, \frac{\partial\boldsymbol{\mu}_{i-j}}{\partial P_i}, \boldsymbol{0}_{1\times 3(N-i)}\right]$$

$$\frac{\partial\boldsymbol{\mu}_{i-j}}{\partial s_{ix}} = -\frac{1}{2}\gamma P_{i0}^{\frac{1}{2}}\frac{s_{ix}-t_{jx}}{d_{ij}^{\frac{1}{2}(\gamma+2)}}, \quad \frac{\partial\boldsymbol{\mu}_{i-j}}{\partial s_{iy}} = -\frac{1}{2}\gamma P_{i0}^{\frac{1}{2}}\frac{s_{iy}-t_{jy}}{d_{ij}^{\frac{1}{2}(\gamma+2)}}, \quad \frac{\partial\boldsymbol{\mu}_{i-j}}{\partial P_{i0}} = \frac{1}{2}P_{i0}^{-\frac{1}{2}}d_{ij}^{-\frac{1}{2}\gamma}$$

$$\tag{4-123}$$

一旦求出费舍尔信息矩阵，未知参数 $\boldsymbol{\varphi}$ 的克拉美罗界即可写为 $J^{-1}(\boldsymbol{\varphi}) \in \mathbf{R}^{3N\times 3N}$。

4.8　开放性讨论

在现实中，对于分布式监测系统的实际应用和设施较少，得到真实测量数据的难度较大。因此提出的方法仍需要进一步的完善，主要有以下几方面：

（1）无线电信号传播模型的构建问题。对于电磁波传播模型的修正，下一步可以通过大量测量数据建立数学模型进行修正并验证。在模拟传播过程中的衰落时，实际中电磁环境更为复杂，因此仿真中得到的测量结果与实际存在一定误差，会影响定位精度，可以引入其他衰落，更贴近实际情况。

（2）频谱数据的时空频多维特性的研究利用问题。本章主要研究了关于频谱数据空间相关性的问题，而并未对其他如时间、频率等维度的频谱数据特性进行分析。由于数据采集时在不同时间和不同频段的采集具有一定的差别，为了更好地提升定位方法的稳健性和高效性，需要进一步研究频谱数据的其他特性。因此，研究基于多维频谱数据特性的被动定位方法，对拓展定位方法的实际应用具有重要意义。

（3）异构设备带来的频谱数据差异化问题。本章研究主要建立在所用设备均为同种同质的假设之上，并未考虑异构设备对定位性能的影响。在实际生活中，由于感知设备的种类日益多样化，其内部结构及天线等设计各不相同，依赖于群智感知所得到的频谱数据必然会存在一定的差异，进而影响到定位的精度。因此，研究异构设备间的误差形成原因并设计相应方法消除异构误差，对于提升定位精度并推进定位技术的普适性具有重要意义。

（4）实测频谱数据带来的突变性问题。本章所讨论的基于频谱数据挖掘的被动定位方法均是在仿真条件下进行，其具有理论上的可行性，但没有通过实地试验的进一步验证。特别是复杂环境中存在信号突变的情况会导致算法性能的不稳定，因此，应进一步研究面向实

测数据的稳健被动定位方法来解决数据突变问题。

4.9　相关算法代码

4.9.1　稀疏数据定位部分代码

```
clc; clear all;
% ---------- sensor 坐标 --- N = 8 ----------------
N = 8;
X_sensor_new = [0 0 0 10 10 20 20 20];
Y_sensor_new = [0 10 20 0 20 0 10 20];
% ---------- grid 坐标 --------------------
KK = 19 * 19;
for i = 1:19
    Tx_x(i, :) = [1 2 3 4 5 6 7 8 9 10 11 12 13 14 15 16 17 18 19];
end
for i = 1:19
    Tx_y(i, :) = [i i i i i i i i i i i i i i i i i i i];
end
Tx_x_new = reshape(Tx_x, 1, KK);
Tx_y_new = reshape(Tx_y, 1, KK);
% -------------------------------------------------
gamma = 2;
noise_power = 1;
cons = 10;
% --------------- 指纹库指纹生成 ----------------------------
P_F_30 = 30;
for i = 1:KK
    for j = 1:N
        d_f(i, j) = norm([Tx_x_new(i) Tx_y_new(i)] - [X_sensor_new(j) Y_sensor_new(j)]);
        P_re_30(i, j) = P_F_30 + cons - 10 * gamma * log10(d_f(i, j));
    end
end
V = normrnd(0, noise_power, KK, N);
finger_no = P_re_30 + V;
finger_print = [Tx_x_new' Tx_y_new' finger_no];

for t = 1:500
% ------------ 辐射源指纹生成 ----------------------------
        N_CH = 10;
        trans_x = (rand * 18) + 1;
        trans_y = (rand * 18) + 1;
        % trans_x = 12;
        % trans_y = 8;
        P_F_0 = 0;                    % ---- 辐射源
        for i = 1:N
            d_s(i) = norm([trans_x trans_y] - [X_sensor_new(i) Y_sensor_new(i)]);
            % E_re_0(i, j) = sqrt(Tx_p_0(i)) * d_s(i, j)^( - gamma/2);
            P_re_0(i) = P_F_0 + cons - 10 * gamma * log10(d_s(i)) + normrnd(0, noise_power);
```

```matlab
            end

      for i = 1:(N_CH - 1)
          for j = 1:N
              E_zero(i,j) =  - 70 + normrnd(0,noise_power);
          end
      end
      E_all = [P_re_0;E_zero]; % ---------- 原始数据 ----------
      source_finger = P_re_0;
      ab_strength = 20;
      rate_ab = 0.1;
      num_ab = (N_CH - 1) * N * rate_ab - 1;
      ma_ab = zeros(1,(N_CH - 1) * N);
      x_ab = randperm((N_CH - 1) * N);
      for i = 1:num_ab
          ma_ab(x_ab(i)) = ab_strength;
      end
      abdata = reshape( ma_ab,(N_CH - 1),N);
      aaa = floor(rand * (N - 1)) + 1;
      P_re_ab = P_re_0;
      P_re_ab(aaa) = P_re_ab(aaa) + ab_strength;
      E_all_ab = [P_re_ab;(E_zero + abdata)];
      source_ab = P_re_ab;
      source_perfect = P_re_0;
      source_perfect(aaa) = 0;
      A = randperm(N_CH);
      E_all_ab = E_all_ab(A,:); % ----- 矩阵随机换行
      % % ------------ data cleaning ------------------
      % Algorithm1 -----------------------------------------------------
      M = E_all_ab;
      lambda = 1/sqrt(max(N,N_CH));
      % mu = 0.5 * 1/(sqrt(N) + sqrt(N_CH))/sqrt(noise_power.^2);
      mu = 0.8 * sqrt(10 * rate_ab) * 1/(sqrt(N) + sqrt(N_CH))/sqrt(noise_power)/sqrt(ab_
strength);
      S = 0;
      L = 0;
      Iteration_Num = 100;
      for k = 1:Iteration_Num
          TempL = M - S;
          [P,Sum,Q] = svd(TempL);
          Sum_mu = sign(Sum) .* max(abs(Sum) - 1/mu,0);
          L = P * Sum_mu * Q';
          TempS = M - L;
          S = sign(TempS) .* max(abs(TempS) - lambda * 1/mu,0);
      end

      M(find(S(:,:)~ = 0)) = 0;
      source_clean = M(find(A == 1),:);
      % % ------------ 异常数据 ------------------------
      abdata1 = repmat(S(find(A == 1),:),KK,1);
      finger_clean = finger_no;
```

```
finger_clean(find(abdata1(:,:)~ = 0)) = 0;

perfect = repmat(source_perfect,KK,1);
finger_perfect = finger_no;
finger_perfect(find(perfect(:,:) == 0)) = 0;

finger_print_clean = [Tx_x_new' Tx_y_new' finger_clean];
% % ----------- processing phase --- 相对指纹处理 --------------------
[finger_print_row,finger_print_column] = size(finger_no);
[goal_source_row,goal_source_column] = size(source_finger);
source_position = [trans_x trans_y];
aa = mean(source_finger);
bb = mean(finger_no,2) - aa;
cc = repmat(bb,1,N);
dd = finger_no - cc;
hh = mean(source_clean);
ii = mean(finger_clean,2) - hh;
jj = repmat(ii,1,N);
pp = finger_clean - jj;
pp(find(abdata1(:,:)~ = 0)) = 0;

sigma = 1;
ku_finger = [Tx_x_new' Tx_y_new' finger_no];
for i = 1:finger_print_row
    B = 100000 * ones(1,finger_print_row);
    B(i) = 0.00001;
    VV = diag(B);
    YY_no(i) = - 0.5 * (finger_print_column * log(2 * pi) + log(det(TemC_no)) +
source_finger * inv(TemC_no) * source_finger');

        TemC_clean = sigma^2. * eye(finger_print_column) + pp' * inv(VV) * pp;
        YY_clean(i) = - 0.5 * (finger_print_column * log(2 * pi) + log(det(TemC_clean))
 + source_clean * inv(TemC_clean) * source_clean');

        TemC_none = sigma^2. * eye(finger_print_column) + finger_no' * inv(VV) * finger
_no;
        YY_none(i) = - 0.5 * (finger_print_column * log(2 * pi) + log(det(TemC_none)) +
source_finger * inv(TemC_none) * source_finger');
        % --------- none abnormal clean ----------
        TemC_none_clean = sigma^2. * eye(finger_print_column) + finger_clean' * inv(VV)
 * finger_clean;
        YY_none_clean(i) = - 0.5 * (finger_print_column * log(2 * pi) + log(det(TemC_
none_clean)) + source_clean * inv(TemC_none_clean) * source_clean');
    end
    [sparse_num_no,sparse_sequence_no] = sort(YY_no);
    sparse_location_no = ku_finger(sparse_sequence_no(KK - 3:KK),1:2);
    location_no = mean(sparse_location_no);
    sparse_distance_no = ((source_position(1) - location_no(1)))^2 + ((source_position
(2) - location_no(2)))^2;
    error_sparse(t) = sqrt(sparse_distance_no);
```

```
        [sparse_num_clean,sparse_sequence_clean] = sort(YY_clean);
        sparse_location_clean = ku_finger(sparse_sequence_clean(KK − 3:KK),1:2);
        location_clean = mean(sparse_location_clean);
        sparse_distance_clean = ((source_position(1) − location_clean(1)))^2 + ((source_
position(2) − location_clean(2)))^2;
        error_sparse_clean(t) = sqrt(sparse_distance_clean);
        [sparse_num_none,sparse_sequence_none] = sort(YY_none);
        sparse_location_none = ku_finger(sparse_sequence_none(KK − 3:KK),1:2);
        location_none = mean(sparse_location_none);
        sparse_distance_none = ((source_position(1) − location_none(1)))^2 + ((source_
position(2) − location_none(2)))^2;
        error_sparse_none(t) = sqrt(sparse_distance_none);
        [sparse_num_none_clean,sparse_sequence_none_clean] = sort(YY_none_clean);
        sparse_location_none_clean = ku_finger(sparse_sequence_none_clean(KK − 3:KK),1:2);
        location_none_clean = mean(sparse_location_none_clean);
        sparse_distance_none_clean = ((source_position(1) − location_none_clean(1)))^2 +
((source_position(2) − location_none_clean(2)))^2;
        error_sparse_none_clean(t) = sqrt(sparse_distance_none_clean);
end
BB = tabulate(error_sparse);
BB_value = BB(:,1);
BB_num_old = BB(:,2);
for i = 1:length(BB)
BB_num(i) = sum(BB_num_old(1:i));
end
final_sparse = mean(BB_value);
DD = tabulate(error_sparse_clean);
DD_value = DD(:,1);
DD_num_old = DD(:,2);
for i = 1:length(DD)
DD_num(i) = sum(DD_num_old(1:i));
end
final_sparse_clean = mean(DD_value);
EE = tabulate(error_sparse_none);
EE_value = EE(:,1);
EE_num_old = EE(:,2);
for i = 1:length(EE)
EE_num(i) = sum(EE_num_old(1:i));
end
final_sparse_none = mean(EE_value);
FF = tabulate(error_sparse_none_clean);
FF_value = FF(:,1);
FF_num_old = FF(:,2);
for i = 1:length(DD)
FF_num(i) = sum(FF_num_old(1:i));
end
final_sparse_none_clean = mean(FF_value);
```

4.9.2 异常数据滤除定位部分代码

```
function [Pf_Y_attack, Pf_Y_no_attack, Pf_Data_cleansing_X, Pf_filtering, Pf_filtering_
```

```
imperfect1,...  Pf_filtering_imperfect2,Pf_filtering_imperfect3,Pd_Y_attack,Pd_Y_no_
attack,Pd_Data_cleansing_X,Pd_filtering,...  Pd_filtering_imperfect1,Pd_filtering_
imperfect2,Pd_filtering_imperfect3] = f_Robust_Sensing_s_PCP... (Pro_PU_state_busy,Noise_
power,Abnormal_sensor_rate,Attacker_rate,Attacker_Strength,Channel_flag,KK,Sampling_rate,P
_filtering_error)
N_CR = 50;
N_band = 100;
for i = 1:N_CR
    abnormal_flag_sensor(i) = rand < Abnormal_sensor_rate;
    if abnormal_flag_sensor(i) == 1 % Abnormal sensor
        alpha1(i,:) = Attacker_rate * ones(1,N_band);
        alpha2(i,:) = Attacker_rate * ones(1,N_band);
        alpha3 = 1 - alpha1 - alpha2;
        beta1(i,:) = Attacker_rate * ones(1,N_band);
        beta2(i,:) = Attacker_rate * ones(1,N_band);
        beta3 = 1 - beta1 - beta2;
    else % Normal sensor
        alpha1(i,:) = 0 * ones(1,N_band);
        alpha2(i,:) = 0 * ones(1,N_band);
        alpha3 = 1 - alpha1 - alpha2;
        beta1(i,:) = 0 * ones(1,N_band);
        beta2(i,:) = 0 * ones(1,N_band);
        beta3 = 1 - beta1 - beta2;
    end
end
mu_Attacker = Attacker_Strength * Noise_power;
std_Attacker = Attacker_Strength * Noise_power;
Pt = 1; % Transmit power of PTs,1W
path_loss_exp = 4;
sha_sigma_dB = 4; % dB
sha_sigma = 0.1 * log(10) * sha_sigma_dB;
B = 200 * 10^(3); % 200kHz
Ts = 1 * 10^(-3)/10; % 1/30ms
N_sam = floor(B * Ts);

d0 = 1;
x_PT = 0; y_PT = 0; % PT node distribution
Length_CR_Area = 100; % CR node distribution
for i = 1:N_CR
    x_CR(i) = 1000 + (rand - 1/2) * Length_CR_Area;
    y_CR(i) = (rand - 1/2) * Length_CR_Area;
end
for i = 1:N_band
    if rand < Pro_PU_state_busy
        Test_X_PU_state(i) = 1;
    else
        Test_X_PU_state(i) = 0;
    end
end
Test_R = diag(Test_X_PU_state);
Test_L_rank = rank(Test_R);
```

```
for i = 1:N_CR
    for j = 1:N_band
        % d(i,j) = 1000;
        d(i,j) = sqrt((x_CR(i) − x_PT)^2 + (y_CR(i) − y_PT)^2);
        if Channel_flag == 1 % Pass loss + noise
            Ray(i,j) = 1;
            sha(i,j) = 0;
        elseif Channel_flag == 2 % Pass loss + Rayleigh + noise
            Ray(i,j) = (1/sqrt(2) * sqrt(randn^2 + randn^2))^2;
            sha(i,j) = 0;
        elseif Channel_flag == 3 % Pass loss + Log − Normal Shadowing + noise
            Ray(i,j) = 1;
            sha(i,j) = sha_sigma * randn;
        else % Pass loss + Rayleigh + Log − Normal Shadowing + noise
            Ray(i,j) = (1/sqrt(2) * sqrt(randn^2 + randn^2))^2;
            sha(i,j) = sha_sigma * randn;
        end
        Test_PH(i,j) = Pt * (d0/d(i,j))^path_loss_exp * exp(sha(i,j)) * Ray(i,j);
        Pf(i,j) = 0.1;
        eta(i,j) = sqrt(Noise_power^2/N_sam) * qfuncinv(Pf(i,j)) + Noise_power;
        Pd(i,j) = qfunc((eta(i,j) − (Test_PH(i,j) + Noise_power))/sqrt((Test_PH(i,j) +
Noise_power)^2/N_sam));
    end
end
Test_X = Test_PH * Test_R;
Test_X_rank = rank(Test_X);
V = Noise_power + sqrt((Noise_power + Test_X).^2/N_sam). * randn(N_CR,N_band);
% Random Attack with constant Attacker Strength −−− Sparse
Abnormal = zeros(size(V));
Abnormal_flag = zeros(size(V));
for i = 1:N_CR
    for j = 1:N_band
        % −−−−−−−−−−−− General Attack −−−−−−−−−−−−−−−−−−−−−−−−−−−−−−−−−−−−−
        if (rand < alpha1(i,j))&&(Test_X_PU_state(j) == 0)
            Abnormal_flag(i,j) = 1;
            Abnormal(i,j) = std_Attacker * randn + mu_Attacker;
        elseif (rand<(alpha2(i,j)/(1 − alpha1(i,j))))&&(Test_X_PU_state(j) == 0)
            Abnormal_flag(i,j) = 1;
            Abnormal(i,j) = − (std_Attacker * randn + mu_Attacker);
        elseif (rand < beta1(i,j))&&(Test_X_PU_state(j) == 1)
            Abnormal_flag(i,j) = 1;
            Abnormal(i,j) = std_Attacker * randn + mu_Attacker;
        elseif (rand<(beta2(i,j)/(1 − beta1(i,j))))&&(Test_X_PU_state(j) == 1)
            Abnormal_flag(i,j) = 1;
            Abnormal(i,j) = − (std_Attacker * randn + mu_Attacker);
        end
    end
end
Y = Test_X + Abnormal + V; L0 = Test_X; S0 = Abnormal;

lambda = 1/sqrt(max(N_CR,N_band));
```

```
mu = 1/(sqrt(N_CR) + sqrt(N_band))/sqrt(Noise_power.^2/N_sam);
S = 0;
L = 0;
Iteration_Num = 100;
for k = 1:Iteration_Num
    TempL = M − S;
    [P,Sum,Q] = svd(TempL);
    Sum_mu = sign(Sum).*max(abs(Sum) − 1/mu,0);
    L = P*Sum_mu*Q';
    TempS = M − L;
    S = sign(TempS).*max(abs(TempS) − lambda*1/mu,0);
    Relative_Error(k) = norm(L − L0,'fro')/norm(L0,'fro');
    Attacker_Error(k) = norm(S − S0,'fro')/norm(S0,'fro');
end
XX = L;
AA = S;
Rank_L = rank(L);
[S_row,S_col] = find(S~ = 0);
Nonzero_S = length(S_row);
Y_no_attack = Test_X + V;
max_Y_no_attack = max(max(Y_no_attack)); min_Y_no_attack = min(min(Y_no_attack));
% max_X = max(max(Test_X)); min_X = min(min(Test_X));
% max_Data_cleansing_X = max(max(Data_cleansing_X)); min_Data_cleansing_X = min(min(Data_
cleansing_X));
N_threshold = 200;
Num_Pd_Y_attack = zeros(1,N_threshold); Num_Pf_Y_attack = zeros(1,N_threshold);
Num_pd_Y_no_attack = zeros(1,N_threshold); Num_pf_Y_no_attack = zeros(1,N_threshold);
Num_pd_Data_cleansing_X = zeros(1,N_threshold); Num_pf_Data_cleansing_X = zeros(1,N_
threshold);
Num_pd_filtering = zeros(1,N_threshold); Num_pf_filtering = zeros(1,N_threshold);
Num_pd_filtering_imperfect1 = zeros(1,N_threshold); Num_pf_filtering_imperfect1 = zeros
(1,N_threshold);
Num_pd_filtering_imperfect2 = zeros(1,N_threshold); Num_pf_filtering_imperfect2 = zeros
(1,N_threshold);
Num_pd_filtering_imperfect3 = zeros(1,N_threshold); Num_pf_filtering_imperfect3 = zeros
(1,N_threshold);

for kkk = 1:KK
    for i = 1:N_band
        if rand < Pro_PU_state_busy
            X_PU_state(kkk,i) = 1;
        else
            X_PU_state(kkk,i) = 0;
        end
    end
    R = diag(X_PU_state(kkk,:));
    L_rank = rank(R);
    % Sensing channel gains
    for i = 1:N_CR
        for j = 1:N_band
            if Channel_flag == 1 % Pass loss + noise
```

```
                        Ray(i,j) = 1;
                        sha(i,j) = 0;
                    elseif Channel_flag == 2 % Pass loss + Rayleigh + noise
                        Ray(i,j) = (1/sqrt(2) * sqrt(randn^2 + randn^2))^2;
                        sha(i,j) = 0;
                    elseif Channel_flag == 3 % Pass loss + Log - Normal Shadowing + noise
                        Ray(i,j) = 1;
                        sha(i,j) = sha_sigma * randn;
                    else % Pass loss + Rayleigh + Log - Normal Shadowing + noise
                        Ray(i,j) = (1/sqrt(2) * sqrt(randn^2 + randn^2))^2;
                        sha(i,j) = sha_sigma * randn;
                    end
                    PH(i,j) = Pt * (d0/d(i,j))^path_loss_exp * exp(sha(i,j)) * Ray(i,j);
                    Pf(i,j) = 0.1;
                    eta(i,j) = sqrt(Noise_power^2/N_sam) * qfuncinv(Pf(i,j)) + Noise_power;
                    Pd(i,j) = qfunc((eta(i,j) - (PH(i,j) + Noise_power))/sqrt((PH(i,j) + Noise_
power)^2/N_sam));
            end
        end
        X = PH * R;
        X_rank = rank(X);

        V = Noise_power + sqrt((Noise_power + X).^2/N_sam). * randn(N_CR,N_band);
        Abnormal = zeros(size(V));
        Abnormal_flag = zeros(size(V));
        for i = 1:N_CR
            for j = 1:N_band
                % ------------ General Attack ----------------------------------
                if (rand < alpha1(i,j))&&(X_PU_state(j) == 0)
                    Abnormal_flag(i,j) = 1;
                    Abnormal(i,j) = std_Attacker * randn + mu_Attacker;
                elseif (rand<(alpha2(i,j)/(1 - alpha1(i,j))))&&(X_PU_state(j) == 0)
                    Abnormal_flag(i,j) = 1;
                    Abnormal(i,j) = - (std_Attacker * randn + mu_Attacker);
                elseif (rand < beta1(i,j))&&(X_PU_state(j) == 1)
                    Abnormal_flag(i,j) = 1;
                    Abnormal(i,j) = std_Attacker * randn + mu_Attacker;
                elseif (rand<(beta2(i,j)/(1 - beta1(i,j))))&&(X_PU_state(j) == 1)
                    Abnormal_flag(i,j) = 1;
                    Abnormal(i,j) = - (std_Attacker * randn + mu_Attacker);
                end
            end
        end
        abnormal_rate = sum(sum(Abnormal_flag))/N_CR/N_band;
        Y = X + Abnormal + V; L0 = X; S0 = Abnormal;

        Y_filtering = zeros(size(Y));
        for aa = 1:N_CR
            if abnormal_flag_sensor(aa) == 1 % Attacker
                Y_filtering(aa,:) = 0; % Filter out
            else
```

```
            Y_filtering(aa,:) = Y(aa,:); % Honest sensor
        end

    end

    Y_filtering_imperfect1 = zeros(size(Y));Y_filtering_imperfect2 = zeros(size(Y));Y_
filtering_imperfect3 = zeros(size(Y));
    for aa = 1:N_CR
        % Case I
        if rand < P_filtering_error(1)
            abnormal_flag_sensor_imperfect1(aa) = 1 - abnormal_flag_sensor(aa);
        else
            abnormal_flag_sensor_imperfect1(aa) = abnormal_flag_sensor(aa);
        end
        if abnormal_flag_sensor_imperfect1(aa) == 1 % Attacker
            Y_filtering_imperfect1(aa,:) = 0; % Filter out
        else
            Y_filtering_imperfect1(aa,:) = Y(aa,:); % Honest sensor
        end
        % --------------------------------------------------------------
        % Case II
        if rand < P_filtering_error(2)
            abnormal_flag_sensor_imperfect2(aa) = 1 - abnormal_flag_sensor(aa);
        else
            abnormal_flag_sensor_imperfect2(aa) = abnormal_flag_sensor(aa);
        end
        if abnormal_flag_sensor_imperfect2(aa) == 1 % Attacker
            Y_filtering_imperfect2(aa,:) = 0; % Filter out
        else
            Y_filtering_imperfect2(aa,:) = Y(aa,:); % Honest sensor
        end
        % --------------------------------------------------------------
        % Case III
        if rand < P_filtering_error(3)
            abnormal_flag_sensor_imperfect3(aa) = 1 - abnormal_flag_sensor(aa);
        else
            abnormal_flag_sensor_imperfect3(aa) = abnormal_flag_sensor(aa);
        end
        if abnormal_flag_sensor_imperfect3(aa) == 1
            Y_filtering_imperfect3(aa,:) = 0;
        else
            Y_filtering_imperfect3(aa,:) = Y(aa,:);
        end
    end
    % % Data Cleansing Method
    M = L0 + S0 + V;
    aaa = 1;
    lambda = aaa * 1/sqrt(max(N_CR,N_band));
    mu = 1/(sqrt(N_CR) + sqrt(N_band))/sqrt(Noise_power.^2/N_sam);
    S = 0;
    L = 0;
```

```
Iteration_Num = 100;
for k = 1:Iteration_Num
    TempL = M - S;
    [P,Sum,Q] = svd(TempL);
    Sum_mu = sign(Sum).*max(abs(Sum) - 1/mu,0);
    L = P*Sum_mu*Q';
    TempS = M - L;
    S = sign(TempS).*max(abs(TempS) - lambda*1/mu,0);
    Relative_Error(k) = norm(L-L0,'fro')/norm(L0,'fro');
    Attacker_Error(k) = norm(S-S0,'fro')/norm(S0,'fro');
end
XX = L;
AA = S;
Rank_L = rank(L);
[S_row,S_col] = find(S~=0);
Nonzero_S = length(S_row);

for i = 1:N_threshold
    Th_Y_no_attack(i) = min_Y_no_attack + i*(max_Y_no_attack - min_Y_no_attack)/N_
threshold;
    for j = 1:N_band
        EGC_Y_no_attack(j) = sum(Y_no_attack(:,j))/N_CR;
        if (EGC_Y_no_attack(j)>Th_Y_no_attack(i))&&(X_PU_state(kkk,j) == 1)
            Num_pd_Y_no_attack(i) = Num_pd_Y_no_attack(i) + 1;
        elseif (EGC_Y_no_attack(j)>Th_Y_no_attack(i))&&(X_PU_state(kkk,j) == 0)
            Num_pf_Y_no_attack(i) = Num_pf_Y_no_attack(i) + 1;
        end
    end
end
%% With attack ------------------------------------------------
for i = 1:N_threshold
    Th_Y(i) = Th_Y_no_attack(i);
    for j = 1:N_band
        EGC_Y(j) = sum(Y(:,j))/N_CR;
        if (EGC_Y(j)>Th_Y(i))&&(X_PU_state(kkk,j) == 1)
            Num_Pd_Y_attack(i) = Num_Pd_Y_attack(i) + 1;
        elseif (EGC_Y(j)>Th_Y(i))&&(X_PU_state(kkk,j) == 0)
            Num_Pf_Y_attack(i) = Num_Pf_Y_attack(i) + 1;
        end
    end
end

for i = 1:N_threshold
    Th_Data_cleansing_X(i) = Th_Y_no_attack(i);
    for j = 1:N_band
        EGC_Data_cleansing_X(j) = sum(Data_cleansing_X(:,j))/N_CR;
        if (EGC_Data_cleansing_X(j)>Th_Data_cleansing_X(i))&&(X_PU_state(kkk,j) == 1)
            Num_pd_Data_cleansing_X(i) = Num_pd_Data_cleansing_X(i) + 1;
        elseif (EGC_Data_cleansing_X(j)>Th_Data_cleansing_X(i))&&(X_PU_state(kkk,j) =
= 0)
            Num_pf_Data_cleansing_X(i) = Num_pf_Data_cleansing_X(i) + 1;
```

```
                end
            end
        end

    for i = 1:N_threshold
        Th_filtering(i) = Th_Y_no_attack(i);
        for j = 1:N_band
            EGC_filtering(j) = sum(Y_filtering(:,j))/(N_CR - sum(abnormal_flag_sensor));
            if (EGC_filtering(j)> Th_filtering(i))&&(X_PU_state(kkk,j) == 1)
                Num_pd_filtering(i) = Num_pd_filtering(i) + 1;
            elseif (EGC_filtering(j)> Th_filtering(i))&&(X_PU_state(kkk,j) == 0)
                Num_pf_filtering(i) = Num_pf_filtering(i) + 1;
            end
        end
    end
    % % Imperfect Data filtering -----------------------------------------
    for i = 1:N_threshold
        Th_filtering(i) = Th_Y_no_attack(i);
        for j = 1:N_band

            EGC_filtering_imperfect1(j) = sum(Y_filtering_imperfect1(:,j))/(N_CR - sum
(abnormal_flag_sensor_imperfect1));
            if (EGC_filtering_imperfect1(j)> Th_filtering(i))&&(X_PU_state(kkk,j) == 1)
                Num_pd_filtering_imperfect1(i) = Num_pd_filtering_imperfect1(i) + 1;
            elseif (EGC_filtering_imperfect1(j)> Th_filtering(i))&&(X_PU_state(kkk,j) == 0)
                Num_pf_filtering_imperfect1(i) = Num_pf_filtering_imperfect1(i) + 1;
            end

            EGC_filtering_imperfect2(j) = sum(Y_filtering_imperfect2(:,j))/(N_CR - sum
(abnormal_flag_sensor_imperfect2));
            if (EGC_filtering_imperfect2(j)> Th_filtering(i))&&(X_PU_state(kkk,j) == 1)
                Num_pd_filtering_imperfect2(i) = Num_pd_filtering_imperfect2(i) + 1;
            elseif (EGC_filtering_imperfect2(j)> Th_filtering(i))&&(X_PU_state(kkk,j) == 0)
                Num_pf_filtering_imperfect2(i) = Num_pf_filtering_imperfect2(i) + 1;
            end

            EGC_filtering_imperfect3(j) = sum(Y_filtering_imperfect3(:,j))/(N_CR - sum
(abnormal_flag_sensor_imperfect3));
            if (EGC_filtering_imperfect3(j)> Th_filtering(i))&&(X_PU_state(kkk,j) == 1)
                Num_pd_filtering_imperfect3(i) = Num_pd_filtering_imperfect3(i) + 1;
            elseif (EGC_filtering_imperfect3(j)> Th_filtering(i))&&(X_PU_state(kkk,j) == 0)
                Num_pf_filtering_imperfect3(i) = Num_pf_filtering_imperfect3(i) + 1;
            end
        end
    end
end

    % %
    Num_H1 = sum(sum(X_PU_state));

    Pf_Y_attack = Num_Pf_Y_attack/(KK * N_band - Num_H1);
```

```
Pf_Y_no_attack = Num_pf_Y_no_attack/(KK * N_band - Num_H1);
Pf_Data_cleansing_X = Num_pf_Data_cleansing_X/(KK * N_band - Num_H1);
Pf_filtering = Num_pf_filtering/(KK * N_band - Num_H1);
Pf_filtering_imperfect1 = Num_pf_filtering_imperfect1/(KK * N_band - Num_H1);
Pf_filtering_imperfect2 = Num_pf_filtering_imperfect2/(KK * N_band - Num_H1);
Pf_filtering_imperfect3 = Num_pf_filtering_imperfect3/(KK * N_band - Num_H1);

Pd_Y_attack = Num_Pd_Y_attack/Num_H1;
Pd_Y_no_attack = Num_pd_Y_no_attack/Num_H1;
Pd_Data_cleansing_X = Num_pd_Data_cleansing_X/Num_H1;
Pd_filtering = Num_pd_filtering/Num_H1;
Pd_filtering_imperfect1 = Num_pd_filtering_imperfect1/Num_H1;
Pd_filtering_imperfect2 = Num_pd_filtering_imperfect2/Num_H1;
Pd_filtering_imperfect3 = Num_pd_filtering_imperfect3/Num_H1;
```

参考文献

[1] Goldsmith A. Wireless Communications[M]. 北京：人民邮电出版社,2007.

[2] Khan I, et al. Wireless Sensor Network Virtualization：A Survey[J]. IEEE Communications Surveys & Tutorials. 2017,18(1)：553-576.

[3] Dobrev Y, Gulden P, Vossiek M. An Indoor Positioning System Based on Wireless Range and Angle Measurements Assisted by Multi-Modal Sensor Fusion for Service Robot Applications[J]. IEEE Access 6,2018：69036-69052.

[4] Singh, et al. Distributed Event Detection in Wireless Sensor Networks for Forest Fires[C]. 2013 UKsim 15th International Conference on Computer Modeling and Simulation. 2013：634-639.

[5] Subedi S, Pyun J Y. A Survey of Smartphone-Based Indoor Positioning System Using RF-Based Wireless Technologies[J]. Sensors,2020,20(24)：7230.

[6] Rahman Z U. Wireless sensor networks free-range base localization schemes：A comprehensive survey [C]. International Conference on Communication IEEE,2017.

[7] Li Y F, et al. Enhanced RSS-based UAV Localization via Trajectory and Multi-base Stations[J]. IEEE Communications Letters,2021,25(6)：1881-1885.

[8] Tomic S, Beko M, Rui D. 3-D Target Localization in Wireless Sensor Networks Using RSS and AoA Measurements[J]. IEEE Transactions on Vehicular Technology,2017,66(4)：3197-3210.

[9] Lin C H, et al. An Indoor Positioning Algorithm Based on Fingerprint and Mobility Prediction in RSS Fluctuation-Prone WLANs[J]. IEEE Transactions on Systems, Man, and Cybernetics：Systems,2021, 51(5)：2926-2936.

[10] Xu C, et al. Three Passive TDOA-AOA Receivers Based Flying-UAV Positioning in Extreme Environments[J]. IEEE Sensors Journal,2020,20(16)：9589-9595.

[11] Xuan L T, et al. Estimation of target position from a moving passive system using the differential Doppler method[C]. International Conference on Mechatronics-mechatronika IEEE,2017.

[12] Zhang H, et al. Source localization using TDOA and FDOA measurements under unknown noise power knowledge[J]. IET Signal Processing,2020,14(7).

[13] Kalpana R, Baskaran M. TAR：TOA—AOA Based Random Transmission Directed Localization[C]. Wireless Personal Communications,2016.

[14] He C, Yuan Y, Tan B. Alternating Direction Method of Multipliers for TOA-based Positioning under Mixed Sparse LOS/NLOS Environments[J]. IEEE Access,2021,9：28407-28412.

[15] Gaber A, Omar A. A Study of Wireless Indoor Positioning Based on Joint TDOA and DOA

Estimation Using 2-D Matrix Pencil Algorithms and IEEE 802. 11ac[J]. IEEE Transactions on Wireless Communications,2015,14(5)：2440-2454.

[16]　Li X L. On correcting the phase bias of GCC in spatially correlated noise fields[J]. Signal Processing, 2020,180.

[17]　Cobos M,et al. Frequency-Sliding Generalized Cross-Correlation：A Sub-Band Time Delay Estimation Approach[J]. IEEE/ACM Transactions on Audio,Speech,and Language Processing,2020,28：1270-1281.

[18]　Ma X, et al. A Maximum-Likelihood TDOA Localization Algorithm Using Difference-of-Convex Programming[J]. IEEE Signal Processing Letters,2021：309-313.

[19]　Zhang L,Zhang T,Shin H S. An Efficient Constrained Weighted Least Squares Method With Bias Reduction for TDOA-Based Localization[J]. IEEE Sensors Journal,2021,21(8)：10122-10131.

[20]　Gang, et al. Convex Relaxation Methods for Unified Near-Field and Far-Field TDOA-Based Localization[J]. Wireless Communications IEEE Transactions,2019,18(4)：2346-2360.

[21]　Li Q,Chen B,Yang M. Improved two-step constrained total least-squares TDOA localization algorithm based on the alternating direction method of multipliers[J]. IEEE Sensors Journal,2020, 20(22)：13666-13673.

[22]　Ahmed H I,et al. Multidimensional scaling-based passive emitter localisation from time difference of arrival measurements with sensor position uncertainties[J]. IET Signal Processing,2016,11(1)：43-50.

[23]　García-Fernández J A,Jurado-Navas A,Fernández-Navarro M,et al. A comparative study between iterative algorithms for TDOA based geolocation techniques in real UMTS networks[J]. Mobile Networks and Applications,2020,25(4)：1290-1298.

[24]　Pospisil J,Fujdiak R,Mikhaylov K. Investigation of the Performance of TDoA-Based Localization Over LoRaWAN in Theory and Practice[J]. Sensors,2020,20(19)：5464.

[25]　Jiang W,Ding B. TDOA Localization Scheme with NLOS Mitigation[C]. 2020 IEEE 92nd Vehicular Technology Conference (VTC2020-Fall) IEEE,2020.

[26]　Hao J,Jie X,Zhen L. NLOS Mitigation Method for TDOA Measurement[C]. Sixth International Conference on Intelligent Information Hiding and Multimedia Signal Processing (IIH-MSP 2010), Darmstadt,2010.

[27]　Bordoy J,Schindelhauer C,Zhang R,et al. Robust Extended Kalman filter for NLOS mitigation and sensor data fusion[C]. 2017 IEEE International Symposium on Inertial Sensors and Systems (INERTIAL),2017：117-120.

[28]　Lee K,Oh J,You K. TDOA/AOA based geolocation using Newton method under NLOS environment[C]. 2016 IEEE International Conference on Cloud Computing and Big Data Analysis (ICCCBDA). IEEE,2016：373-377.

[29]　Kim J. Tracking a manoeuvring target while mitigating NLOS errors in TDOA measurements[J]. IET Radar,Sonar & Navigation,2020,14(3)：495-502.

[30]　Wang W, et al. Second-Order Cone Relaxation for TDOA-Based Localization Under Mixed LOS/NLOS Conditions[J]. IEEE Signal Processing Letters,2016,23(12)：1872-1876.

[31]　Cheng L, et al. A Robust Localization Algorithm Based on NLOS Identification and Classification Filtering for Wireless Sensor Network[J]. Sensors,2020,20(22)：6634.

[32]　Zou Y,Liu H. An Efficient NLOS Errors Mitigation Algorithm for TOA-Based Localization[J]. Sensors,2020,20(5)：1403.

[33]　Su Z,Shao G,Liu H. Semidefinite Programming for NLOS Error Mitigation in TDOA Localization [J]. IEEE Communications Letters,2018,22(7)：1430-1433.

[34]　Xiong W X, et al. Robust TDOA Source Localization Based on Lagrange Programming Neural Network[J]. IEEE Signal Processing Letters,2021：1090-1094.

[35]　Xiong W, Schindelhauer C, So H C, et al. TDOA-based localization with NLOS mitigation via robust model transformation and neurodynamic optimization[J]. Signal Processing, 2021, 178: 107774.

[36]　Yuan Y, Shen F, Li X. GPS multipath and NLOS mitigation for relative positioning in urban environments[J]. Aerospace Science and Technology, 2020, 107: 106315.

[37]　Baek J, Lee C E, Park S. Multi-Reference based target tracking for TDOA systems[C]. 2021 IEEE International Conference on Big Data and Smart Computing (BigComp). IEEE, 2021: 279-282.

[38]　Deng Z, et al. Base Station Selection for Hybrid TDOA/RTT/DOA Positioning in Mixed LOS/NLOS Environment[J]. Sensors, 2020, 20(15): 4132.

[39]　Kim D G, et al. Analysis of sensor-emitter geometry for emitter localisation using TDOA and FDOA measurements[J]. IET Radar Sonar? Navigation, 2017, 11(2): 341-349.

[40]　Mao X, et al. Optimal and fast sensor geometry design method for TDOA localisation systems with placement constraints[J]. IET Signal Processing, 2019, 13(8): 708-717.

[41]　Li Z, et al. Multiobjective Optimization Based Sensor Selection for TDOA Tracking in Wireless Sensor Network[J]. IEEE Transactions on Vehicular Technology, 2019, 68(12): 12360-12374.

[42]　Zhao Y, et al. Sensor Selection for TDOA-Based Localization in Wireless Sensor Networks With Non-Line-of-Sight Condition[J]. IEEE Transactions on Vehicular Technology, 2019, 68(10): 9935-9950.

[43]　Chi W, et al. TDOA Based Indoor Positioning with NLOS Identification by Machine Learning[C]. 2018 10th International Conference on Wireless Communications and Signal Processing (WCSP), 2018.

[44]　Zhu Y, et al. NLOS Identification via AdaBoost for Wireless Network Localization[J]. IEEE Communications Letters, 2019, 23(12): 2234-2237.

[45]　Jiang C, et al. UWB NLOS/LOS Classification Using Deep Learning Method[J]. IEEE Communications Letters, 2020, 24(10): 2226-2230.

[46]　Suzuki T, Amano Y. NLOS Multipath Classification of GNSS Signal Correlation Output Using Machine Learning[J]. Sensors, 2021, 21(7): 2503.

[47]　Sang C L, Steinhagen B, Homburg J D, et al. Identification of NLOS and multi-path conditions in UWB localization using machine learning methods[J]. Applied Sciences, 2020, 10(11): 3980.

[48]　Park J W, et al. Improving Deep Learning-Based UWB LOS/NLOS Identification with Transfer Learning: An Empirical Approach[J]. Electronics, 2020, 9(10): 1714.

[49]　Li Z, et al. Machine-Learning-Based Positioning: A Survey and Future Directions[J]. IEEE Network, 2019, 33(3): 96-101.

[50]　Cho J S, Hwang D Y, Kim K H. Improving TDoA Based Positioning Accuracy Using Machine Learning in a LoRaWan Environment[C]. 2019 International Conference on Information Networking (ICOIN), 2019.

[51]　Xue Y, et al. DeepTAL: Deep Learning for TDOA-based Asynchronous Localization Security With Measurement Error and Missing Data[J]. IEEE Access, 2019, 7: 122492-122502.

[52]　Tong J J, Zhang Y F. Robust Sound Localization of Sound Sources using Deep Convolution Network[C]. 2019 IEEE 15th International Conference on Control and Automation (ICCA) IEEE, 2019.

[53]　Adanur R, et al. Deep Learning for Audio Signal Source Positioning Using Microphone Array[C]. 2019 Seventh International Conference on Digital Information Processing and Communications (ICDIPC), 2019.

[54]　Sundar H, et al. Raw Waveform Based End-to-end Deep Convolutional Network for Spatial Localization of Multiple Acoustic Sources[C]. ICASSP 2020—2020 IEEE International Conference on Acoustics, Speech and Signal Processing (ICASSP) IEEE, 2020.

[55]　刘娟. 现代城市战场环境研究[D]. 郑州: 中国人民解放军信息工程大学, 2004.

[56]　张延华, 段占云, 沈兰荪, 等. Okumura-Hata 传播预测模型的可视化仿真研究[J]. 电波科学学报, 2001, 16(1): 89-92.

[57]　邓中亮, 肖占蒙, 贾步云, 等. 城市空间无线定位信号传播模型校正方法研究[J]. 导航定位与授时,

2017(03)：15-20.

［58］ 张鑫,杨明华.基于城郊环境下 Okumura-Hata 预测模型的校正与实现[J].通信技术,2008,05：73-74.

［59］ 张铮,饶志训,黄志峰,等.无线传感器网络中 RSSI 滤波的若干处理方法[J].现代电子技术,2013,20：4-6.

［60］ 徐丽.增强型差分场强定位方法研究[D].南昌：南昌大学.

［61］ 任谢楠.基于遗传算法的 BP 神经网络的优化研究及 MATLAB 仿真[D].天津：天津师范大学,2014.

［62］ 祝贵凡.战场环境下电磁频谱管理中的传播预测技术研究[D].长沙：国防科学技术大学,2006.

［63］ Walfisch J,Bertoni H L. A theoretical model of UHF propagation in urban environments[J]. IEEE Transactions on antennas and propagation,1988,36(12)：1788-1796.

［64］ I. Bisio M,Cerruti F,Lavagetto M,et al,A Trainingless WiFi Fingerprint Positioning Approach Over Mobile Devices[J]. IEEE Antennas & Wireless Propagation Letters,2014,13(1)：832-835.

［65］ Kupershtein E,Wax M,Cohen I. Single-Site Emitter Localization via Multipath Fingerprinting[J]. IEEE Transactions on Signal Processing,2015,61(1)：10-21.

［66］ Bai Y B,Wu S,Retscher G,et al. A new method for improving Wi-Fi-based indoor positioning accuracy[J]. Journal of Location Based Services,2014,8(3)：135-147.

［67］ Mager B,Lundrigan P,Patwari N. Fingerprint-Based Device-Free Localization Performance in Changing Environments[J]. IEEE Journal on Selected Areas in Communications,2015,33(11)：2429-2438.

［68］ Salamah A H,Tamazin M,Sharkas M A,et al. An enhanced WiFi indoor localization system based on machine learning[C]. In International Conference on Indoor Positioning and Indoor Navigation,2016.

［69］ Fang S H,Hsu Y T,Kuo W H. Dynamic Fingerprinting Combination for Improved Mobile Localization. IEEE Transactions on Wireless Communications[J]. 2011,10(12)：4018-4022.

［70］ Zhang W,Hua X,Yu K,et al. Domain clustering based WiFi indoor positioning algorithm[C]. In International Conference on Indoor Positioning and Indoor Navigation,2016：1-5.

［71］ Lohrasbipeydeh H,Gulliver T A,Amindavar H. Blind Received Signal Strength Difference Based Source Localization With System Parameter Errors[J]. IEEE Transactions on Signal Processing,2014,62(17)：4516-4531.

［72］ He S,Chan S H G. Wi-Fi Fingerprint-Based Indoor Positioning：Recent Advances and Comparisons [J]. IEEE Communications Surveys & Tutorials,2017,18(1)：466-490.

［73］ Vo Q D,De P. A Survey of Fingerprint-Based Outdoor Localization[J]. IEEE Communications Surveys & Tutorials,2017,18(1)：491-506.

［74］ Wu C,Yang Z,Liu Y. Smartphones Based Crowdsourcing for Indoor Localization[J]. IEEE Transactions on Mobile Computing,2015,14(2)：444-457.

［75］ Chen Q,Wang B. FinCCM：Fingerprint Crowdsourcing,Clustering and Matching for Indoor Subarea Localization[J]. IEEE Wireless Communications Letters,2017,4(6)：677-680.

［76］ Nikitaki S,Tsagkatakis G,Tsakalides P. Efficient Multi-Channel Signal Strength based Localization via Matrix Completion and Bayesian Sparse Learning[J]. IEEE Transactions on Mobile Computing,2015,14(11)：2244-2256.

［77］ Au W S A,Feng C,Valaee S,et al. Indoor Tracking and Navigation Using Received Signal Strength and Compressive Sensing on a Mobile Device[J]. IEEE Transactions on Mobile Computing,2013,12(10)：2050-2062.

［78］ Feng C,Au W S A,Valaee S,et al. Received-Signal-Strength-Based Indoor Positioning Using Compressive Sensing[J]. IEEE Transactions on Mobile Computing,2012,11(12)：1983-1993.

［79］ He S,Chan S H G. Tilejunction：Mitigating Signal Noise for Fingerprint-Based Indoor Localization [J]. IEEE Transactions on Mobile Computing,2016,15(6)：1554-1568.

［80］ Weiss A J,Picard J S. Network Localization with Biased Range Measurements[J]. IEEE Transactions on Wireless Communications,2008,7(1)：298-304.

［81］ Coluccia A,Ricciato F. On ML estimation for automatic RSS-based indoor localization[J]. In IEEE International Conference on Wireless Pervasive Computing,2010：495-502.

［82］ Huang C T,Chen J T. A novel indoor RSS-based position location algorithm using factor graphs[J]. IEEE Transactions on Wireless Communications,2009,8(6)：3050-3058.

［83］ Lohrasbipeydeh H,Gulliver T A,Amindavar H. A Minimax SDP Method for Energy Based Source Localization With Unknown Transmit Power[J]. IEEE Wireless Communications Letters,2014,3(4)：433-436.

［84］ Chitte S D,Dasgupta S,Ding Z. Distance Estimation From Received Signal Strength Under Log-Normal Shadowing：Bias and Variance[J]. IEEE Signal Processing Letters,2009,6(3)：216-218.

［85］ Vaghefi R W,Gholami M R,Strom E G. RSS-based sensor localization with unknown transmit power [J]. In IEEE International Conference on Acoustics,Speech and Signal Processing,2011：2480-2483.

［86］ Meesookho C,Mitra U,Narayanan S. On Energy-Based Acoustic Source Localization for Sensor Networks[J]. IEEE Transactions on Signal Processing,2007,56(1)：365-377.

［87］ Chang K,Han D. Crowdsourcing-based radio map update automation for wi-fi positioning systems [J]. In ACM Sigspatial International Workshop on Crowdsourced and Volunteered Geographic Information,2014：24-31.

［88］ Kjærgaard M B. A Taxonomy for Radio Location Fingerprinting. Location and Context Awareness [C]. 3rd International Symposium,2007.

［89］ Zhou M,Wei Y,Tian Z,et al. Achieving Cost-efficient Indoor Fingerprint Localization on WLAN Platform：A Hypothetical Test Approach[J]. IEEE Access,2017,5：15865-15874.

［90］ Zhou M,Tang Y,Tian Z,et al. Robust Neighborhood Graphing for Semi-supervised Indoor Localization with Light-loaded Location Fingerprinting[J]. IEEE Internet of Things Journal,2018,5(5)：3378-3387.

［91］ Ding G,Wang J,Wu Q,et al. Robust Spectrum Sensing With Crowd Sensors[J]. IEEE Transactions on Communications,2014,62(9)：3129-3143.

［92］ Liang C,Wen F. Received Signal Strength-Based Robust Cooperative Localization With Dynamic Path Loss Model[J]. IEEE Sensors Journal,2016,16(5)：1265-1270.

［93］ Chen L H,Wu H K,Jin M H. Homogeneous Features Utilization to Address the Device Heterogeneity Problem in Fingerprint Localization［J］. IEEE Sensors Journal,2014,14（4）：998-1005.

［94］ Hossain A K M M,Jin Y,Soh W S,et al. SSD：A Robust RF Location Fingerprint Addressing Mobile Devices' Heterogeneity[J]. IEEE Transactions on Mobile Computing,2013,12(1)：65-77.

［95］ Kjærgaard M B,Munk C V. Hyperbolic Location Fingerprinting：A Calibration-Free Solution for Handling Differences in Signal Strength（concise contribution）[J]. In IEEE International Conference on Pervasive Computing and Communications,2008：110-116.

［96］ Liu H,Darabi H,Banerjee P,et al. Survey of Wireless Indoor Positioning Techniques and Systems [J]. IEEE Transactions on Systems Man & Cybernetics Part C,2007,37(6)：1067-1080.

［97］ Li B. Indoor Positioning Techniques Based on Wireless LAN[J]. IEEE Int. conf. on Wireless Broadband & Ultra Wideband Communications,2008,10(3)：13-16.

［98］ Kontkanen P,Myllymaki P,Roos T,et al. Topics in probabilistic location estimation in wireless networks［J］. In IEEE International Symposium on Personal,Indoor and Mobile Radio Communications,2004,2：1052-1056.

［99］ Madigan D,Einahrawy E,Martin R P,et al. Bayesian indoor positioning systems[J]. Proceedings IEEE INFOCOM,2005,2：1217-1227.

［100］ Wu C L,Fu L C,Lian F L. WLAN location determination in e-home via support vector classification

[J]. In IEEE International Conference on Networking,Sensing and Control,2004,2：1026-1031.

[101] Brunato M,Battiti R. Statistical learning theory for location fingerprinting in wireless LANs[J]. Computer Networks,2005,47(6)：825-845.

[102] Nikitaki S,Tsakalides P. Localization in wireless networks via spatial sparsity[J]. In Signals, Systems and Computers,2010：236-239.

[103] Nikitaki S,Tsakalides P. Localization in wireless networks based on jointly compressed sensing[J]. In Signal Processing Conference,2011 European,2011：1809-1813.

[104] Sun H,Nallanathan A,Wang C X,et al. Wideband spectrum sensing for cognitive radio networks：a survey[J]. IEEE Wireless Communications,2013,20(2)：74-81.

[105] Yen C P,Tsai Y,Wang X. Wideband Spectrum Sensing Based on Sub-Nyquist Sampling[J]. IEEE Transactions on Signal Processing,2013,61(12)：3028-3040.

[106] Tian Z,Giannakis G B. A Wavelet Approach to Wideband Spectrum Sensing for Cognitive Radios [J]. In International Conference on Cognitive Radio Oriented Wireless Networks and Communications,2006：1-5.

[107] Fragkiadakis A G,Tragos E Z,Askoxylakis I G. A Survey on Security Threats and Detection Techniques in Cognitive Radio Networks[J]. IEEE Communications Surveys & Tutorials,2013, 15(1)：428-445.

[108] Attar A, Tang H, Vasilakos A V, et al. A Survey of Security Challenges in Cognitive Radio Networks：Solutions and Future Research Directions[J]. Proceedings of the IEEE,2012,100(12)： 3172-3186.

[109] Min A W,Kang G S,Hu X. Secure Cooperative Sensing in IEEE 802. 22 WRANs Using Shadow Fading Correlation[J]. IEEE Transactions on Mobile Computing,2011,10(10)：1434-1447.

[110] Ding G,Wu Q,Yao Y D,et al. Kernel-Based Learning for Statistical Signal Processing in Cognitive Radio Networks：Theoretical Foundations,Example Applications,and Future Directions[J]. IEEE Signal Processing Magazine,2013,30(4)：126-136.

[111] Williams O,Blake A,Cipolla R. Sparse Bayesian learning for efficient visual tracking[J]. IEEE Transactions on Pattern Analysis & Machine Intelligence,2005,27(8)：1292-1304.

[112] Bishop C M,Tipping M E. Variational relevance vector machine[C]. Uncertainty in Artificial Intelligence 2000,2000.

[113] Tipping M E,Faul A C. Fast Marginal Likelihood Maximisation for Sparse Bayesian Models[J]. In International Workshop on Artificial Intelligence and Statistics,2003：3-6.

[114] Huang D H,Wu S H,Wu W R,et al. Cooperative Radio Source Positioning and Power Map Reconstruction：A Sparse Bayesian Learning Approach [J]. IEEE Transactions on Vehicular Technology,2015,64(6)：2318-2332.

[115] 杨国鹏,周欣,余旭初. 稀疏贝叶斯模型与相关向量机学习研究[J]. 计算机科学,2010,37(7)： 225-228.

[116] Zhou Z,Li X,Wright J. Stable Principal Component Pursuit[J]. In IEEE International Symposium on Information Theory Proceedings. 2010：1518-1522.

[117] Wang R J,Bao H L,Chen D J, et al. 3D-CCD：a Novel 3D Localization Algorithm Based on Concave/Convex Decomposition and Layering Scheme in WSNs[J]. Adhoc & Sensor Wireless Networks,2014,23(3)：235-254.

[118] Wang X,Fu M,Zhang H. Target Tracking in Wireless Sensor Networks Based on the Combination of KF and MLE Using Distance Measurements[J]. IEEE Transactions on Mobile Computing,2012, 11(4)：567-576.

[119] Wang G,Cai S,Li Y,Jin M. Second-Order Cone Relaxation for TOA-Based Source Localization With Unknown Start Transmission Time[J]. IEEE Transactions on Vehicular Technology,2014, 63(6)：2973-2977.

[120] Qu Y, Zhang Y. Cooperative localization against GPS signal loss in multiple UAVs flight[J]. Journal of Systems Engineering and Electronics, 2011, 22(1): 103-112.

[121] Dogancay K. UAV Path Planning for Passive Emitter Localization[J]. IEEE Transactions on Aerospace Electronic Systems, 2012, 48(2): 1150-1166.

[122] Teulière C, Marchand E, Eck L. 3-D model-based tracking for UAV indoor localization[J]. IEEE Transactions on Cybernetics, 2017, 45(5): 869-879.

[123] Lazzari F, Buffi A, Nepa P, et al. Numerical Investigation of an UWB Localization Technique for Unmanned Aerial Vehicles in Outdoor Scenarios[J]. IEEE Sensors Journal, 2017, (9): 1.

[124] Shih C Y, Marró N P J. COLA: Complexity-Reduced Trilateration Approach for 3D Localization in Wireless Sensor Networks[C]. Fourth International Conference on Sensor Technologies & Applications. IEEE Computer Society, 2010.

[125] Teymorian A Y, Cheng W, Ma L, et al. 3D Underwater Sensor Network Localization[J]. IEEE Transactions on Mobile Computing, 2009, 8(12): 1610-1621.

[126] Wei C, Teymorian A Y, Ma L, et al. Underwater Localization in Sparse 3D Acoustic Sensor Networks[C]. Infocom the Conference on Computer Communications IEEE. IEEE, 2008.

[127] Villas L A, Boukerche A, Guidoni D L, et al. A joint 3D localization and synchronization solution for Wireless Sensor Networks using UAV[C]. IEEE Conference on Local Computer Networks (LCN 2013). IEEE, 2013.

[128] Villas L A, Guidoni D L, Ueyama J. 3D Localization in Wireless Sensor Networks Using Unmanned Aerial Vehicle[C]. IEEE International Symposium on Network Computing & Applications. IEEE, 2013: 135-142.

[129] Shang Y, Ruml W. Improved MDS-based localization[J]. in Joint Conference of the IEEE Computer and Communications Societies, 2004, 4: 2640-2651.

[130] Costa J A, Patwari N, Hero A O. Distributed weighted-multidimensional scaling for node localization in sensor networks[J]. Acm Transactions on Sensor Networks, 2006, 2(1): 39-64.

[131] Rangarajan R, Raich R, Hero A O. Blind Tracking using Sparsity Penalized Multidimensional Scaling[C]. IEEE/SP Workshop on Statistical Signal Processing. IEEE, 2007: 670-674.

[132] Tang M, Ding G, Zhen X, et al. Multi-dimensional spectrum map construction: A tensor perspective[C]. 2016 8th International Conference on Wireless Communications & Signal Processing (WCSP). IEEE, 2016: 1-5.

[133] Tang M, Ding G, Wu Q, et al. A Joint Tensor Completion and Prediction Scheme for Multi-Dimensional Spectrum Map Construction[J]. IEEE Access, 2016, 4(99): 8044-8052.

[134] Tang M, Zheng Z, Ding G, et al. Efficient TV white space database construction via spectrum sensing and spatial inference[C]. 2015 IEEE 34th International Performance Computing and Communications Conference (IPCCC). IEEE, 2015: 1-5.

[135] Romero D, Kim S J, Giannakis G B, et al. Learning Power Spectrum Maps From Quantized Power Measurements[J]. IEEE Transactions on Signal Processing, 2017, 65(10): 2547-2560.

[136] Debroy S, Bhattacharjee S, Chatterjee M. Spectrum Map and Its Application in Resource Management in Cognitive Radio Networks[J]. IEEE Transactions on Cognitive Communications & Networking, 2016, 1(4): 406-419.

[137] Sorour S, Lostanlen Y, Valaee S, et al. Joint Indoor Localization and Radio Map Construction with Limited Deployment Load[J]. Mobile Computing IEEE Transactions on, 2015, 14(5): 1031-1043.

[138] Lionel, M, Ni, et al. LANDMARC: Indoor Location Sensing Using Active RFID[J]. Wireless Networks, 2004, 10(6): 701-710.

[139] Krishnan P, Krishnakumar A S, Ju W H, et al. A system for LEASE: location estimation assisted by stationary emitters for indoor RF wireless networks[C]. INFOCOM 2004. Twenty-third Annual Joint Conference of the IEEE Computer and Communications Societies. IEEE, 2004, 2: 1001-1011.

[140] Pan S J,Kwok J T,Qiang Y,et al. Adaptive Localization in a Dynamic WiFi Environment Through Multi-view Learning[C]. AAAI,2007: 1108-1113.

[141] Sun Z,Chen Y, Qi J, et al. Adaptive Localization through Transfer Learning in Indoor Wi-Fi Environment[J]. in International Conference on Machine Learning and Applications,2008: 331-336.

[142] Gu F, Blankenbach J, Khoshelham K, et al. ZeeFi: Zero-Effort Floor Identification with Deep Learning for Indoor Localization[C]. IEEE Global Communications Conference (GLOBECOM). IEEE,2019.

[143] Yang Z,Wu C,Liu Y. Locating in fingerprint space: wireless indoor localization with little human intervention[C]. International Conference on Mobile Computing and NETWORKING,2012. 269-280.

[144] Basser P J,Mattiello J,Lebihan D. MR diffusion tensor spectroscopy and imaging[J]. Biophysical Journal,1994,66(1): 259-267.

[145] Bihan D L,Mangin J F,Poupon C,et al. Diffusion tensor imaging: concepts and applications[J]. Journal of Magnetic Resonance Imaging,2010,13(4): 534-546.

[146] Acar E,Dunlavy D M, Kolda T G, et al. Scalable tensor factorizations for incomplete data[J]. Chemometrics and Intelligent Laboratory Systems,2011,106(1): 41-56.

[147] Agrawal P,Patwari N. Kernel Methods for RSS—Based Indoor Localization[M]. New Jersey: John Wiley & Sons,Inc,2011.

[148] Li J,Lu I T,Lu J S,et al. Robust kernel-based machine learning localization using NLOS TOAs or TDOAs[C]. 2017 IEEE Long Island Systems,Applications and Technology Conference (LISAT). IEEE,2017.

[149] Snoussi,Hichem,Honeine,et al. Kernel-Based Machine Learning Using Radio-Fingerprints for Localization in WSNs[J]. IEEE Transactions on Aerospace & Electronic Systems,2015.

[150] Dall'Anese,Emiliano,Kim S J,et al. Channel Gain Map Tracking via Distributed Kriging[J]. IEEE Transactions on Vehicular Technology,2011,60(3): 1205-1211.

[151] Teng J,Zhang B,Zhu J, et al. EV-Loc: Integrating Electronic and Visual Signals for Accurate Localization[J]. IEEE/ACM Transactions on Networking,2014,22(4): 1285-1296.

[152] Sheng X, Hu Y H. Maximum likelihood multiple-source localization using acoustic energy measurements with wireless sensor networks[J]. IEEE Transactions on Signal Processing,2004, 53(1): 44-53.

[153] Saeed N,Nam H. Robust Multidimensional Scaling for Cognitive Radio Network Localization[J]. IEEE Transactions on Vehicular Technology,2015,64(9): 4056-4062.

[154] Salman,N,Ghogho,et al. On the Joint Estimation of the RSS-Based Location and Path-loss Exponent[J]. Wireless Communications Letters,IEEE,2012. 1(1): 34-37.

[155] So H C,Lin L. Linear Least Squares Approach for Accurate Received Signal Strength Based Source Localization[J]. IEEE Transactions on Signal Processing,2011,59(8): 4035-4040.

[156] Coluccia A,Ricciato F. RSS-Based Localization via Bayesian Ranging and Iterative Least Squares Positioning[J]. IEEE communications letters,2014,18(5): 873-876.

[157] Yuan W,Nan W,Etzlinger B,et al. Cooperative Joint Localization and Clock Synchronization Based on Gaussian Message Passing in Asynchronous Wireless Networks[J]. IEEE Transactions on Vehicular Technology,2016,65(9): 1.

[158] Masazade E,Niu R,Varshney P K,et al. Energy Aware Iterative Source Localization for Wireless Sensor Networks[J]. IEEE Transactions on Signal Processing,2010,58(9): 4824-4835.

[159] Niu R,Varshney P K. Target Location Estimation in Sensor Networks With Quantized Data[J]. IEEE Transactions on Signal Processing,2006,54(12): 4519-4528.

[160] Lu L,Zhang H,Wu H C. Novel Energy-Based Localization Technique for Multiple Sources[J]. IEEE Systems Journal,2014,8(1): 142-150.

［161］ Zhang S,Gao S,Gang W,et al. Robust NLOS Error Mitigation Method for TOA-Based Localization via Second-Order Cone Relaxation[J]. IEEE Communications Letters,2015,19(12)：1.

［162］ Wang G,Chen,H,et al. NLOS Error Mitigation for TOA-Based Localization via Convex Relaxation [J]. IEEE Transactions on Wireless Communications,2013(8)：4119-4131.

［163］ Gang W,So M C,Li Y. Robust Convex Approximation Methods for TDOA-Based Localization under NLOS Conditions[J]. IEEE Transactions on Signal Processing,2016,64(13)：3281-3296.

［164］ Ma Z,Ho K C. A Study on the Effects of Sensor Position Error and the Placement of Calibration Emitter for Source Localization[J]. IEEE Transactions on Wireless Communications,2014,13(10)：5440-5452.

［165］ Shirazi G N,Shenouda M B,Lampe L. Second Order Cone Programming for Sensor Network Localization with Anchor Position Uncertainty[C]. Positioning Navigation and Communication (WPNC),2011 8th Workshop on. IEEE,2011：51-55.

［166］ KarbasiAmin,OhSewoong. Robust localization from incomplete local information[J]. IEEE/ACM Transactions on Networking (TON),2013,21(4)：1131-1144.

［167］ Mourad F,Snoussi H,Abdallah F,et al. A Robust Localization Algorithm for Mobile Sensors Using Belief Functions[J]. IEEE Transactions on Vehicular Technology,2011,60(4)：1799-1811.

［168］ Misra S,Xue G,Bhardwaj S. Secure and Robust Localization in a Wireless Ad Hoc Environment[J]. IEEE Transactions on Vehicular Technology,2009,58(3)：1480-1489.

［169］ Wu N,Xiong Y,Wang H,et al. A Performance Limit of TOA-Based Location-Aware Wireless Networks With Ranging Outliers[J]. IEEE Communications Letters,2015,19(8)：1414-1417.

第5章

基于频谱数据分析的网络拓扑挖掘

5.1　引言

　　为有效掌握并遏制恐怖分子的通信联络,对重大突发恐怖活动进行分析和控制[1],本章研究利用电磁频谱数据分析和挖掘技术,合理地利用数据挖掘[2]、机器学习[3]等技术手段,掌握目标区域的通信网络拓扑结构。网络结构拓扑的基础要素是边和点两个部分[4]。分析设备之间的通联关系能够获得通信网络结构的边,得到其逻辑拓扑,再结合通信设备的定位可以得到其物理拓扑。目前拓扑发现算法大多数集中于路由层和链路层的网络结构,网络结构分析研究主要是基于协议展开的,而对于有限先验知识的拓扑发现研究具有一定局限性。

　　本章利用频谱监测数据对通信网络拓扑结构的边和点进行了研究,即通信设备(节点)间的通联关系分析和通信设备的定位。该研究能够在复杂未知的电磁环境下,不需要了解信号的调制信息、解析通信协议,更不用分析现场繁杂动态信号的内容,仅仅利用频谱监测数据的物理特征和统计规律,发现目标现场的通信网络拓扑,就能够有效掌握不法分子之间的通信情况及其位置,对保证重大活动的安全稳定具有重要的实际意义。本章主要内容如下:

　　(1) 对理想传播环境下的通信网络拓扑结构进行研究,提出一种基于频谱信号统计规律的网络拓扑挖掘方法。先根据频谱监测数据的物理特征参数,分析总结具有通联关系的通信信号的统计规律,利用所总结的规律提出了发现通联关系的方法。然后通过几何原理求解通信节点位置,并基于自由空间中的信号传播模型仿真频谱数据进行实验分析,验证了所提方法的可行性。

　　(2) 提出了一种基于频谱数据聚类分析发现的电台通联关系并进一步挖掘电台之间的通信网络拓扑结构的方法,并对发现的通信网络拓扑结构进行了分析。通信网络结构的发现实现了通联关系的应用与分析,以及对频谱监测数据更进一步的挖掘。

5.2 基于频谱信号统计规律的网络拓扑挖掘

5.2.1 问题分析

当前频谱资源愈加紧张,空中电磁波秩序越来越复杂,电磁频谱监测通过提供有价值的信号电平、带宽等监测数据,在频谱资源管理中发挥着重要作用。面对日益增长的频谱监测需求和监测网络覆盖[5],海量的监测数据也随之而来。

对频谱监测信号处理的传统方式主要是信号分析、信号解密、信息截取等。现今频谱信号多为数字信号,其富含的信息量越来越多,信号分析技术作为频谱监测的重要手段,需要从监听的信号中提取任何信息,包括发射信号的调制信息、发射机的属性以及提取发射信息等[6]。信号分析包括检测、频谱分析、调制识别、模拟和数字解调、编码识别和信道解码等[7]。传统的信号源定位方式一般是基于信号到达时间差定位、基于信号到达角度等。然而,在加密的信号电磁波环境中,信号内容侦破的难度和代价加大,并且在目标环境中可能存在多个信号源,由于监测站只能接收到时间、频率、带宽、功率等信息,因此无法分辨出所获信息来自哪个信号源,导致利用传统方法分析通信网络拓扑的可行性降低。

本节以反恐维稳行动为研究背景,考虑信号在理想的传播环境中,提出基于信号统计规律的通信网络拓扑结构发现方法。该方法不需要分析信号内容,仅利用频谱监测数据展示的信号特征,通过电磁信号的统计规律分析得到无线通信网络中通信行为,找出目标区域内的通联关系,并结合路径损耗模型对通信节点进行定位,从而得到通信网络拓扑,掌握有关目标部署位置、相互通联关系和活动情况。为表述清楚,给出通信行为和通联关系在本书中的定义。

通信行为的定义:对于行为,在不同的学科有不同的定义,在本书中行为主要指双方产生通信的行为,即双方之间产生信息交互的行为。

通联关系的定义:通联关系是指在通信网络中不同通信设备之间的通信联络,可能是一对一的联系、一对多的联系或者是多对一的联系。

本节利用图来表示通信网络拓扑结构。网络拓扑图是由边和节点构成,以下对本节研究的通信网络拓扑中涉及图论[8]中的有关术语进行简单说明。

(1)节点:是通信网络中通信设备的抽象表示。

(2)边:是通信网络中通信设备之间的通联关系的抽象表示。

5.2.2 模型建立

以某反恐演习现场为研究区域,系统模型设置如图5.1所示。

参考研究点与线之间关系的拓扑方法[9],将通信设备抽象为顶点,通联关系抽象为直线,用点与线构成现场区域通信网络的拓扑结构,如图5.2所示。图中的圆圈表示通信节点,数字表示节点之间通联关系编号。实验场景设置如下:演习区域内随机部署多台无线通信设备,相互之间均可实现通信,通信设备可以采用定频工作模式或者跳频工作模式。在现场区域内任意两台设备之间没有山峰阻碍。随机设置多台监测站采集通信设备频谱数据。

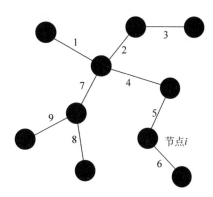

图 5.1 自由空间的系统模型　　　　图 5.2 现场区域内通信网络拓扑

根据本章对目标区域通联关系和通信节点位置研究的需要,做出如下假设:

假设 1,未知信号经过自由空间[10]到达距离 d 处的监测站,通信设备和监测站之间没有任何障碍物,信号沿直线传播,未知信号是全向发射。

假设 2,具有通联关系的通信设备在进行通信时,采用停止等待 ARQ(Automatic Repeat Request)协议[11],信号接收方收到信号后回复 ACK 或 NAK。

假设 3,每台通信设备均可在一定的带宽下,根据实际需求采取定频通信或跳频通信两种工作模式完成一次通信,不考虑设备故障。在跳频通信中,发送报文或回复 ACK 均在一次跳频内完成。

假设 4,实验中选用的监测设备性能型号一致,各个监测站都能接收到来自未知信号源的信号,不考虑测量误差以及机器故障导致的数据缺失问题。所有监测站的数据能够共享[12],且时间是同步的。在频谱数据采集过程中,监测站和通信设备的位置均不发生移动。

假设 5,无线信号传播采用自由空间传播模型。自由空间是指没有任何衰减和阻挡,也没有任何多径的传播空间[13]。自由空间传播模型是无线电波传播最理想的模型,信号能量在自由空间中扩散,在传播一定距离之后信号能量会发生衰减[14],信号的传播损耗满足

$$\frac{P_r}{P_t} = \left[\frac{\sqrt{G_l}\lambda}{4\pi d}\right]^2 \tag{5-1}$$

其中,P_t 为发送信号的功率,P_r 为接收信号的功率,d 为信号发射端与信号接收端之间的距离,λ 为电磁波波长,G_l 为视距方向上发射天线和接收天线的增益之积。式(5-1)反映了发射端和接收端之间由于距离不同产生的功率变化。可以看出,信号的接收功率只与收发天线之间的距离平方成反比,与 λ^2 成正比。

5.2.3 网络通联拓扑挖掘

5.2.3.1 频谱监测设置与信号数据格式

无线电监测中,可以在场地中部署多台监测站进行多站联网监听[15],每个监测站的信息例如其编号和具体位置是已知的。各监测站能够采集到在指定频段和一段时间内的所有

信号信息[16]，获得的信号物理特征包括中心频率 f、信号带宽 B、信号电平 L、信号起始时间 t_1 和信号结束时间 t_2。监测站采集的监测信号格式如表 5-1 所示。

表 5-1　监测信号的数据格式

监测站编号 i	监测站坐标	信号	频率 f	带宽 B	电平 L	起始时间 t_1	结束时间 t_2
3		信号 1					
8		信号 2					
2		信号 3					
5		信号 4					
...		...					

为表述方便，以下用字符表示的监测信号数据格式中监测站的编号和位置信息没有显示。记 m 为监测站的个数，编号为 i 的监测站获得的频谱数据集为 X_i，$i=1,2,\cdots,m$，$X_i=\{x_1,x_2,\cdots,x_k,\cdots,x_{n_i}\}$，其中 n_i 为第 i 个监测站接收到频谱数据的数量。x_k 表示第 k 个频谱，用信号的特征参数表示为 $x_k=\{f_k,B_k,L_k,t_{1,k},t_{2,k}\}$。每一个监测站中由电平转换的功率数据集记做 P_i，$P_i=\{p_{i,1},p_{i,2},p_{i,3},\cdots,p_{i,n_i}\}$。图 5.3 表示各个频谱数据集相互间的关系。

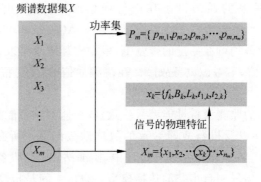

图 5.3　频谱数据集之间的相互关系

5.2.3.2　通联关系挖掘

基于本实验假设我们可以将监测站接收到的信号用图 5.4 表示，横轴表示监测时间，纵轴为接收的信号载波频率，图中蓝色图形为定频通信信号，橙色图形为跳频通信信号。

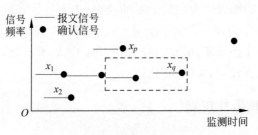

图 5.4　监测站接收的信号示意图

当获得监测数据集后,通过对其可视化展示可以看到频谱数据的特征,如图 5.5 所示。

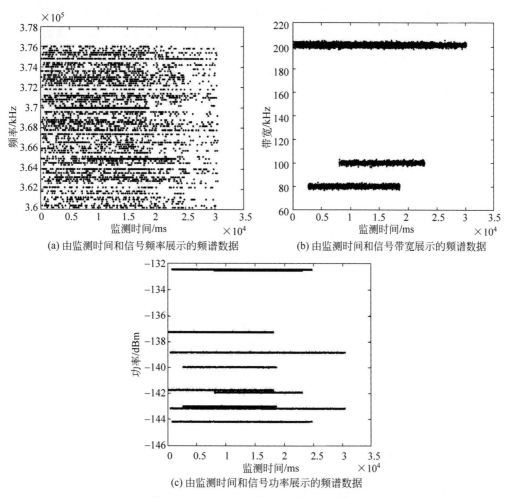

(a) 由监测时间和信号频率展示的频谱数据　　　(b) 由监测时间和信号带宽展示的频谱数据

(c) 由监测时间和信号功率展示的频谱数据

图 5.5　以不同信号特征展示的频谱数据

监测站监测的连续信号示意图如图 5.6 所示。

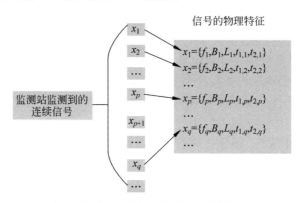

图 5.6　监测站监测的连续信号示意图

如图 5.7 所示是基于信号统计规律的通联关系发现流程。本书中的通联关系的发现过程是基于通信用户在某次通信过程中产生的频谱数据的统计特性进行的信号分类过程。首先找出频谱数据集中不同带宽 B 的数量 k_1，数据集 X 可以按照带宽分成 k_1 个数据子集。针对每个数据子集中的任意两个信号，若其起始时间之间的间隔小于阈值 t_0，则认为这两个信号时间连续。对每一个数据子集，将中心频率一致并且时间连续的信号归为定频信号，否则归为跳频信号。然后分别对定频信号集 X_f 和跳频信号集 X_h 进行处理，进而发现通联关系。

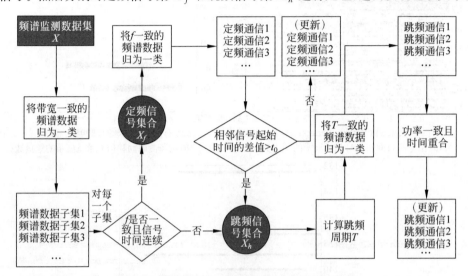

图 5.7 基于信号统计规律的通联关系发现流程

1. 定频通信的通联关系发现

对 X_f 中的数据，找出其中不同中心频率的数量，记作 k_2，将 X_f 分成为 k_2 个定频通信集。考虑到跳频通信的某些跳频点可能与某次定频通信的频率相近，如图 5.4 信号示意图中虚线框出的部分，因此计算当前每个定频通信集中相邻信号（如图 5.6 连续信号示意图中 x_p 和 x_{p+1}）的起始时间的差值 Δt，即

$$\Delta t = t_{1,p+1} - t_{1,p} \qquad (5\text{-}2)$$

若 Δt 大于阈值 t_0，则认为后到达监测站的信号（如 x_{p+1}）是跳频信号。直到每个类中的 Δt 符合阈值设定，得到 k_2 个定频数据集。

2. 跳频通信的通联关系发现

在跳频通信中，跳频周期 T_h 是指每一跳占据的时间，它与跳频速率成倒数关系[17]。跳频驻留时间 T_{dw} 是指跳频设备在各个信道频率上发送或接收信息的时间，信道切换时间 T_{sw} 是指跳频设备由一个信道频率转换到另一个信道频率并达到稳态所需的时间，且满足

$$T_h = T_{dw} + T_{sw} \qquad (5\text{-}3)$$

考虑到在基于停止等待 ARQ 协议的跳频通信中，信息发送和确认信号回复过程中，两个信号的频率基本保持一致。因此，跳频周期 T 计算方法如下：如图 5.6 所示的连续信号所示，遍历全部信号 $X = \{x_1, x_2, \cdots, x_p, \cdots, x_q, \cdots\}$，找出与信号 x_p 中心频率相等且时间最近的信号 $x_q(p < q)$，其中 $x_p = \{f_p, B_p, L_p, t_{1,p}, t_{2,p}\}$，$x_q = \{f_q, B_q, L_q, t_{1,q}, t_{2,q}\}$，$T$ 为信号 x_p 的结束时间 $t_{2,q}$ 与信号 x_q 的开始时间 $t_{1,p}$ 之差，即

$$T = t_{2,q} - t_{1,p} \qquad (5\text{-}4)$$

对 X_h 中的数据,先计算每个信号的跳频周期 T,不同周期的个数记作 k_3,将 X_h 按照周期分成 k_3 个跳频数据集。由于通信节点的位置没有发生移动,一次跳频通信中接收信号的电平基本不变,因此再根据功率电平是否一致,和信号出现时间是否重叠更新 k_3,得到 k_3 个跳频数据集。从而实现通联关系的发现。

5.2.3.3 信号源定位

通信节点的定位是基于自由空间的路径损耗模型,信号发射功率和信号接收功率满足式(5-1)。当两个监测站收到未知信号时,则信号源在分别以两个监测站为圆心,d_i 为半径的两个圆的交点上,其中 d_i 为编号为 i 的监测站到信号源的直线距离。由式(5-1)知,半径 d_i 满足

$$d_i^2 = \frac{G_1 P_{t,i} \lambda^2}{16\pi^2 P_r} \tag{5-5}$$

其中,$P_{t,i}$ 表示由监测站 i 接收的信号功率,P_r 为信号源发射功率。设每个监测站位置为 (s_i, t_i),未知信号源位置为 (x_c, y_c),g 为未知信号源个数,$c = 1, 2, \cdots, g$,则未知信号源的位置满足

$$\frac{(x_c - s_i)^2 + (y_c - t_i)^2}{(x_c - s_j)^2 + (y_c - t_j)^2} = \frac{p_{c,j}}{p_{c,i}} \tag{5-6}$$

其中,$p_{c,i}$、$p_{c,j}$ 分别表示编号为 i、j 的监测站接收到第 c 个信号源的功率。

如图 5.8 所示,当有 3 个及以上的监测站都能收到该未知信号时,根据几何原理,平面中的多个圆就会有交点,则未知信号的位置一定在其中某个交点上。在知道未知信号到监测站的距离后就能画出一个圆,根据多个监测站监测的数据可以画出多个这样的圆。基于本实验的模型假设,监测的信号功率值不存在测量误差,因此多个圆存在同一交点,求解多个圆的唯一交点即为未知信号源的坐标。算法中先选定任意 3 个监测站(如编号 $i = 1, 2, 3$)的监测数据求解方程(5-7)得到两组坐标。

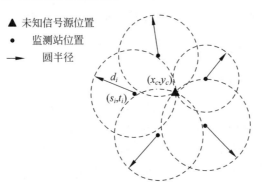

- ▲ 未知信号源位置
- ● 监测站位置
- → 圆半径

图 5.8 通信节点位置计算几何原理图

$$\begin{bmatrix} \dfrac{(x_c - s_1)^2 + (y_c - t_1)^2}{(x_c - s_2)^2 + (y_c - t_2)^2} \\ \dfrac{(x_c - s_1)^2 + (y_c - t_1)^2}{(x_c - s_3)^2 + (y_c - t_3)^2} \end{bmatrix} = \begin{bmatrix} \dfrac{p_{c,2}}{p_{c,1}} \\ \dfrac{p_{c,3}}{p_{c,1}} \end{bmatrix} \tag{5-7}$$

再选定 3 个监测站(编号 $i = 1, 2, 4$)的监测数据求解方程(5-8)得到两组坐标,找出 4 组

坐标中重合的点即为通信节点的位置坐标,单位为 m。

$$\begin{bmatrix} \dfrac{(x_c-s_1)^2+(y_c-t_1)^2}{(x_c-s_2)^2+(y_c-t_2)^2} \\[3mm] \dfrac{(x_c-s_1)^2+(y_c-t_1)^2}{(x_c-s_4)^2+(y_c-t_4)^2} \end{bmatrix} = \begin{bmatrix} \dfrac{p_{c,2}}{p_{c,1}} \\[3mm] \dfrac{p_{c,4}}{p_{c,1}} \end{bmatrix} \tag{5-8}$$

5.2.3.4 网络通联拓扑挖掘算法流程

根据理论分析,本节给出通信网络拓扑发现的算法流程,如算法 5.1 所示。

算法 5.1:通信网络拓扑发现算法流程

输入:频谱监测数据集 X,$X=\{X_1,X_2,\cdots,X_i\}$,监测站的位置信息 Ls,Ls$=\{(s_1,t_1),(s_2,t_2),\cdots,(s_i,t_i)\}$

输出:分类的频谱数据集,通信节点的位置坐标 L

1. 找出频谱数据集 X 中不同的带宽 B 数量 k_1,将 X 分成 k_1 类;
2. 对 $j=1:k_1$ 循环执行;
3. 将每个类中频率相同、时间连续的信号记作定频信号,其余为跳频信号;
4. 在 X_f 中找出不同信号频率的数量 k_2,将 X_f 分成 k_2 个定频通信集,根据式(5-2)计算时间差值 Δt,若 Δt 大于阈值 t_0,则重复步骤 3 并更新 k_2,直到每个类中的 Δt 符合阈值设定,得到 k_2 个定频数据集;
5. 在 X_h 中根据式(5-4)计算跳频周期 T,找出不同周期的个数 k_3,将 X_h 分成 k_3 个跳频数据集,再按照功率电平和信号时间是否重叠更新 k_3,得到 k_3 个跳频数据集;
6. 对分类的频谱数据集,根据等式(5-7)计算位置坐标存储在 M 中,根据式(5-8)计算位置坐标存储在 N 中,筛选 M,N 中相同的坐标,存储在 L 中;
7. 结束;
8. 输出 k_2+k_3 个数据子集和位置信息 L。

根据本节采用的频谱数据特征,经过多次实验后,将判定时间是否连续的阈值设为 10ms,区分频率基本相近的跳频信号和定频信号的阈值 t_0 设为 12ms。

5.2.4 实验结果及分析

5.2.4.1 仿真设置及网络结构

为了验证本节提出方法的可行性和有效性,下面进行实验与讨论。本实验将系统模型中的参数设置如下:演习地域长度和宽度均为 1km,场内随机部署 10 台通信设备,相互之间均可实现通信。实验选用的无线电通信设备发射功率有 10W 和 12W 两种,通信距离可达到 1000m,使用频率是 350~390MHz,跳频设置为 360~376MHz。现场设定有 5 组设备进行通信,每组通信的参数设置如表 5-2 所示,信号噪声为零均值的高斯白噪声。

表 5-2 实验数据集中各组的通信参数设置

通联关系序号	工作模式	频率/MHz	带宽/kHz	通信时间/ms
1	定频	360	1.8	10~258
2	跳频	360~376	2.4	10~258
3	跳频	360~376	3.5	200~399

续表

通联关系序号	工作模式	频率/MHz	带宽/kHz	通信时间/ms
4	跳频	360～376	3.2	220～419
5	跳频	360～376	3.0	280～479

经过预处理后得到监测信号采集数据参数包括监测站编号、中心频率、信号带宽、功率、信号起始时间(t_1)、信号终止时间(t_2)。部分频谱监测数据样本如表 5-3 所示。

表 5-3 频谱监测数据样本

监测站编号	频率/kHz	带宽/kHz	功率/dBm	t_1/ms	t_2/ms
1	385 000	3.2	−49.144 230 72	240	247.862 200 3
4	380 000	2.4	−46.791 451 07	240.079 778	247.079 778
3	360 000	1.8	−43.206 356 06	240.079 989 1	247.079 989 1
4	360 000	1.8	−36.311 218 43	247.169 961 3	247.469 961 3
4	380 000	2.4	−41.703 910 04	247.170 087 1	247.470 087 1
1	351 000	3.5	−49.825 613 42	247.934 494 1	248.934 494 1
1	385 000	3.2	−45.039 502 25	247.950 669 8	248.950 669 8
2	364 000	3.5	−41.015 097 15	250	257.848 407 6
1	371 000	3.2	−49.144 230 72	250	257.889 529 4
4	380 000	2.4	−46.791 451 07	250.079 808 2	257.079 808 2
3	360 000	1.8	−43.206 356 06	250.079 844 7	257.079 844 7
4	380 000	2.4	−41.703 910 04	257.169 885 7	257.469 885 7
3	360 000	1.8	−36.311 218 43	257.169 980 2	257.469 980 2
2	364 000	3.5	−37.212 984 73	257.933 453	258.933 453

将监测数据可视化展示如图 5.9 所示,图中横轴为监测时间,纵轴为监测到未知信号的中心频率。

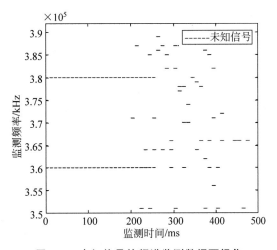

图 5.9 未知信号的频谱监测数据可视化

5.2.4.2　通信网络拓扑发现结果及分析

根据表 5-2 算法得到通信网络中通联关系,如图 5.10(a)所示,为方便查看图中的详细信号信息,将图 5.10(a)中矩形区域内的局部信息放大,如图 5.10(b)所示。

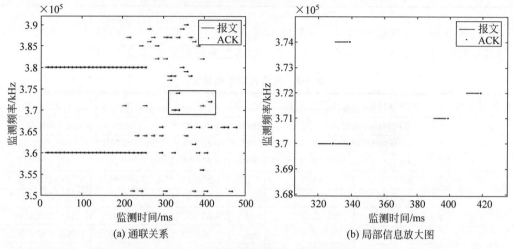

（a）通联关系　　　　　（b）局部信息放大图

图 5.10　自由空间通联关系仿真结果

彩图

图 5.10 中横轴为监测站监测时间,纵轴为信号监测频率,其中同种颜色的图标表示一组通信设备某次通信过程中被监测到的信号,直线表示发送端发送报文信号,圆点表示接收端的接收信号。由仿真结果分析得出目标区域内共有 5 组通联关系。图 5.11 是仿真所得的通信网络拓扑结构示意图,图中圆圈表示发送端的位置信息,三角形表示接收端的位置信息,横轴和纵轴分别是通信节点的位置坐标。由表 5-4 可知实验结果得出的通信网络拓扑结构与仿真场景中的初始设定相一致。

图 5.11　自由空间通信网络拓扑结构

表 5-4　自由空间节点定位结果

通联关系序号	通信时间/ms	仿真实验所得通信节点坐标/m	图 5.10 中颜色标注
1	10～258	(200,700)～(500,300)	品红色
2	10～258	(400,600)～(200,450)	宝蓝色

续表

通联关系序号	通信时间/ms	仿真实验所得通信节点坐标/m	图 5.10 中颜色标注
3	200～399	(300,550)～(250,550)	绿色
4	220～419	(100,400)～(300,800)	淡蓝色
5	280～479	(300,500)～(100,300)	红色

从上述结果能够看出,在理想的传播环境中,能够通过对频谱监测数据的信号特征进行统计分析总结具有通信行为的通信节点之间的信号规律,发现其通联关系,再结合几何分析得到节点的位置信息,能获得理想状态下的通信网络拓扑。

5.2.5 小结

本节对监测站所获目标区域通信的频谱数据进行了深入分析,根据定频和跳频两种通信模式的工作特点提出了通信网络拓扑发现方法,并基于该方法进行了仿真实验,得到了现场设置的节点通联关系和节点的位置信息,能在不分析信号内容的前提下,仅通过信号的统计规律得到通信网络拓扑,实验结果表明该方法具有可行性。

5.3 基于频谱数据聚类分析的网络拓扑挖掘

5.3.1 问题分析

通联关系反映了通信个体之间的通信联系,通过对通信个体的通信时间、通信时长、通信次数等特征的统计规律和通信的先后顺序以及通信方向的分析,可以进一步推测、构建通信网络结构。通信网络反映了监测区域内通信节点之间的通联关系以及通信行为。再通过对网络连通性、网络通信路径等信息的研究能够实现对网络结构、层级的分析,以及节点在网络中位置层级的估计。

海量频谱信号除了携带着通信信息外,信号自身的物理特征以及这些特征的统计规律也潜在地反映了通信个体之间的通联关系以及与通信行为相关的情报信息。由于信源产生的频谱信号在功率、监测时间和方向上呈现的聚类性,以及通信过程中通信双方产生的频谱信号的关联性,我们在第 3 章提出了一种基于改进的 OPTICS 算法挖掘频谱数据中电台之间通联关系的方法。该方法通过改进的 OPTICS 算法对频谱数据进行聚类,然后通过匹配聚类集数据的时间分布来确定通联关系。该方法的关键创新点在于引入柱坐标系来研究海量频谱监测数据的分布规律,并将聚类集投影到极坐标来表示信源之间以及信源相对于监测站的相对位置,从而可以以相对位置作为推测构建网络的节点,再以电台之间的通联关系作为构建网络结构的边,由此实现通信网络结构的挖掘。

为了实现从频谱监测数据中挖掘通信网络结构,本节首先使用第 3 章提出的电台通联关系挖掘方法来挖掘频谱数据的通联关系,通联关系以聚类相同时间范围的聚类集表示;其次将聚类集在极坐标系的投影集的质心邻域作为通信个体在极坐标系的相对位置,并作为网络节点;然后依据发现的通联关系作为网络的边;最后对网络节点与节点之间的通联关系(网络的边)进行匹配,推测构建通信网络结构并对网络结构进行分析。该方法对海量频谱监测信号有良好的适应性,能够基于发现的电台之间的通联关系从频谱监测数据中挖掘、推测通信网络结构,并通过对网络结构和节点通信次数的统计分析实现了通信个体的通信行为研究。

5.3.2 通信网络拓扑结构挖掘算法

在通信网络构建的过程中,首先要确定网络的节点。数据集 $Z=\{z_1,z_2,\cdots,z_j,\cdots,z_n\}$ 表示频谱监测数据中每个频谱信号的方向和功率信息,其中 $z_j=\{\theta_j,P_j\}$。在极坐标系中,数据集 Z 描述了频谱信号的相对位置信息,数据呈现出聚类分布。通过 DBSCAN 算法实现了数据集 Z 的一个划分,即 $Z=\{C_1,C_2,\cdots,C_p,\cdots,C_m,D\}$,其中 $p=1,2,3,\cdots,m$;聚类集 C_p 的数据分布表征了信源在极坐标系中的相对位置,D 为异常点集合。各个聚类集 C_p 的质心邻域来表示信源的相对位置,并作为通信网络的节点。聚类集 $C_p=\{c_{p_1},c_{p_2},\cdots,c_{p_i},\cdots,c_{p_k}\}$(其中 $c_{p_i}=(\theta_{p_i},P_{p_i})$)的质心位置 $\overline{C_p}$ 表示为:

$$(\overline{\theta_p},\overline{P_p})=\frac{1}{k}\sum_{i=1}^{k}c_{p_i} \tag{5-9}$$

为了记录并研究通信网络在不同时间段的通联关系和渐变过程,我们将数据集 Y 按照时间间隔 t_{interval} 划分为 $Y=\{Y_1,Y_2,\cdots,Y_i,\cdots\}$。需要强调的是,对数据集 Y 进行分段处理是必要的。只有以这样的方式,我们才能够直观地了解到不同时间段内的通信关系、通信顺序,网络的通联性、路径和通信方向等信息。基于第 4 章的通联关系挖掘算法,对 Y_i 进行通信关系挖掘,并记录通信方向、通信顺序以及计算信源在极坐标中的相对位置 $(\overline{\theta_l},\overline{P_l})$,其中 $l=1,2,\cdots$。为了将 Y_i 中的信源相对位置 $(\overline{\theta_1},\overline{P_1})$ 与网络节点 $(\overline{\theta_p},\overline{P_p})$ 正确匹配,我们设定了 $\overline{C_p}$ 的邻域范围:

$$N_r((\overline{\theta_p},\overline{P_p}))=\{(\theta_i,P_i)\mid d[(\overline{\theta_p},\overline{P_p}),(\theta_i,P_i)]\leqslant r\} \tag{5-10}$$

$$d[(\overline{\theta_p},\overline{P_p}),(\theta_i,P_i)]=\sqrt{(P_i\cos\theta_i-\overline{P_p}\cos\overline{\theta_p})^2+(P_i\sin\theta_i-\overline{P_p}\sin\overline{\theta_p})^2} \tag{5-11}$$

如果 Y 中的信源相对位置 $(\overline{\theta_1},\overline{P_1})$ 在 $\overline{C_p}$ 的邻域内,则认为 $(\overline{\theta_1},\overline{P_1})$ 表示该网络节点,并依据通信关系将节点连接。每个 Y_i 对应着一个时间范围为 t_{interval} 的通信网络 Ω_i,Ω_i 记录了该时间范围内的通信情况,通信网络 Ω_i 到 Ω_{i+1} 的变化,对应着节点通联关系的改变以及网络随时间的演变。将通信网络 $\Omega_i(i=1,2,3,\cdots)$ 合并在一起形成了数据集 Y 对应的通信网络 Ω。需要注意的是,在对 Y 依据时间间隔划分时,可能将连续的通信频谱监测数据划分在相邻的多个子集 Y_j 中,$j=i,i+1,i+2,\cdots$。因此,在合并 Ω_i 时,需要将连续分布在相邻网络 Ω_j 中的多个通联关系视为一个,确保准确的通联关系数量。

算法 5.2:通信网络拓扑结构挖掘算法

输入:数据集 $Y=\{y_1,y_2,\cdots,y_j,\cdots,y_n\}$,其中 $y_j=\{\theta_j,P_j,t_j\}$

ε_1,MinPts$_1$

t_{interval}

ε_2,MinPts$_2$,h,r

输出:网络节点坐标 $(\overline{\theta_p},\overline{P_p})$

通信网络 Ω

通信顺序

1. 将数据集 Y 在极坐标系平面进行投影,得到数据集 $Z=\{z_1,z_2,\cdots,z_j,\cdots,z_n\}$,其中 $z_j=\{\theta_j,P_j\}$。
2. 在极坐标中对数据集 Z 用 DBSCAN 算法进行聚类,$\varepsilon=\varepsilon_1$,$\mathrm{MinPts}=\mathrm{MinPts}_1$
   聚类集为 $Z=\{C_1,C_2,\cdots,C_p,\cdots,C_m,D\}$
3. 计算 C_p 的质心坐标 $(\overline{\theta_p},\overline{P_p})$ 作为网络节点
4. 依据时间间隔 t_{interval},将数据集 Y 进行划分,得到 $Y=\{Y_1,Y_2,\cdots,Y_i,\cdots,Y_n\}$
5. for $i=1:n$
6. 依据算法 1,$\varepsilon=\varepsilon_2$,$\mathrm{MinPts}=\mathrm{MinPts}_2$,从 Y_i 获取通信关系、通信方向、通信顺序、聚类集 U_q 在极坐标系的质心位置 $(\overline{\theta_q},\overline{P_q})$,$q=1,2,\cdots$。
7. 将 $(\overline{\theta_q},\overline{P_q})$ 与网络节点 $(\overline{\theta_p},\overline{P_p})$ 进行匹配
8. 依据通信关系对连接网络节点,得到通信网络 Ω_i
9. end for
10. 将 Ω_i 合并,得到通信网络拓扑
11. 在极坐标系进行可视化表示

算法 5.2 的步骤 1～3 用于计算数据聚类集在极坐标系的质心位置(作为网络节点);步骤 4 将数据进行分段处理;步骤 5～9 用于挖掘每段数据中的通信网络拓扑结构切片,步骤 10 和 11 获得最后的网络拓扑结构并进行可视化表示。

时间复杂度分析:通过 DBSCAN 算法对数据集 Z 聚类的时间复杂度为 $O(n^2)$,计算网络节点的时间复杂度为 $O(n)$,通信关系发现算法的时间复杂度为 $O(n^2)$,所以,该算法总的时间复杂度为 $O(n^2)$。

5.3.3 通信网络拓扑结构分析

对于从频谱监测数据中挖掘的通信网络,可以依据统计规律以及通信网络自身的特点对网络的节点、结构等进行分析。借鉴 PageRank 算法[18]的基本思想,对于网络节点而言,如果一个节点与其他多个节点相连,则这个节点在网络中很重要,即节点的 PageRank 值会相对较高;如果一个 PageRank 值很高的节点连接到一个其他的节点,那么被连接到的节点的 PageRank 值会相应地因此而提高[18]。因此,对网络结构的分析需要考虑节点与边的统计规律。

假设从频谱监测数据挖掘的通信网络为 $G=\{V,E\}$,其中 $V=\{v_1,v_2,\cdots\}$ 表示信源节点,$E=\{(e_1,p_1),(e_2,p_2),\cdots,(e_i,p_i),\cdots\}$ 表示节点之间的通联关系,e_i 表示边,p_i 表示连接次数。定义 $d^+(v_i)$ 表示信号源作为发送方的次数,$d^-(v_i)$ 表示信号源作为接收方的次数,度 $d(v_i)$ 表示信号参与通信的次数。通过分析节点参与通信数量的统计特征,考查不同节点在网络中的层级位置。

在军事通信网络中信息通常是逐级传递的,不同层级在通信网络中的通信数量等统计规律是不同的;并且在网络的子网络内部有密切的联系,而各个子网络之间的通信可能通过更高层级的通信传达。尽管网络内部的节点都是互通的,但是不同层级的节点的实际通信范围和权限是不同的。比如在军事通信网络中,各个节点都是互联的,但是班用电台在通信网络中的通信范围受限于一个连队,流向更高层级的信息,通常需要逐级向上传递;同样地,命令的下达也是逐级的。

通过考查网络的连通性来分析网络的结构。路径表征了信息的传递方向和节点之间通信的时间顺序以及网络的深度。对网络通信路径的分析可以发现关键路径、关键节点、区分子网络。

5.3.4　实验结果及分析

5.3.4.1　场景设置与数据说明

在宽度30km、纵深30km的区域随机设置了10部电台作为实验的信源,其中电台 D 和 J 进行定频通信,其他电台进行跳频通信。电台通信的频率范围为30~90MHz,监测设备的扫描带宽为20MHz,扫描速率为80GHz/s。图 5.12 展示了电台和监测站的分布情况,其中蓝点表示电台,红点表示监测站。

彩图

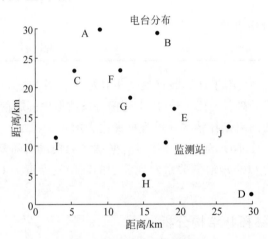

图 5.12　电台位置分布图

基于图 5.12 中设置的电台和监测设备,我们对电台之间的通信进行了模拟,并通过监测设备对频谱信号进行监测,然后从频谱监测数据挖掘通联关系、通信网络,并对通信网络结构进行分析。在模拟实验的通信模型中,信息从上层节点发出,逐级下达到末端,并最后产生反馈。在每对电台的通信中,我们缩小了通信时间,以便容纳更多电台之间的通信。信号源通联关系以及通信顺序如表5-6所示。图 5.13 是对表 5-5 中的电台通信顺序在时间上的展示,其中不同颜色表示不同电台之间的通信,1 表示电台为发送状态,2 表示电台为接收状态。

表 5-5　通信顺序表

序　号	通信双方	通信起始时间	通信结束时间	通信持续时间	通信方式	通信网络	电台工作功率
1	I→G	0″	3″	3s	跳频	Y	50W
2	D→J	2″	6″	4s	定频	X	50W
3	G→F	4″	7″	3s	跳频	Y	50W
4	C→A	5″	10″	5s	跳频	Y	50W
5	D→J	8″	13″	5s	定频	X	50W
6	G→H	8″	11″	3s	跳频	Y	50W

彩图

续表

序 号	通信双方	通信起始时间	通信结束时间	通信持续时间	通信方式	通信网络	电台工作功率
7	F→B	9″	14″	5s	跳频	Y	50W
8	H→E	13″	18″	5s	跳频	Y	50W
9	F→A	15″	19″	4s	跳频	Y	50W
10	D→J	16″	23″	7s	定频	X	50W
11	A→C	22″	27″	5s	跳频	Y	50W
12	J→D	25″	29″	4s	定频	X	50W
13	B→F	28″	34″	6s	跳频	Y	50W
14	E→H	30″	35″	5s	跳频	Y	50W
15	J→D	32″	38″	6s	定频	X	50W
16	A→F	35″	39″	4s	跳频	Y	50W
17	H→E	36″	38″	2s	跳频	Y	50W
18	H→E	39″	41″	2s	跳频	Y	50W
19	H→G	42″	46″	4s	跳频	Y	50W
20	B→A	43″	48″	5s	跳频	Y	50W
21	F→G	47″	50″	3s	跳频	Y	50W
22	G→I	51″	56″	5s	跳频	Y	50W

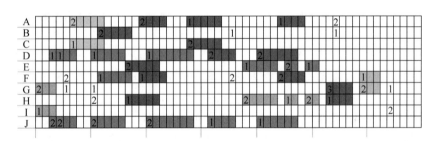

图 5.13 电台通信时序分布图

基于通信节点(电台)的地理位置和电台之间的模拟通信关系,实际的通信网络模型如图 5.14 所示。

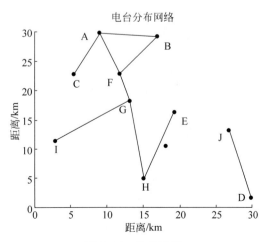

图 5.14 通信网络

5.3.4.2 实验结果

对于数据集 $Y = \{y_1, y_2, \cdots, y_j, \cdots, y_n\}$，其中 $y_j = \{\theta_j, p_j, t_j\}$。由于实验的时长为 56s，按照 $t_{\text{interval}} = 8s$ 对 Y 进行分段，得到 $Y = \{Y_1, Y_2, \cdots, Y_i, \cdots\}$，$i = 1, 2, 3, \cdots, 7$。依据通信网络结构挖掘算法，对频谱监测数据进行通信网络的挖掘。图 5.15 展示了数据集 Y 在极坐标上的投影，即通过信号功率和方向在极坐标中标注信源的相对位置，不同颜色的聚类集表示不同的信源产生的信号的分布情况；图 5.16 是用图 5.15 中各个聚类集的质心邻域表示信源的相对位置，并作为网络的节点。

彩图

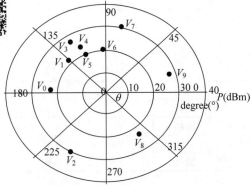

图 5.15　极坐标中的数据分布

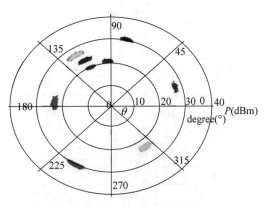

图 5.16　极坐标中的聚类集的质心邻域

在确定信源的相对位置后，对 $Y = \{Y_1, Y_2, \cdots, Y_i, \cdots\}$，$i = 1, 2, 3, \cdots, 7$ 进行通信网络的挖掘。图 5.17 是第 3 章通联关系挖掘方法中基于改进的 OPTICS 算法对 Y_1 的数据进行聚类的结果，聚类集对应着各个信源产生的频谱信号集，图 5.18 是基于聚类的频谱集，按照聚类集信号的时间范围进行匹配，将具有通信关系的频谱信号标注为相同的颜色。图 5.19(a) 是 Y_1 的信号在极坐标系中的分布，将其质心坐标与图 5.16 的质心邻域匹配，依据通联关系，将通信信源相连得到 Y_1 的网络结构，如图 5.19(b) 所示。图 5.20 展示了数据集 Y 的子集对应的网络。最终得到如图 5.21 所示的通信网络。

彩图

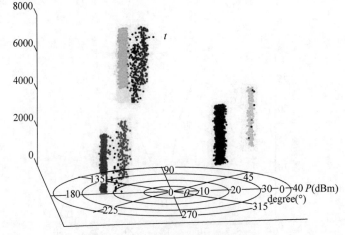

图 5.17　柱坐标中数据的聚类结果

彩图

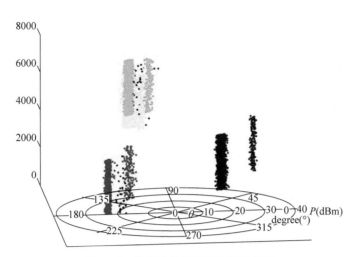

图 5.18　聚类集依据时间的匹配结果

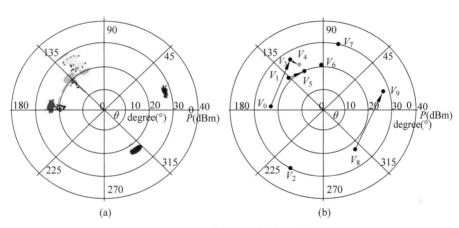

(a) 　　　　　　　　　　　　(b)

图 5.19　Y_1 的通信网络构建过程

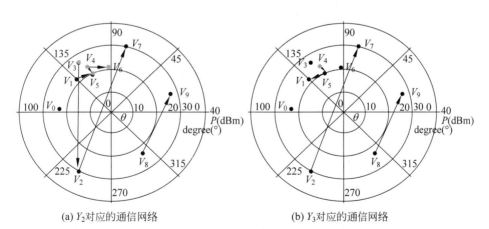

(a) Y_2 对应的通信网络　　　　　　　(b) Y_3 对应的通信网络

图 5.20　Y 的通信网络构建过程

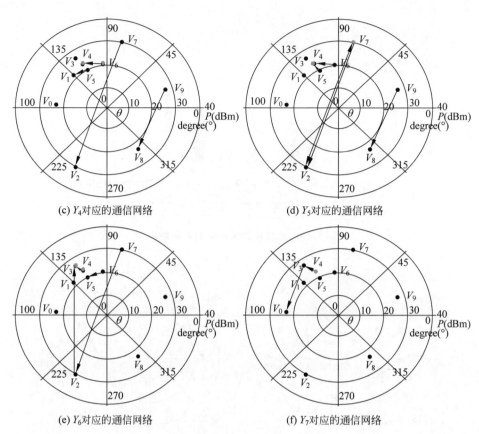

(c) Y_4对应的通信网络   (d) Y_5对应的通信网络

(e) Y_6对应的通信网络   (f) Y_7对应的通信网络

图 5.20 （续）

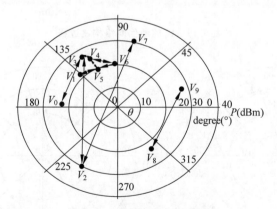

图 5.21 通信网络拓扑结构

5.3.4.3 网络结构分析

如图 5.21 所示,在监测范围内,V_8 和 V_9 是独立通信的电台,不与其他节点互通,可视为网络 F;而其他节点构成网络 G。从图 5.20 中各个图形的对比中可以发现,网络 G 主要分为 3 条通联关系。

通联关系 1：$V_0 \leftrightarrow V_3 \leftrightarrow V_4 \leftrightarrow V_5 \leftrightarrow V_1$

通联关系 2：$V_0 \leftrightarrow V_3 \leftrightarrow V_4 \leftrightarrow V_6 \rightarrow V_5$

通联关系 3：$V_0 \leftrightarrow V_3 \leftrightarrow V_2 \leftrightarrow V_7$

网络 G 的通信是从节点 V_0 开始，经过 V_3 传达到其他节点。节点 V_1, V_4, V_5, V_6 之间通信密切，构成子网络 G_1，其中 V_4 是子网络 G_1 的核心节点；节点 V_2, V_7 构成子网络 G_2。V_3 是两个子网连接的关键节点，V_0 是通信的起始节点，V_1 和 V_7 是通信的末端节点。从节点的统计规律分析，$d(V_3)=6, d(V_4)=6, d(V_5)=5, d(V_2)=4$，可视为实现网络通联的重要节点。

综上所述，网络 G 的层级可分为 4 层，其中 V_0 是通信的开端，可以视为通信中的最高级节点；V_3 是子网络 G_1 和 G_2 的连接点，是信息交汇的中间节点，作为第二级节点；V_4 和 V_2 则视为子网络的核心节点，用于组织子网络内部的通信，作为第三级节点；V_1、V_5、V_6、V_7 作为终端节点，是网络的第四级节点。

5.3.5 小结

频谱信号作为承载通信信息的媒介，其自身的信号特征以及某些特征的统计规律也潜在地反映了通信个体的通信行为以及与通信内容相关的情报信息。对海量频谱深入的研究分析具有重要意义。基于电台之间的通联关系，本节对频谱监测数据进行了更深入的挖掘分析，获取了通信个体之间的通信网络拓扑结构以及通信个体的通信行为信息。

为了挖掘频谱监测数据中电台之间的通联网络拓扑结构，首先基于发现的电台之间的通联关系作为构建网络结构的边，以聚类集在极坐标系的投影的质心邻域作为网络节点，最后通过节点与通联关系的匹配实现了通信网络结构的挖掘。最后通过对网络结构的分析，获取了有关电台的通信行为信息。本节的研究实现了对通联关系的应用，为更深入的通信个体的通信行为研究奠定了基础。

本节的贡献主要总结如下：

（1）从频谱监测数据中挖掘出通信个体之间的通信网络结构，通过对网络结构的分析，获取通信个体的通信行为。

（2）基于频谱信号的物理特征和这些特征的统计规律对频谱信号进行数据挖掘，不需要破解信号的内容，对海量频谱监测数据的分析研究提供了新角度。

（3）将柱坐标系中的聚类集投影到极坐标系中，以投影集的质心邻域表示通信个体的相对位置，使其具有物理意义，并作为网络节点；解决了无法从频谱监测数据中获取通信个体地理位置来表征网络节点的难题。

5.4 开放性讨论

本章利用频谱监测数据对通信网络拓扑结构的边和节点进行了研究，提出一种基于频谱信号统计规律的网络拓扑挖掘方法，以及一种基于频谱数据聚类分析发现的电台通联关系并进一步挖掘电台之间的通信网络拓扑结构的方法，并对发现的通信网络拓扑结构进行了分析。还存在以下问题需要进一步解决：

（1）需要研究更大规模的网络拓扑结构分析问题。本章考虑的网络规模较小，其数据的复杂程度还达不到实际反恐维稳等活动的要求。大规模网络的拓扑分析，涉及更多复杂聚类方法的运用和高效算法的设计,需要根据具体情况进行研究。

（2）需要研究非理想数据情况下的网络拓扑结构分析问题。本章考虑的频谱监测数据基于理想传播模型,其主要考量是集中研究数据统计规律和数据聚类方法。但实际环境中的监测数据往往与理想传播模型计算得到的数据不一致,会导致信号规律的不一致,这给统计分析和聚类分析带来了挑战,需要进一步对相关方法进行优化调整。

参考文献

[1] Haykin S，Setoodeh P. Cognitive Radio Networks：The Spectrum Supply Chain Paradigm[J]. IEEE Transactions on Cognitive Communications & Networking，2017，1(1)：3-28.

[2] Xu L，Jiang C，Wang J，et al. Information Security in Big Data：Privacy and Data Mining[J]. IEEE Access，2017，2(2)：1149-1176.

[3] Jin L，Sun L，Yan Q，et al. Significant Permission Identification for Machine-Learning-Based Android Malware Detection[J]. IEEE Transactions on Industrial Informatics，2018，14(7)：3216-3225.

[4] Nedić A，Olshevsky A，Rabbat M G. Network Topology and Communication-Computation Tradeoffs in Decentralized Optimization[J]. Proceedings of the IEEE，2018，106(5)：953-976.

[5] 薛剑韬. 电磁频谱宽带实时检测与分析[D]. 北京：北京邮电大学，2014.

[6] Tiwari K A，Raisutis R，Samaitis V. Hybrid Signal Processing Technique to Improve the Defect Estimation in Ultrasonic Non-Destructive Testing of Composite Structures[J]. Sensors，2017，17(12)：2858.

[7] Cammerer S，Hoydis J，Brink S T. On deep learning-based channel decoding[J]. Information Theory，2017.

[8] Wang R，Wu J，Qian Z，et al. A Graph Theory Based Energy Routing Algorithm in Energy Local Area Network[J]. IEEE Transactions on Industrial Informatics，2017，13(6)：3275-3285.

[9] Zheng C，Xu Y. Research on UAV reconnoitering the topology structure of field communication network based on traversal algorithm[C]. IEEE 3rd Information Technology and Mechatronics Engineering Conference，2017：917-921.

[10] Huang S，Shah-Mansouri V，Safari M. Game-theoretic spectrum trading in RF relay-assisted free-space optical communications[J]. IEEE Transactions on Wireless Communications，2019，18(10)：4803-4815.

[11] 孙翔，陈松明. 数据链路层停等 ARQ 协议的最佳帧长近似解[J]. 成都：电子科技大学学报，2007，36(5)：854-857.

[12] Wang D S，Zhou X Q，Shao-Ming H E，et al. Data Sharing Technology of Remote Monitoring Station for Water Quality[J]. Water Purification Technology，2010，29(3)：54-56.

[13] Zhao N，Li X，Li G，et al. Capacity limits of spatially multiplexed free-space communication[J]. Nature Photonics，2017，9(12).

[14] 张摇. 面向 5G 的室外高低频大尺度传播特性测量和信道模型分析[D]. 南京：南京邮电大学，2017.

[15] Wang T J，Xie X P，Li J G，et al. Optimization of Monitoring Points' Layout for the Multi-Fan and Multi-Station Ventilation System[J]. Applied Mechanics and Materials，2014，614：113-117.

[16] 苏良成，王建波. 网格化监测站中基于差分场强的信号源定位方法[J]. 成都信息工程大学学报，2018，033(004)：391-394.

[17] 梅文华，王淑波. 跳频通信地址编码理论[M]. 北京：国防工业出版社，2005.

[18] 吴让好. 基于数据挖掘的电路故障分析方法研究[D]. 成都：电子科技大学，2017.

第6章

非理想环境下的网络拓扑挖掘

6.1　引言

本章拟在第 5 章的基础上,对实际场景分析所需要的非理想信号传播环境下的网络拓扑挖掘进行研究,以期克服理想性假设的局限,更具现实意义。本章主要工作如下:

(1) 对复杂地形条件下的通信网络拓扑进行研究,提出了一种信号在复杂地形传播条件下目标区域内通信网络拓扑的发现方法。信号在传播过程中会受到地理环境等因素的影响,并不完全符合理想的传播模型,增加了频谱监测数据的复杂度。在总结信号统计规律的基础上,研究并发现频谱监测数据在跳频周期、接收功率和信号出现时间上呈现柱形特征,因此采用 DBSCAN 聚类分析获得属于每个通信节点的频谱数据,再根据通信时间关系对信号收发节点进行配对从而得到通联关系。由于增加了传播模型的复杂度,利用简单的几何分析方法不能求得节点坐标解析解,因此将其转化成最优化问题,并结合遗传算法和无梯度优化算法进行求解,提高了定位精度。

(2) 对动态移动条件下的通信网络拓扑进行研究,提出了一种节点在动态移动条件下目标区域内通信网络拓扑的发现方法。针对现场区域内无线电设备具有动态移动的特征,考虑了多个节点在一段时间内的移动情况。根据信号统计规律,将固定设备(固定节点)和移动设备(移动节点)的频谱监测数据分类。对固定节点的网络拓扑发现采用前面介绍的方法,对移动节点的通联关系分析采用了密度峰值聚类(DPC)的方式。同时比较了 DBSCAN 和 DPC 两种聚类方式对本实验的聚类效果。再对具有通联关系的节点同时定位,对固定节点定位是通过求多个点坐标的平均值实现的,对移动节点的定位是求解其连续的轨迹坐标后进行曲线拟合,进而得到其移动轨迹。

6.2　复杂地形条件下的网络拓扑挖掘

6.2.1　问题分析

尽管在研究特定区域内的通联情况时,通信内容可能会被加密处理,但是在电磁频谱监测工作中仍然可以获取该区域的电磁信息,采集到大量携带有重要价值信息的频谱监测数据。前面通过基于信号统计特征的方式对自由空间传播条件下的通信网络拓扑进行了研究,取得了一些成果,但是由于监测信号数据是在理想状态产生的,而信号在传输过程中受到地形、环境等多种因素的影响,导致信号传输损耗并不完全符合自由空间传播模型,前面介绍的方法适用范围较窄。

鉴于此,本节提出了一种基于复杂地形条件下的通信网络拓扑发现方法。该方法同样不需要了解信号调制方式和通信协议,更不需要分析信号内容,仅利用频谱监测数据展示的信号特征,就可获得该区域通信网络拓扑结构。该方法的提出首先是基于发现了具有通联关系的信号在带宽、功率、跳频周期和信号出现时间上呈现柱形特征,结合统计分析和聚类分析得到通信网络中的通联关系,进而将监测站获得的数据划分给不同的信号源,再进行信号源定位,避免了由于存在多个信号源导致来自同一个信号源的数据不准确问题,从而挖掘出通信网络的物理拓扑结构,有助于在地形复杂区域掌握有关目标的部署位置、相互通联关系和活动情况。

6.2.2　模型建立

理论上,电磁波在自由空间传播时,它的接收功率和传播距离呈对数衰减[1]。在实际应用中,无线电的传播与地理环境有关,例如遮挡物、地形变化等[2]。因此本章增加了系统模型的复杂度,考虑信号在受到地理环境影响条件下的通信网络拓扑发现方法。

本节实验场景设置在某大城市的一块区域内,随机部署多台无线电通信设备。监测模型如图 6.1 所示,呈网格状部署多台监测站,采集一段时间内的频谱信号数据。

根据本节对目标区域通联关系和通信节点位置研究的需要,做出如下假设:

假设 1,未知频谱信号在传播过程中符合 Okumura-Hata(奥村)模型[3]。

假设 2,通信设备进行通信时采用停止等待 ARQ 协议,信号接收方收到信号后回复 ACK 或 NAK。

假设 3,通信设备可在一定带宽下根据需要采用定频通信或跳频通信工作模式,不考虑通信数据缺失问题。在跳频通信中,发送报文或回复均在一次跳频内完成。

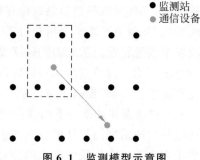

图 6.1　监测模型示意图

假设 4,采用的监测站型号和性能一致,各监测站点都能收到未知信号,所有监测站的数据能够共享且时间是同步的。在采集频谱数据过程中,通信设备和监测站的位置均不发生移动。

假设 5,信号传播模型为 Okumura-Hata 模型。传播模型显示了在某种环境下电磁波传播过程中的损耗情况[4]。Okumura-Hata 模型是由大量实验数据结合线性拟合等方式获得的传播损耗模型,能在不同的环境下获得较为准确的预测结果,得到了广泛使用[5]。

信号的发射功率记为 P_t,监测站接收到的信号功率记为 P_r。一般接收的信号功率满足式(6-1),通过大量数据拟合得到的市区路径损耗 Okumura-Hata 经验式(见式(6-2))。

$$P_r = P_t - L_b \qquad (6\text{-}1)$$

$$L_b = 69.55 + 26.16\log f - 13.82\log h_t - \alpha(h_r) + (44.9 - 6.55\log h_t)\log d \quad (6\text{-}2)$$

式中，L_b 为传播过程中的衰减，f 是载波频率，h_r 是接收天线的高度，h_t 是发射天线高度，d 为未知信号源到监测站的距离，$\alpha(h_r)$ 为修正因子[6]，取决于不同的地理环境，其经验值参考式 (6-3)[7]。

$$\begin{cases} \alpha(h_r) = (1.1\log f - 0.7)h_r - (1.56\log f - 0.8), & (\text{中小城市}) \\ \alpha(h_r) = 8.29(\log 1.54 h_r)^2 - 1.1, & (\text{大城市}, f < 300\text{MHz}) \\ \alpha(h_r) = 3.2(\log 11.75 h_r)^2 - 4.97, & (\text{大城市}, f \geqslant 300\text{MHz}) \end{cases} \quad (6\text{-}3)$$

6.2.3　非理想环境下的通联关系发现

6.2.3.1　非理想环境下的信号分析和方法分析

本节中讨论的监测信号的数据格式与 5.2 节相同，可参考表 5-1。由于定频通信的通联关系分析能通过 5.2 节提出的基于信号统计规律的方式实现，因此本节所提方法主要是针对跳频通信的通联关系发现。

1. DBSCAN 算法简介

DBSCAN（Density-Based Spatial Clustering of Applications with Noise）是 Martin Ester、Hans-Peter Kriegel 等于 1996 年提出的一种基于密度的数据聚类方法[8]。算法将具有足够大密度的区域作为聚类中心，然后不断扩展该区域，认为一个类簇可以由其中的任何核心对象唯一确定。其中每个区域所含有的对象（点或其他空间对象）数目不能小于给定的阈值 MinPts。该方法能够连接密度足够大的相邻区域，进而发现任意形状的簇，有效处理异常数据[9]。

DBSCAN 算法的原理：

（1）DBSCAN 首先检查集合中所有点的 E 邻域来搜索簇，若点 q 的 E 邻域包含多于 MinPts 个点，则建立一个以 q 为核心对象的簇；

（2）然后，DBSCAN 迭代地将核心对象直接密度可达的点聚集合并该簇；

（3）当所有簇都不再增加新的点时，该过程结束。

DBSCAN 算法流程如算法 6.1 所示。

算法 6.1：DBSCAN 算法流程

输入：待聚类的数据集 X，成为核心对象的最小邻域点数量 MinPts，邻域半径 E
输出：聚类簇集合
1. 先将数据集 X 中的所有点都标记为未处理状态；
2. 对数据集 D 中每个点 q 循环执行；
3. 如果 q 已经属于某个簇或者标为噪声，跳出循环；
4. 否则检查 q 的邻域半径 E 内的点数量 $N(q)$；
5. 若 $N(q)$ 中的点数量小于 MinPts，则将 q 标记为边界点或者噪声；
6. 否则，将 q 标记为核心点，并形成新的簇，将 q 邻域半径内全部点都加入该簇中；
7. 对 $N(q)$ 中没有处理的其他点，执行与检查 q 相同的操作；
8. 结束循环。

---

2. DBSCAN 算法中的相似性度量

图 6.2 是由不同特征展示的跳频信号频谱数据,其中有 3 组跳频通信。

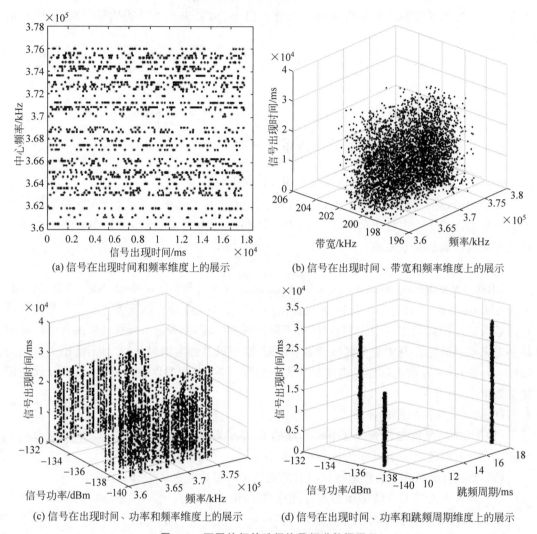

图 6.2　不同特征的跳频信号频谱数据展示

通过对跳频信号的频谱数据的研究发现,在一次跳频通信中,通信时间是随机的,信号的接收功率符合相应的传播模型,主要与信号的发射功率和信号源与监测站的距离有关,信号频率是按照跳频表随机跳变的,由于传播时延等因素计算的跳频周期近似服从正态分布,因此只有在由信号的跳频周期(T)、信号出现时间(t_1)和信号功率(L)表示的频谱信号在三维空间是呈现类似柱形的数据特征,跳频数据呈现不同的簇。因此选用 $\{T, t_1, L\}$ 作为信号特征来进行 DBSCAN 聚类中的相似性度量。

6.2.3.2　基于聚类的通联关系发现算法

1. 定频通信通联关系分析

对所有采集的频谱监测数据首先按照 5.2 节介绍的方法,快速将其分成定频信号集和跳频信号集。如图 6.3 所示,首先对监测信号的频率进行讨论,将信号载波频率基本保持不变的频谱数据归为一类,根据信号带宽和功率是否相近排除其中频率与定频信号接近的跳频信号,再根据频率的不同分成不同组通联关系。在一次通信过程中,通信双方的位置差异导致接收功率不同,由此能够分析出产生定频通联关系的收发方,从而将属于同一通信设备的信号数据归到一类中。

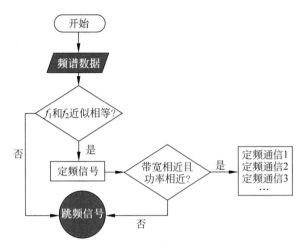

图 6.3　定频通信的通联关系分析流程

2. 跳频通信通联关系分析

对于区分出的跳频信号,在一次跳频通信中其跳频周期是固定的[10]。基于本实验假设条件,具有通联关系的通信设备在通信过程中尽管信号的频率在不断跳变,但其功率和周期基本保持一致,且信号数据在该次通信时长内连续出现。从频谱数据的展示图 6.2 发现,跳频信号数据呈现柱形特征。见图 6.4,K-均值算法一般适合圆形或者球形簇的发现,需要事先输入簇中心的个数[11],对柱形特征的数据效果不是很好。而密度聚类通常能发现任意形状的簇,因此适合采用经典的密度聚类 DBSCAN 进行通联关系的分析。

彩图

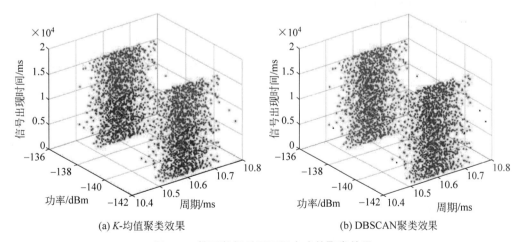

(a) K-均值聚类效果　　　　　　　　(b) DBSCAN聚类效果

图 6.4　柱形数据采用不同方式的聚类效果

根据分析,利用$\{T, t_1, L\}$作为数据特征,运用 DBSCAN 聚类获得跳频数据子集,区分出属于同一个信号源的信号数据。再根据跳频通信的持续时间关系将信号的收发方进行配对,获得跳频通信中的通联关系,进而挖掘出该区域内通信网络的逻辑拓扑。详细分析过程如下。

原始跳频信号数据集记为 $X=\{x_1,x_2,\cdots,x_i,\cdots,x_n\}$,其中 $x_i=\{f_i,B_i,L_i,t_{1,i},t_{2,i}\}$,按照式(5-4)处理后的跳频信号数据集为 $Y=\{y_1,y_2,\cdots,y_i,\cdots,y_n\}$, $y_i=\{f_i,B_i,L_i,t_{1,i},t_{2,i},T_i\}$, $i=1,2,\cdots,n$。为了消除数据量纲对聚类分析的影响[12],首先对数据集 Y 中所需的特征参数按照式(6-4)进行归一化处理,得到数据集 $Z=\{z_1,z_2,\cdots,z_i,\cdots,z_n\}$。

$$z_i=\left\{\frac{L_i}{\max(L)},\frac{t_{1,i}}{\max(t_1)},\frac{T_i}{\max(T)}\right\} \tag{6-4}$$

由 DBSCAN 聚类分析获得的簇(跳频子集)为 $\{H_1,H_2,\cdots,H_j,\cdots,H_k\}$,其中 $H_j=\{x_{j1},x_{j2},\cdots,x_{jr},\cdots\}$, $x_{jr}=\{f_{jr},B_{jr},L_{jr},t_{1,jr},t_{2,jr}\}$,表示属于同一信号源的数据,类标 $M=\{1,2,\cdots,k\}$。在每一个跳频子集中,将最后一个信号的结束时间与第一个信号的起始时间之差作为跳频通信持续时间。对每一组跳频数据子集 H_j,按照式(6-5)分别计算跳频通信持续时间 t_j。

$$t_j=\max(t_{2,j})-\min(t_{1,j}) \tag{6-5}$$

通过比较通信持续时间 t_j,将通信时长基本一致的两个跳频子集记为一类,更新类标 M,从而实现对信号收发双方进行配对,获得跳频通信通联关系。跳频子集新的类标为 $\{1,2,\cdots,k/2\}$,此时跳频子集记为 $\{H_1,H_2,\cdots,H_{k/2}\}$。算法 6.2 给出了基于 DBSCAN 聚类的通联关系发现算法流程。

算法 6.2:基于 DBSCAN 聚类的通联关系发现算法

输入:跳频信号数据集 $X=\{x_1,x_2,\cdots,x_i,\cdots,x_n\}$, $x_i=\{f_i,B_i,L_i,t_{1,i},t_{2,i}\}$

输出:聚类的跳频数据子集 $\{H_1,H_2,\cdots,H_k\}$ 和配对的跳频数据子集 $\{H_1,H_2,\cdots,H_{k/2}\}$

1. for $i=1:n$
2.   根据式(5-4)计算跳频周期 T_i,得到数据集 $Y=\{y_1,y_2,\cdots,y_i,\cdots,y_n\}$;
3.   对每组信号数据按照式(6-4)进行归一化处理得到数据集 $z=\{z_1,z_2,\cdots,z_j,\cdots,z_n\}$;
4.   输入邻域半径 E 和邻域最小点个数 MinPts,用 DBSCAN 进行聚类分析,记录类标 M;
5.   输出聚类的跳频数据子集 $\{H_1,H_2,\cdots,H_k\}$;
6.   end
7.   对每一组跳频数据子集 H_j,分别计算信号持续时间 $t_j=\max(t_{j,2})-\min(t_{j,1})$, $j\in M$;
8.   根据通信持续时间 t_j 是否一致进行配对,输出配对后的跳频数据子集 $\{H_1,H_2,\cdots,H_{k/2}\}$

通过上述分析,可知对定频通联关系的发现,也可采用 $\{t_1,L,f\}$ 三维特征作为距离度量中的参数来用聚类方法实现。

6.2.4 非理想环境下电磁信号源定位问题的优化求解

6.2.4.1 基本思想

在通联关系的判断过程中,理论上仅需要一台监测站的频谱数据即可进行分析并得出结论。但在信号源定位计算中,需要联合多台监测站的数据进行分析。基于本节的实验假设,监测站的数据能够实现共享,且对于不同的监测站 M_i 和 M_j,同一信号源的发射功率是相同的,根据式(6-1),信号的发射功率 P_t 满足式(6-6):

$$\begin{cases} P_t = P_{r,j} + L_j \\ P_t = P_{r,j} + L_j \end{cases} \tag{6-6}$$

再联立式(6-2)和式(6-6),分析可以得到式(6-7)。

$$P_{r,i} - P_{r,j} = L_j - L_i = 26.16\log\frac{f_j}{f_i} + (44.9 - 6.55\log h_t)\log\frac{d_j}{d_i} \tag{6-7}$$

假设监测站的坐标为 $M_i = (s_i, t_i)$,每台监测站的接收天线高度一致,未知信号源的位置坐标为 $A = (x, y)$,为了减少信号源定位计算的误差,本节从多组监测站记录的数据中,选取信号功率最大的 4 组数据进行分析计算,这样可以大致将所求信号源位置锁定在如图 6.1 所示监测模型示意图中虚线标注的区域内。记其中最大一组数据的监测站坐标为 $M_1 = (s_1, t_1)$,未知通信设备的发射天线高度为 h,监测站的数量为 m,由式(6-7)可以得到方程组(6-8)。

$$(x - s_i)^2 + (y - t_i)^2 - ((x - s_1)^2 + (y - t_1)^2) \times 10^{\frac{2\left(L_1 - L_i - 26.16\log\left(\frac{f_i}{f_1}\right)\right)}{44.9 - 6.55\log h}} = 0, \quad i = 1, 2, 3, \cdots, m \tag{6-8}$$

对于定频通信,在一次通信过程中其载波频率基本保持不变。对于跳频通信,尽管在通信过程中连续信号的频率会根据跳频表随机跳变,但基于本实验假设 4,每个监测站获得的同一信号数据的频率也基本保持不变,因此方程组(6-8)可以简化成方程组(6-9)。

$$(x - s_i)^2 + (y - t_i)^2 - ((x - s_1)^2 + (y - t_1)^2) \times 10^{\frac{2(L_1 - L_i)}{44.9 - 6.55\log h}} = 0, \quad i = 1, 2, 3, \cdots, m \tag{6-9}$$

根据前面对通联关系的判断分析,已经解决了对于空间中存在未知个数的信号源的监测数据归属问题,而求解方程组(6-9)通常可以转化为求最优解的问题,故将方程组转化成求解函数 F 的最小值问题,记方程组(6-9)为 C_i,则 F 满足式(6-10)。

$$F = \frac{\left(\sum_{i=1}^{m} |C_i|\right)}{m} \tag{6-10}$$

可知所求未知信号源的坐标为最优解 $\arg\min(F)$。对于最优化问题,遗传算法、无梯度优化算法和拉格朗日乘子法都是解决这类问题的常用办法[13]。遗传算法通过模拟自然界的选择与遗传机制来搜索全局最优解[14]。无梯度优化算法可以在梯度不易计算情况下求解目标问题的最优解。本节实验采用的是数值优化函数 fminsearch,这是一种无梯度优化算法。它能从一个初始值开始搜索局部最优解[16],初值设定对其计算结果有很大的影响。因此本书结合遗传算法和无梯度优化算法,将遗传算法获得的解作为 fminsearch 函数的初始值,来求解信号源位置,从而提高了定位的准确性和稳定性。

6.2.4.2　算法流程

为表述清楚,将方法中用到的数据集之间的关系展示为如图 6.5 所示。聚类后频谱数据集为 $H = \{H_1, H_2, \cdots, H_j, \cdots, H_k\}$,其中 H_j 表示属于第 j 个通信设备产生的信号数据集,$H_j = \{X_1, X_2, \cdots, X_q, \cdots, X_m\}$,$X_q$ 为由编号为 q 的监测站记录的频谱数据集,$X_q = \{x_{q,1}, x_{q,2}, \cdots, x_{q,i}, \cdots, x_{q,n_q}\}$,$m$ 为监测站的数量,对于每个监测站采集的数据集,其特征

与第 2 章相同，即 $x_{q,i}=\{f_{q,i},B_{q,i},L_{q,i},t_{1,qi},t_{2,qi}\}$。基于实验假设，监测数据没有缺失，因此每个监测站采集的信号数量都是相同的。为降低定位计算的复杂性、提高定位准确性，采用平均功率进行定位。记每个数据集 X_q 中由信号电平转换得到的信号接收功率为 $P_{q,1},P_{q,2},\cdots,P_{q,n_q}$。

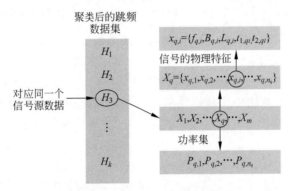

图 6.5　最优化问题中各数据集相互关系

按照式(6-11)计算其平均功率，利用其中功率最大的 4 组监测站的频谱数据进行定位分析。

$$\bar{P}_q=\frac{1}{n_q}\sum_{i=1}^{n_q}P_{qi} \tag{6-11}$$

将遗传算法得到的变量全局最优解 $a_k=(x_k,y_k,h)$ 作为 fminsearch 函数的初始值 a_0，重新搜索变量最优解并更新 a_k，得到信号源坐标。给定算法流程如算法 6.3 所示。

算法 6.3：信号源定位问题的优化求解算法流程

输入：频谱信号数据集，$H=\{H_1,H_2,\cdots,H_j,\cdots,H_k\}$

输出：信号源的位置坐标 $a_k=(x_k,y_k,h)$

1. for $j=1:k$
2. 　按照式(6-11)计算平均功率，保留平均功率最大的 4 组监测站的数据；
3. 　采用遗传算法搜索得到变量最优值 a_k；
4. 　将变量最优值 a_k 作为 fminsearch 函数的初值 a_0；
5. 　搜索 a_0 附近的局部最优解，更新 a_k；
6. 　输出最优解 a_k；
7. end

6.2.5　实验结果及分析

由于条件限制，本实验数据是根据监测设备采样得到真实数据的物理特征，模拟监测站仿真的频谱数据，传输模型为 Okumura-Hata 模型。在一块边长为 10km 的正方形区域内，随机部署 10 台无线电通信设备，该通信设备发射功率有 50W 和 60W 两种，通信距离可达到 10km，使用频率为 350～390MHz，跳频设置为 360～376MHz。网格化部署 18 台监测站采集频谱信号数据，记录每台监测站的位置信息和编号。现场设定有 5 组设备进行通信，每组通信参数设置如表 6-1 所示,信号噪声为零均值的高斯白噪声。

表 6-1 目标区域各组通信的参数设置

通联关系序号	工作模式	频率/MHz	带宽/kHz	通信时间/s
1	定频	370	100	1~17
2	定频	365	80	6~22
3	跳频	360~376	200	0.2~19
4	跳频	360~376	300	0.5~31
5	跳频	360~376	250	0.8~25

监测站对信号采集的数据参数与第 2 章相同,包括监测站编号、监测站坐标、中心频率 f、信号带宽 B、信号功率 L、信号起始时间 t_1 和信号结束时间 t_2,其中部分频谱监测数据如表 6-2 所示。

表 6-2 部分频谱监测数据

监测站编号	监测站坐标/m	未知信号	f/kHz	B/kHz	dBm	t_1/ms	t_2/ms
3	(0,10000)	信号 1	373 600.560	199.869	−140.878	200.143	209.654
8	(4000,5000)	信号 2	374 400.545	249.437	−142.953	800.115	812.982
2	(0,5000)	信号 3	368 400.293	251.384	−132.617	832.110	844.932
...							
5	(2000,5000)	信号 n	363 400.026	298.643	−130.742	30 496.429	30 497.928

将频谱监测数据可视化展示如图 6.6 所示,图 6.6(a)是以监测时间和监测到未知信号的中心频率表示的信号二维可视化,图 6.6(b)是以监测时间、信号中心频率和信号带宽表示的信号三维可视化。

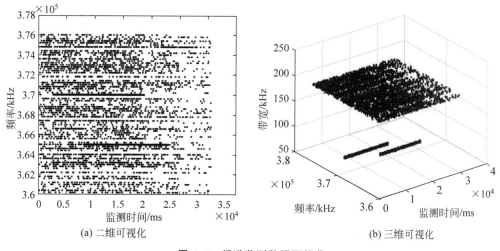

(a) 二维可视化   (b) 三维可视化

图 6.6 频谱监测数据可视化

6.2.5.1 通联关系发现结果及分析

1. 对于定频信号的通联关系分析

根据基于 DBSCAN 聚类的通联关系发现算法首先能得到目标区域内的定频通信关系

如图 6.7 所示。图中横轴为监测站监测时间,纵轴为信号监测频率,其中绿色和深蓝色数据分别代表两组定频通信情况,黑色数据表示该时段内产生的跳频信号。

彩图

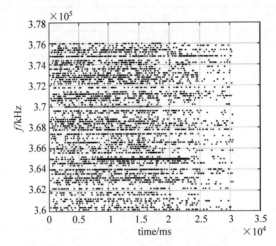

图 6.7　定频通信的通联关系发现结果

　　图 6.8 是以信号功率、监测时间、信号监测频率为三维空间表示的收发双方的配对关系,颜色与图 6.7 相对应。结果表明,在目标区域内共有两组定频通联关系。

彩图

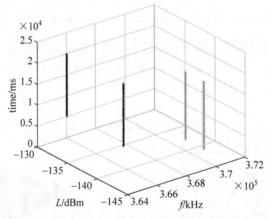

图 6.8　定频通信中收发关系配对

　　2. 对于跳频信号的通联关系分析

　　按照 3.3.2 节分析,先对处理后的信号进行可视化展示如图 6.9 所示,图中是以监测时间(time)、信号功率(L)和跳频周期(T)作为信号参数,可以看出跳频数据呈现聚类特征。

　　分别利用 DBSCAN 和 K-均值进行聚类分析能够得到如图 6.10 和图 6.11 所示的结果。本实验中 K-均值选择的聚类簇个数为 6 个,DBSCAN 聚类分析所选用的参数 ε 和 MinPts 分别为 0.017 和 5。通过仿真实验发现,K-均值算法对本章跳频数据的聚类效果不如 DBSCAN。图 6.10 中用不同的颜色标注了不同簇,显示用密度聚类的方法能够将监测站获得的不同信号源的数据进行归类,获得的 6 个簇代表着目标区域内的 6 个信号源的通信数据。

　　再根据跳频通信时长 t_j 找出其对应收发关系,如图 6.12 所示,其中相同颜色的簇表示

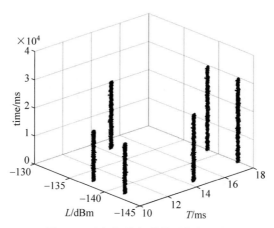

图 6.9 跳频通信频谱监测数据展示

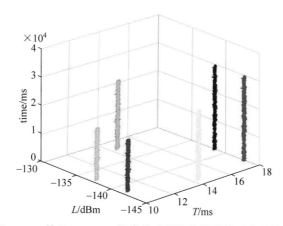

彩图

图 6.10 基于 DBSCAN 聚类的跳频通信通联关系发现结果

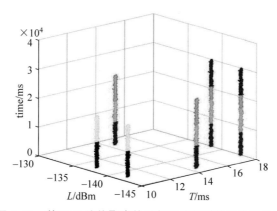

图 6.11 基于 K-均值聚类的跳频通信通联关系发现结果

一组具有通联关系的跳频通信。结果表明,在目标区域内存在 3 组跳频通联关系。

至此,完成了所有频谱数据的通联关系分析,如表 6-3 所示。结果表明,在目标区域内存在 5 组通联关系,获得了该区域通信网络的逻辑拓扑。但信号源的位置未知,逻辑上存在的 10 个信号源可能对应 10 个通信节点,也可能小于 10 个通信节点,下面对信号源进行定位分析。

彩图

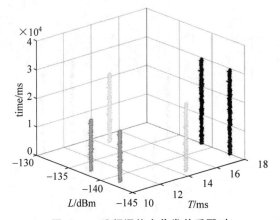

图 6.12　跳频通信中收发关系配对

表 6-3　基于 DBSCAN 聚类的通联关系分析结果

通联关系序号	通信时间/s	工作模式	仿真结果(图 6.8 和图 6.12 中的颜色标注)
1	2～19	定频	绿色
2	8～23	定频	深蓝色
3	0.2～19	跳频	天蓝色
4	0.5～31	跳频	黄色
5	0.8～25	跳频	红色

6.2.5.2　信号源定位结果及分析

　　基于上述分析,所有监测数据已经按照通联关系进行划分,每个信号源有它对应的信号数据。下面按前面介绍的信号源定位问题的优化求解算法计算每个信号源的坐标位置。以其中一组具有通联关系的信号源的位置求解为例。

　　如图 6.13 所示,纵轴为 F 的函数值,横轴为迭代次数。计算结果如表 6-4 所示,a_0 为

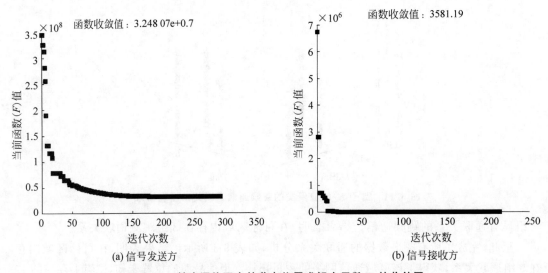

图 6.13　某次通信双方的节点位置求解中函数 F 的收敛图

由遗传算法获得的最优解，a 表示由 fminsearh 函数获得的最优解，$a = (x, y, h)$，其中 x 为信号源的横坐标，y 为信号源的纵坐标，h 为该设备发射天线的高度（以监测站的高度为水平面计算），单位：m。

表 6-4　信号源定位优化求解结果

通信节点序号	通联关系中的位置	由遗传算法得到的最优解（即 a_0）	fminsearch 函数最优解（a）	实际参考值
1	发送方	(1481,8108,0.002)	(1000,8999,0.03)	(1000,9000,0.03)
2	接收方	(4507,3513,0.008)	(5999,3996,0.03)	(6000,4000,0.03)
3	发送方	(834,3304,0.005)	(998,2999,0.029)	(1000,3000,0.03)
4	接收方	(4516,6999,0.001)	(3998,7995,0.03)	(4000,8000,0.03)
5	发送方	(2471,3662,0.001)	(2997,4000,0.03)	(3000,4000,0.03)
6	接收方	(8508,2478,0.003)	(7998,2998,0.029)	(8000,3000,0.03)
7	发送方	(9203,832,0.006)	(8996,999,0.03)	(9000,1000,0.03)
8	接收方	(1847,6702,0.004)	(1999,5998,0.03)	(2000,6000,0.03)
9	发送方	(3479,1321,0.002)	(2999,1000,0.03)	(3000,1000,0.03)
10	接收方	(7690,8715,0.002)	(8000,7999,0.03)	(8000,8000,0.03)

可以看到，利用遗传算法得到的解作为 fminsearch 函数的初值来求解本节中的最优化问题，函数收敛速度较快，实验结果表明，遗传算法与无梯度优化算法相结合可得到稳定的全局最优解。表 6-5 为结合通联关系分析的信号源定位结果。

表 6-5　结合通联关系分析的信号源定位结果

通信设备编号	通信时间/s	工作模式	信号源坐标/m	定位坐标/m	通联关系中的角色	图 6.14 中的颜色标注
1	2～19	定频	(1000,9000)	(1000,8999)	发送方	绿色
2	2～19	定频	(6000,4000)	(5999,3996)	接收方	绿色
3	8～23	定频	(1000,3000)	(998,2999)	发送方	深蓝色
4	8～23	定频	(4000,8000)	(3998,7995)	接收方	深蓝色
5	0.2～19	跳频	(3000,1000)	(2999,1000)	发送方	天蓝色
6	0.2～19	跳频	(8000,8000)	(8000,7999)	接收方	天蓝色
7	0.5～31	跳频	(9000,1000)	(8996,999)	发送方	红色
8	0.5～31	跳频	(2000,6000)	(1999,5998)	接收方	红色
9	0.8～25	跳频	(3000,4000)	(2997,4000)	发送方	黄色
10	0.8～25	跳频	(8000,3000)	(7998,2998)	接收方	黄色

图 6.14 是目标区域的通信网络拓扑结构，图中圆形图标代表某次通信过程中信号的发送方，五角星图标代表信号的接收方，不同颜色标注表示不同的通联关系，且信号源坐标的颜色与图 6.8 和图 6.12 中通联关系标注的颜色一致。

本实验数据是基于传播模型仿真得到的，并考虑到监测设备性能影响，对数据增加了正态分布的噪声。实际采样数据中由于信号传输并不完全符合某一传输模型，因此信号源定位误差可能会增加。但通过结合遗传算法和无梯度优化算法计算信号源坐标，提高了算法的鲁棒性。

彩图

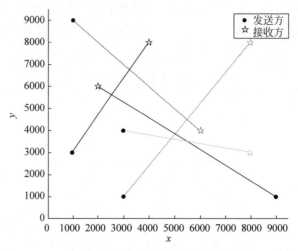

图 6.14 目标区域通信网络拓扑

6.2.6 小结

本节的主要工作是使用频谱监测数据的基本物理特征,结合聚类分析和统计分析获取场景中的通信通联关系,得到该通信网络的逻辑拓扑图,避免了信号内容难以破解、调制信息未知等问题。在判断通联关系的基础上通过对收发设备进行区分,实现了对同一个信号源数据的筛选,避免了区域内存在多个信号源导致的数据混乱问题。结合遗传算法和无梯度优化算法进行信号源定位计算,共同解决多维无约束优化问题,提高了算法的稳定性和最优解的准确性。实验结果表明,该方法能在不破译加密信号内容的前提下,快速有效地发现目标区域的通信网络拓扑结构,有助于保障目标区域的通信安全,也为进一步分析动态网络拓扑结构提供了一种新的思路和方法。

6.3 电磁辐射源动态移动条件下的网络拓扑挖掘

6.3.1 问题分析

由于前面所研究的区域内的通联关系发现和节点定位的计算都是基于通信设备不发生移动的情况下,而在实际的反恐现场或者其他的重要活动现场,多数通信网络中的成员都处于移动的状态。在图 6.15 中,各个成员在初始时刻的网络结构布置如图 6.15(a)所示,经过一段时间的通信,由于位置部署或者任务需要[17],通信节点位置发生变化从而导致通信网络拓扑发生改变,如图 6.15(b)所示,节点的移动使得整个通信网络的物理拓扑结构随着时间动态发生变化。

基于前面的实验,本节主要分析具有移动性的节点的通联关系分析和定位,对固定节点的相关研究,可参考前面的内容。由于不管是采用定频通信或跳频通信,在通信过程中通信节点均有可能发生位置的移动,导致在使用 DBSCAN 聚类时,由信号轨迹移动带来的功率变化,使得难以区分具有通联关系的收发双方频谱数据,故不能采用先对信号源的数据进行聚类,再根据通信时间上的相关性进行配对的方法。本节采用密度峰值聚类算法[18],能够分析出目标区域内存在的通联关系情况。由于通信节点在移动的过程中,可能会与其他节点距离接近,导致监测站接收的功率值相近,难以通过简单的功率差异的分析,将信号的收发方区分开。

如图 6.16 所示,A 和 B 节点具有通联关系,A 具有移动性,B 是固定节点,在 A 点移动的过程中有某一时刻靠近 B,显然该时刻由监测站接收到来自这两个通信节点的信号数据是有部分重叠的,如图 6.17 所示。

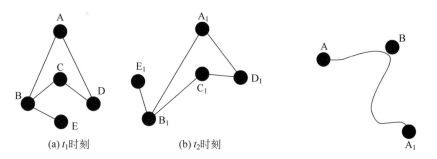

(a) t_1时刻   (b) t_2时刻

图 6.15 某动态网络拓扑结构   图 6.16 某节点的运动轨迹

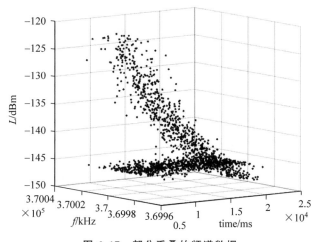

图 6.17 部分重叠的频谱数据

因此,本节考虑对每一对通联关系中的收发方信号源数据同时进行定位计算,根据轨迹点的交叉分析,获得其收发关系。然后根据频率和时间上的特征,对每组通联关系中的信号收发方进行区分,由此得到隶属每个信号源的通信数据,同时找出通信网络的逻辑拓扑。

6.3.2 模型建立

在场地中网格状部署多台监测站,各监测站能够采集到在指定频段和一段时间内的所有信号信息。监测信号的数据格式与 5.2 节一致,可参见表 5-1。在实验区域内,随机部署多台无线电通信设备,系统模型示意图如图 6.18 所示。

实验区域中动态移动的通信网络拓扑如图 6.19 所示,图中圆圈表示通信节点,数字表示节点之间通联关系编号,曲线代表节点的运动的轨迹。

根据本节对目标区域通联关系和通信节点位置研究的需要,做出如下假设:

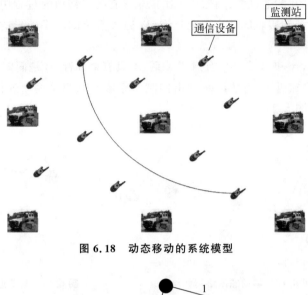

图 6.18 动态移动的系统模型

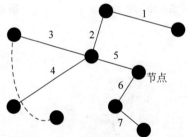

图 6.19 动态移动的通信网络拓扑

假设 1,通信设备在通信时采用停止等待 ARQ 协议,未知信号在传播过程中符合 Okumura-Hata 模型。在跳频通信中,发送报文或回复均在一次跳频内完成。

假设 2,通信设备可在一定带宽下根据需求采用定频或跳频工作模式,不考虑通信数据缺失问题。监测站的型号和性能一致,各监测站都能收到未知信号,所有监测站的数据能够共享且时间是同步的。

假设 3,在频谱数据采集过程中,监测站的位置不发生移动,通信设备可根据需要进行移动。

6.3.3 动态通联拓扑和轨迹形成

6.3.3.1 DPC 聚类及相似性度量

1. DPC 算法简介

Sciences 上发表了一种快速搜索发现密度峰值的聚类算法(Clustering by fast search and find of density peaks,DPC 算法)[19],该算法需要计算两个量:任意点 i 的局部密度 ρ_i 以及它与高密度点间的距离 δ_i [20],认为聚类中心同时具备如下特征:

(1)自身密度大,其周围都是比它密度小的点;

(2)和密度大于它的数据点的距离相对较远。

当这个点同时具有较高密度和距离则被认为是聚类中心。DPC 算法的思路是:先计算出每个点局部密度和距离后输出决策图[21](Decision Graph),然后人为在决策图上用矩形区域选择聚类中心,最后对非聚类中心的点归类。该算法具有能够有效地发现任意形状的簇、样本点归类无须迭代、所需人工设定参数少和思维直观易于理解等优点。密度 ρ_i 和距离 δ_i 的定义分别如式(6-12)~式(6-14)所示,其中 d_c 为截断距离,需要人为设定。

$$\rho_i = \sum_j \chi(d_{ij} - d_c) \tag{6-12}$$

$$\chi(x) = \begin{cases} 1, & x < 0 \\ 0, & \text{其他} \end{cases} \tag{6-13}$$

$$\delta_i = \min_{j:\rho_j > \rho_i}(d_{ij}) \tag{6-14}$$

2. DPC 算法中的相似性度量

欧氏距离是最常用的衡量样本之间相似性的度量[22]。但是,通常情况下不同的数据集具有不同的结构特点,尤其是一些特殊领域的数据和高维数据,并不能都采用欧氏距离来衡量其相似性[23],需要自己设计距离公式来计算数据点之间的距离。对于 DPC 聚类而言,采用不同的距离计算方法,可能得到不同的聚类结果。

根据频谱监测数据的特点,对 DPC 算法中的距离计算进行了调整,给出了两个信号之间的距离值计算方法,使得 DPC 算法的聚类性能更好。对于监测站采集到的信号数据,每一个信号都可以用多维特征 $\{f, B, L, t_1, t_2, T\}$ 表示,按照式(5-4)处理后可以得到新的特征 $\{f, B, L, t_1, t_2, T\}$ 表示信号,在 DBSCAN 算法中,我们选用 $\{T, L, t_1\}$ 三维指标来计算信号之间的距离,在密度峰值聚类中,我们对跳频信号选择同样的特征。对于任意具有三维特征的两个数据 $x_i = (a_i, b_i, c_i)$,$x_j = (a_j, b_j, c_j)$,其欧氏距离的表达式为[24]

$$d_{ij} = \left[(a_i - a_j)^2 + (b_i - b_j)^2 + (c_i - c_j)^2\right]^{\frac{1}{2}} \tag{6-15}$$

可以看出,欧氏距离随着指标量纲的变化不是唯一的,而且在各个指标(特征)对聚类结果影响的重要性不同时,需要改变指标的大小。因此本章引入各指标的权重[25],来重新计算样本点的距离。原始跳频信号数据集为 $X = \{x_1, x_2, \cdots, x_i, \cdots, x_n\}$,其中 $x_i = \{f_i, B_i, L_i, t_{1,i}, t_{2,i}\}$,按照式(5-4)计算跳频周期后得到的跳频信号数据集 $Y = (y_1, y_2, \cdots, y_i, \cdots, y_n)$,$y_i = \{f_i, B_i, L_i, t_{1,i}, t_{2,i}, T_i\}$。同样为了消除数据量纲对聚类分析的影响,先对数据按照式(6-4)对所需信号特征进行归一化处理,得到数据集为 $Z = (z_1, z_2, \cdots, z_i, \cdots, z_n)$,其中 $z_i = \{\widetilde{T}_i, \widetilde{P}_i, \widetilde{t}_{1,i}\}$。

在聚类分析时,可以根据多次实验或者度量学习的方法找出每个特征的重要程度,给出相应的权重。权重向量的一般定义如下 $w = [w_1, w_2, \cdots, w_i]$[26],其中 w_i 为第 i 项描述对应的权重,其值域为 $[0, 1]$。w 等于 **0** 时是表示该描述量在聚类分析中不是影响因素,其决定度为 0。由此得到考虑权重的两个信号之间的距离为

$$D_{ij} = \left[(w_1 \times (\widetilde{T}_i - \widetilde{T}_j))^2 + (w_2 \times (\widetilde{P}_i - \widetilde{P}_j))^2 + (w_3 \times (\widetilde{t}_{1,i} - \widetilde{t}_{1,j}))^2\right]^{\frac{1}{2}} \tag{6-16}$$

6.3.3.2 基于 DPC 聚类的通联关系发现算法

1. 具有移动特性的定频通信通联关系分析

如图 6.20 所示,图中是由监测时间(time)、信号频率(f)和信号功率(L)展示的三维定频信号空间。其中,图 6.20(a)是移动的定频通信节点的频谱数据,图 6.20(b)是移动节点

和固定节点频谱数据。虽然在定频通信中,通信设备可能发生移动,但在动态移动的过程中信号的频率依然没有发生变化,节点的动态移动主要是导致监测站对该定频信号的接收功率发生改变,且在一段时间内被监测的功率呈连续性变化。固定节点的接收功率在一定时间内基本保持不变。因此可以按照图 6.21,将所有监测到的信号数据分成定频信号集和跳频信号集。

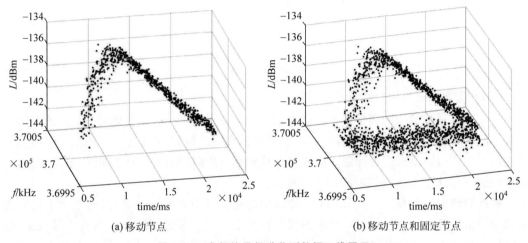

(a) 移动节点　　　　　　　　　　　　(b) 移动节点和固定节点

图 6.20　定频信号频谱监测数据三维展示

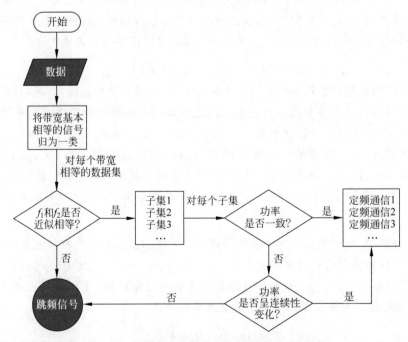

图 6.21　具有移动特性的定频通联关系分析流程

2. 具有移动特性的跳频通信通联关系分析

如图 6.22 所示,图中是由监测时间(time)、跳频周期(T)和信号功率(L)展示的三维跳频信号空间。

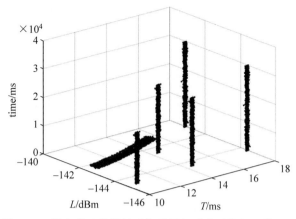

图 6.22 具有移动特性的跳频信号频谱监测数据三维展示

对区分出的跳频信号数据,通信设备可能发生移动,但在动态移动的过程中信号的跳频依然没有发生变化,节点的动态移动主要引起监测站对该跳频信号的接收功率呈连续性变化。下面给出基于密度峰值聚类的通联关系发现算法的流程,如算法 6.4 所示,能得到每一组具有通联关系的数据集 $\{H_1,H_2,\cdots,H_j,\cdots\}$,即每个子集 H_j 中均含有一次通信中信号收发方的数据。

算法 6.4:基于密度峰值聚类的通联关系发现算法

输入:跳频信号数据集,$X=\{x_1,x_2,\cdots,x_i,\cdots,x_n\}$,$x_i=\{f_i,B_i,L_i,t_{1,i},t_{2,i}\}$

输出:具有通联关系的数据集 $\{H_1,H_2,\cdots,H_j,\cdots\}$

1. 对 X 中的每一个跳频信号根据式(5-4)计算其跳频周期 T_i,得到数据集 $Y=\{y_1,y_2,\cdots,y_i,\cdots,y_n\}$;
2. 对每组信号数据按照式(6-4)进行归一化处理得到数据集 $Z=\{z_1,z_2,\cdots,z_i,\cdots,z_n\}$;
3. 根据式(6-13)计算信号之间的距离,输入距离矩阵,利用 DPC 算法进行聚类分析;
4. 输出聚类的跳频数据子集 $\{H_1,H_2,\cdots,H_j,\cdots\}$,即具有通联关系的子集。

6.3.3.3 基于曲线拟合的信号源轨迹求解

考虑到具有移动性的通信节点在一段时间内被监测到的功率呈连续性变化,假设将这段时间无限分割,则在每个极小的时间段内该节点相当于是一个固定节点,因此在极小的时间段内按照最优化问题求解轨迹坐标也是连续的。再根据轨迹点的坐标进行数据拟合得到其移动轨迹,进而分析出动态的通信网络拓扑。显然时间分割得越细致其轨迹越精确。下面给出基于曲线拟合[27]的移动节点轨迹求解方法。

为了描述清楚,同样将所利用的信号特征之间的关系展示为如图 6.23 所示。对于每个具有通联关系的数据集 H_j 中的功率数据 $P_j=\{p_{j1},p_{j2},\cdots,p_{ji},\cdots\}$,都按照 3.4 节中求解最优化的问题来计算坐标,能得到连续时间的轨迹点或是相对集中的坐标点,由于每组具有通联关系的收发方的位置不同,进而区分出通联信号数据的发送方和接收方。所提算法如算法 6.5 所示。

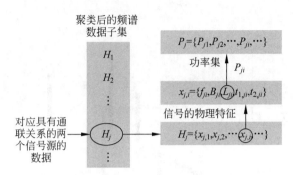

图 6.23   信号特征之间的关系

算法 6.5：基于曲线拟合的移动节点轨迹求解

输入：具有通联关系的频谱数据子集，$\{H_1, H_2, \cdots, H_j\}$

输出：对应节点的坐标或者轨迹图

1. 对频谱数据子集中的每一个信号功率进行定位计算；
2. 得到每个节点的在通信时间内的位置点；
3. 若是分布较为集中的点，则求所有点的均值作为信号源的位置坐标；否则进行曲线拟合画出轨迹图。

6.3.4   实验结果及分析

6.3.4.1   仿真设置

为了验证所提方法的有效性，实验数据仍然是模拟监测站仿真的频谱数据。信号的传播模型和监测站的监测模型与 5.2 节相同。监测站采集的监测信号数据格式参考表 6-11。现场设定有 5 组设备进行通信，其中定频通信和跳频通信中各有一组产生了移动，分别是第一组定频通信中的发送方和第三组跳频通信的接收方，如图 6.24 和图 6.25 所示。

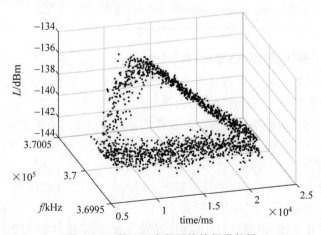

图 6.24   第一组定频通信的频谱数据

每组通信参数设置如表 6-6 所示，信号噪声为零均值的高斯白噪声。可以看到，在信号频率(f)、信号出现时间(time)和信号功率(L)所展示的三维空间中，固定节点的接收功率在一定时间内基本保持不变，而移动节点的功率特征随时间有规律性地变化。

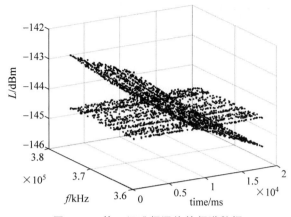

图 6.25　第三组跳频通信的频谱数据

表 6-6　具有移动特性各组通信的参数设置

通联关系序号	工作模式	频率/MHz	带宽/kHz	通信时间/s	信号接收方移动轨迹
1	定频	370	200	1～20	曲线
2	定频	365	200	5～25	无
3	跳频	360～376	200	0.2～20	直线
4	跳频	360～376	200	0.5～35	无
5	跳频	360～376	200	0.8～25	无

6.3.4.2　通联关系发现结果及分析

1. 具有移动特性的定频通信通联关系分析

按照分析,可以得到目标区域内的定频信号通联关系如图 6.26 所示。

彩图

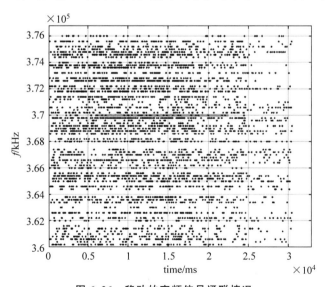

图 6.26　移动的定频信号通联情况

其中横轴为监测时间(time),纵轴为信号监测频率(f)。收发双方的配对关系如图 6.27 所示。图 6.26 中绿色和黄色数据分别代表两组定频通信通联情况,黑色数据表示该时段内产生的跳频信号。图 6.27 中结果表明,在目标区域内共有两组定频通联关系,且其中一组定频通信中有节点产生了移动。

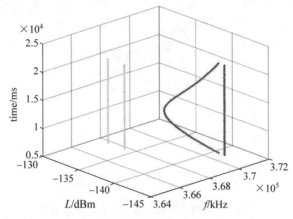

图 6.27　移动的定频通联收发情况配对

2. 具有移动特性的跳频通信通联关系分析

按照算法 6.4 中的方法进行聚类分析能够得到如图 6.28 所示的结果。

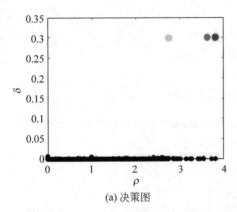

(a) 决策图

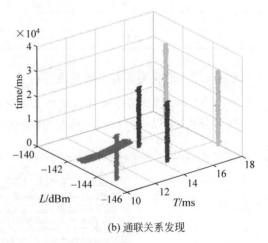

(b) 通联关系发现

图 6.28　基于 DPC 聚类的跳频通信通联发现结果

经过多次实验效果分析,本章 DPC 聚类所选用的权重参数分别是 $w_1=1.5$,$w_2=7$,$w_3=0.001$,截断距离 $d_c=0.0015$。图 6.28(a)是决策图(Decision Graph),能看出有明显的 3 个聚类中心。图 6.28(b)中用不同的颜色标注了不同簇,显示用 DPC 聚类的方法能够发现目标区域内的 3 组跳频通信的通联关系。

同时,利用 DPC 聚类对 5.2 节的跳频频谱监测数据进行了通联关系分析,通过多次实验不断对指标权重进行调整,得到通联关系如图 6.29 所示。

DPC 算法既能够得到与 DBSCAN 方法一致的 6 个信号源对应 6 个簇的结果(对比见图 6.10 和图 6.29(a)),也可以直接得到配对后 3 组通联关系对应 3 个簇的结果(对比见图 6.12 和图 6.29(b))。通过决策图可以发现用 DPC 聚类时,簇的个数较为明显,因此人为在决策图上选择聚类中心时偏差不大,而 DBSCAN 算法中需要事先输入邻域半径 ε 和最

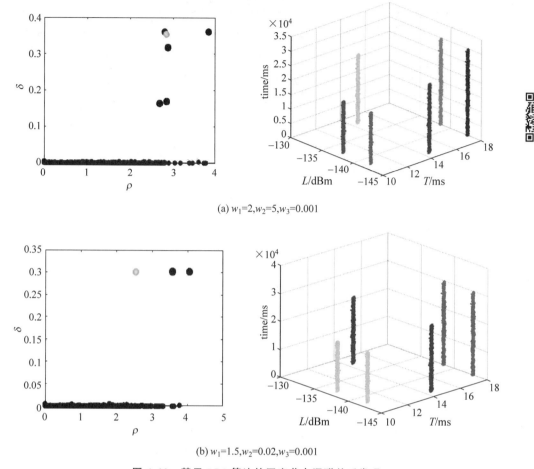

(a) $w_1=2, w_2=5, w_3=0.001$

(b) $w_1=1.5, w_2=0.02, w_3=0.001$

图 6.29　基于 DPC 算法的固定节点通联关系发现

小邻域点数量 MinPts,参数对聚类结果影响较大,因此对于本实验,DPC 算法在选择聚类中心的表现上更好。由于 DPC 算法需要事先计算好任意两个样本点之间的距离,时间复杂度为 $O(N^2)$,而 DBSCAN 算法的基本时间复杂度是 $O(N \times t_e)$,其中 t_e 为找出邻域 ε 中的点所需要的时间,最坏情况的时间复杂度是 $O(N^2)$,N 是点的个数,因此 DBSCAN 在时间复杂度上表现更好。

至此,完成了所有频谱数据的通联关系分析。结果表明,在目标区域内存在 5 组通联关系,且其中两组具有移动特性的通信行为获得了该区域通信网络的逻辑拓扑。但信号源的位置未知,逻辑上存在的 10 个信号源可能对应 10 个通信节点,也可能小于 10 个通信节点。下面对信号源进行定位分析。

6.3.4.3　信号源定位结果及分析

按照 4.4 节的方法对每个具有通联关系的数据集进行定位计算,定位结果如表 6-7 所示。

移动点的连续坐标如图 6.30 所示,并且能够获得其动态的网络拓扑结构如图 6.31 所示,单位:km。图中虚线代表移动节点的移动轨迹,例如图 6.31 中的 A-A_1,E-E_1。

表 6-7 基于曲线拟合的定位结果

通联关系序号	通联关系中的角色	由遗传算法得到的最优解(即 a_0)	定位结果(a)/m	设定坐标/m	是否移动
1	发送方	—	曲线(见图 6.30(a))	曲线	是
	接收方	(2389,7201)	(2978,7986)	(3000,8000)	否
2	发送方	(1267,4470)	(988,4947)	(1000,5000)	否
	接收方	(2960,5994)	(2601,6488)	(2500,6500)	否
3	发送方	(8544,7424)	(8030,7074)	(8000,7000)	否
	接收方	—	直线(见图 6.30(b))	直线	是
4	发送方	(7231,6865)	(8062,7179)	(8000,7000)	否
	接收方	(6574,3504)	(7112,3979)	(7000,4000)	否
5	发送方	(9065,5999)	(7966,6899)	(8000,7000)	否
	接收方	(8342,3303)	(9001,3006)	(9000,3000)	否

彩图

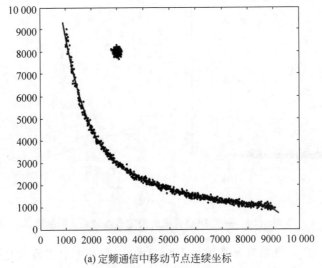

(a)定频通信中移动节点连续坐标

(b)跳频通信中移动节点连续坐标

图 6.30 移动节点的连续坐标

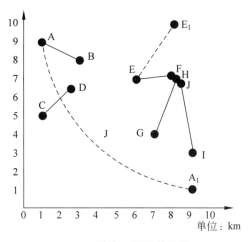

图 6.31 动态网络拓扑结构图

对动态移动且具有通联关系的两个信号源数据同时进行定位计算,误差可能比利用属于同一信号源的数据进行定位误差要大一些,但仍然比在未知区域里,不对信号源的数据进行区分直接求解位置的误差小。因此,不管节点是否具有动态移动的特征,在分析了通联关系之后再对节点定位,能够减少定位误差,增加信号源位置计算的准确性。

6.3.5 小结

本节主要是对具有移动特性的通信节点之间的通联关系及其定位进行了研究,能够通过密度峰值聚类找出通联关系,再结合曲线拟合获得移动轨迹,进而得到目标地区在某一段时间的动态网络拓扑结构。此外,利用 DPC 算法也可以不通过电磁统计分析获得定频信号的通联关系,主要对定频信号选择 $\{t_1, L, f\}$ 三维信号特征进行相似性度量,其他的计算方式完全同对跳频信号的分析。

6.4 开放性讨论

发现非理想传播环境下的通信网络拓扑结构是一个新的研究课题,由于其重要的实际应用价值得到了广泛关注。本节提出的方法仅仅是该项研究的一个探讨,还存在很多不足:

(1)由于实验条件的限制,很难得到跳频设备获取通信数据。因此本节利用的数据是基于实际频谱监测数据参数仿真得到的,没有经过实际采集的频谱监测数据测试,还需经过实测环境的考验。

(2)在分析通信设备之间的通联关系过程中,无论是采用信号统计规律还是密度聚类的方式,前提是基于对实验的相关假设,未来应该多利用数据挖掘、机器学习、强化学习等领域的先进研究成果,减少实验的假设条件,使得方法的适用性更强。

(3)研究通信网络拓扑一个重要的作用就是分析该区域内节点的重要性以及层级结构,节点之间的信息交互由于距离的原因需要通过其他节点的中转,导致本应属于同一次通联关系的数据在信息中转的过程中有所间断,这样频谱监测数据在由信号周期、信号出现时间和信号功率呈现的三维空间中,不是连续的柱形,而是在时间维度上有间断的柱形特征,如何利用聚类或者其他技术手段进行通联关系分析,也是下一步需要研究的问题。

参考文献

[1] 王磊,封士永.面向云计算的虚假信息过滤方法仿真[J].计算机仿真,2018,35(6):211-214.

[2] Egli J J. Radio Propagation above 40 MC over Irregular Terrain[J]. Proceedings of the IRE,1957,45(10):1383-1391.

[3] Medeisis A,Kajackas A. On the use of the universal Okumura-Hata propagation prediction model in rural areas[C]. VTC 2000,Spring,2000.

[4] 全厚德,兰田,孙慧贤,等.多子模型方法预测电波传播损耗研究[J].火力与指挥控制,2018,43(09):96-100.

[5] Cota N,Serrador,António,Vieira P,et al. On the Use of Okumura-Hata Propagation Model on Railway Communications[C]. International Symposium on Wireless Personal Multimedia Communications. IEEE,2017:725-736.

[6] Popoola S I,Atayero A A,Popoola O A. Comparative assessment of data obtained using empirical models for path loss predictions in a university campus environment[J]. Data in Brief,2018,18:380-393.

[7] 刘宝生,潘琳,李章义,等.改进萤火虫算法在 Okumura-Hata 模型修正中的应用[J].电讯技术,2017,57(6):665.

[8] Schubert E,Sander J,Ester M,et al. DBSCAN revisited,revisited:Why and how you should(still)use DBSCAN[J]. ACM Transactions on Database Systems,2017,42(3):1-21.

[9] Liu X,Yang Q,He L. A novel DBSCAN with entropy and probability for mixed data[J]. Cluster Computing,2017,20(3):1-11.

[10] Tao C,Fayed A A. PWM Control Architecture With Constant Cycle Frequency Hopping and Phase Chopping for Spur-Free Operation in Buck Regulators[J]. IEEE Transactions on Very Large Scale Integration Systems,2013,21(9):1596-1607.

[11] Ilham A,Ibrahim D,Assaffat L,et al. Tackling Initial Centroid of K-Means with Distance Part (DP-KMeans)[C]. Proceeding of 2018 International Symposium on Advanced Intelligent Informatics (SAIN)2018.

[12] 郭均鹏,谭智慧,邓登.基于 Hausdorff 距离的区间数据的系统聚类分析[J].数理统计与管理,2014,33(4):634-641.

[13] Lobato F S,Steffen V. Treatment of Multi-objective Optimization Problem[J]. Springerbriefs in Mathematics,2017.

[14] Deb K,Pratap A,Agarwal S,et al. A fast and elitist multiobjective genetic algorithm:NSGA-Ⅱ[J]. IEEE Transactions on Evolutionary Computation,2002,6(2):182-197.

[15] Juang C F. A hybrid of genetic algorithm and particle swarm optimization for recurrent network design[J]. IEEE Transactions on Systems Man & Cybernetics Part B Cybernetics A Publication of the IEEE Systems Man & Cybernetics Society,2004,34(2):997-1006.

[16] Lavania S,Nagaria D. Fminsearch Optimization Based Model Order Reduction[C]. Second International Conference on Computational Intelligence & Communication Technology,2016.

[17] 杨力,孔志翔,石怀峰.软件定义空间信息网络多控制器动态部署策略[J].计算机工程,2018,44(10):64-69.

[18] Wang X F,Xu Y. Fast clustering using adaptive density peak detection[J]. Statistical Methods in Medical Research,2015,26(6).

[19] Rodriguez A,Laio A. Machine learning. Clustering by fast search and find of density peaks[J].

Science,2014,344(6191):1492.

[20] Liu Y,Ma Z,Fang Y. Adaptive density peak clustering based on K-nearest neighbors with aggregating strategy[J]. Knowledge-Based Systems,2017,133:S095070511730326X.

[21] Hou J,Pelillo M. A new density kernel in density peak based clustering[C]. International Conference on Pattern Recognition. IEEE,2017.

[22] Mesquita D P P,Junior A H S,Junior A H S,et al. Euclidean distance estimation in incomplete datasets[J]. Neurocomputing,2017,248(C):11-18.

[23] Solomon J,Rustamov R,Guibas L,et al. Earth mover's distances on discrete surfaces[J]. ACM Transactions on Graphics,2014,33(4):1-12.

[24] 朱俚治. 一种加权欧氏距离聚类算法的改进[J]. 计算机与数字工程,2016,44(3):421-424.

[25] Tao J C,Wu J M. New study on determining the weight of index in synthetic weighted mark method[J]. Xitong Gongcheng Lilun yu Shijian/System Engineering Theory and Practice,2001,21(8).

[26] Zhao H,Xu Z,Liu S. Dual hesitant fuzzy information aggregation with Einstein t-conorm and t-norm[J]. Journal of Systems Science and Systems Engineering,2017,26(2):240-264.

[27] Batzelis E,Kampitsis G,Papathanassiou S. Power Reserves Control for PV Systems with Real-Time MPP Estimation via Curve Fitting[J]. IEEE Transactions on Sustainable Energy,2017,8(3):1269-1280.

基于时间特征的深度学习电磁通联行为识别

7.1 引言

基于内容破解的电磁行为识别分析方法依赖于大量的先验知识,且破解内容发现通联关系所需要的代价往往是巨大的。在战场等通信环境中,获取先验信息是不切实际的。前面介绍了通过发掘信号的物理信息(如频谱信号的频率、信号的持续时间、信号的跳频周期、信号的起始时间等),运用聚类等机器学习的方法进行电磁通联关系和网络结构识别的方法。

深度学习为很多复杂问题的有效解决提供了更大的可能性。在无线通信领域,深度学习也发挥着难以替代的作用。通过深度学习的方法去自动选择特征以达到适应不同场景的目的。

基于以上背景,本章使用深度学习的方法,克服了破解信号内容的困难,摆脱了手工设计专家特征的限制。为了满足具体场景的限制和需求,聚焦于模型的优化设计和模型压缩的方法,去提高模型的识别速度和减少模型大小,使模型可以满足应用场景的实时性要求和计算能力限制的要求,减少了模型运行时所占的峰值内存,提高了神经网络方案的实用性。

本章研究的主要意义总结如下:

基于频谱监测数据识别通信目标的通联关系,通过对通信时间的统计发掘其重要的节点,对于战场通信环境具有重要的意义。

对深度学习方法进行深入研究,并将深度学习方法运用到通联关系识别问题,使通联关系识别问题得以有效解决。克服了破解信号内容的困难,不需要手工设计专家特征,可以应用到复杂多变的环境中,有更好的鲁棒性。

通过对模型优化设计,使神经网络模型满足通联关系识别应用场景的需求,如实时性、设备计算能力和内存的限制。通过模型压缩和优化设计减少了对设备计算能力和内存的需求,提高模型的推理速度,进而提出了一个较为完整的深度学习识别方案。

7.2 基于 CNN 网络的时间特征分类与识别

7.2.1 概述

本节是将神经网络方法应用到通联关系识别问题的第一阶段,主要工作通过二分类问题进行展开,其中包括设计方案的尝试和对数据不均衡问题的研究。本节使用基础的卷积神经网络直接从频谱监测数据中自动学习特征进而进行分类。具体内容展开如下:首先对影响频谱监测数据的因素展开分析;然后对数据不均衡问题和本节提出的算法进行阐述;对神经网络的主体结构展开详细说明;最后对实验结果进行分析。本节的主要工作总结如下:

(1) 提出了一种基于深度学习的通联关系识别方法,不需要破解频谱信号携带的内容,无须手工设计提取专家特征。

(2) 尝试了两种不同的设计方案,并对设计方案性能进行了分析。

(3) 传统的数据均衡算法无法保留数据时间特征,本节对传统的数据算法进行改进以保留数据时间特征,从而适应通联关系识别问题。

7.2.2 模型建立

7.2.2.1 停止等待 ARQ 协议

超短波电台使用无线信道传递数据,由于无线信道不稳定,所以往往会采用纠错机制。在无线通信中受到各种环境因素的影响,数据在传输中容易发生错误而导致误码率较高。为了减少误码率,常常采用停止等待 ARQ 技术和前向纠错(FEC)技术。为了应对复杂的环境条件,使用停止等待 ARQ 协议来保证数据的可靠传输。停止等待 ARQ 协议的特点是通过接收确认、超时重传等机制实现数据的可靠传输。如图 7.1 所示,t_1 时刻 A 向 B 发送数据,A 发送完数据设置一个超时计时器,在 t_2 时刻超过超时计时器阈值没有收到 B 的确认帧,A 认为 B 没有收到数据,A 重新发送数据,t_3 时刻 B 接收数据,返回确认帧。

7.2.2.2 跳频通信

跳频通信是最常见的扩频方式,通信双方按照一定规则使载波频率进行相同的离散变化。跳频技术的主要目的是使通信不容易受到监听和获得更好的抗干扰性能。如图 7.2 所示,一个跳频周期包括跳频转换时间和驻留时间两部分。驻留时间是指通信双方传送和接收数据的时间,用 T_{dw} 表示,跳频转化时间是指从一个频率转换到另一个频率且到达稳态的时间,用 T_{sw} 表示。具体如图 7.2 所示,在第一个跳频周期内频率为 F_1,经过了一个周期后,频率跳变为 F_2。为了保证跳频周期内数据的有效传送,驻留时间往往要高于跳频转换时间。

7.2.2.3 扫描周期对监测数据的影响

监测数据受扫描周期的影响,扫描周期越短,数据相对

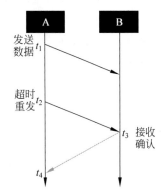

图 7.1　停止等待 ARQ 示意图

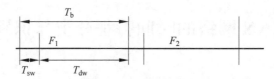

图 7.2　跳频通信示意图

越完整。在此场景中扫描周期为 $0.75 \leqslant T_{\mathrm{roll}} \leqslant 1.5\,\mathrm{ms}$，由图 7.3 中第三行的小矩形表示。下面结合图 7.3 给出详细说明，在最左侧的箭头表示中间真实数据帧的频率。第一行灰色部分表示跳频周期内信道切换的时间。白色部分表示驻留时间，用于传输信息。中间行表示实际的传输的数据帧和确认帧，红色和黄色的矩形表示信号真实的发送时长，绿色部分表示实际监测到信号发送时长。第三行的每一个小矩形表示一个扫描周期，箭头所指的地方表示在该时刻监测设备扫描到对应频率的信号。如红色的箭头表示可以监测到确认帧频率的时刻，可以发现扫描周期对监测的数据有很大的影响。如果数据帧长小于扫描周期，则会存在无法监测到确认帧的情况。

彩图

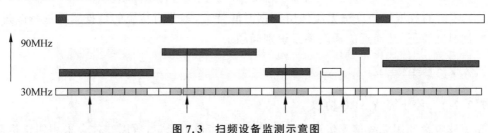

图 7.3　扫频设备监测示意图

7.2.3　算法设计

7.2.3.1　数据不均衡算法研究

深度学习方案的性能主要由数据、算法、算力驱动。其中数据对模型的识别性能起到决定性的作用。在深度学习和传统的机器学习方案中通常假设数据是均衡的，然而真实的数据是不均衡的。数据不均衡可以分为两类：类内不均衡和类间不均衡。数据不平衡问题严重影响分类器的识别性能[1]。类间不平衡是指一些类的例子比其他类多得多。类内不平衡是指一个类的某些子集的示例比同一类的其他子集少得多。

算法 7.1 针对数据不均衡问题，对数据进行优化。与传统的数据不均衡算法相比，本节算法保留了序列数据的时间特征。由于电台通信是随机的，所以训练样本出现了正类样本与负类样本比例严重失衡，负类样本子集之间也严重失衡的情况。对于通联关系识别的问题，不能直接使用重组采样方法，这样会破坏数据时间特性。为了保留训练数据的时序特征，将训练数据分成大于神经网络输入长度为 2000 的切片 t_i。然后根据神经网络寻找困难样本，统计困难样本所占的比例，以一定概率多次重复加入训练集。然后对每小段根据正负样本比例，将正类样本对于负类样本的小时间序列以一定概率再次加入训练集。具体实现过程如算法 7.1 所示。将优化的训练数据输入神经网络中，然后将神经网络输出结果根据频率进行校正。

算法 7.1

作用：将数据均衡化

输入：$X=\{x_0,x_1,\cdots,x_i,\cdots,x_n\}$，$x_i=\{t_i,f_i,b_i,p_i\}$

输出：$T_{out}=\{t_1,t_2,\cdots,t_i,\cdots\}$，$t_i=\{x_0,x_1,\cdots,x_i,\cdots,x_l\}$

1. 将训练数据 X 分成长度为 L 的小时间序列，$T=\{t_1,t_2,\cdots,t_i,\cdots\}$，$t_i=\{x_0,x_1,\cdots,x_i,\cdots,x_l\}$，并将数据归一化

2. 用 T 训练神经网络得训练好的模型 model，用 model 标注训练集中的困难样本（如 t_i 的识别率低于训练集平均识别率标准为困难样本）

3. 将困难样本以一定概率重复加入 T

4. 多次重复以上步骤 2 和步骤 3，$T_{out}=T$

7.2.3.2 算法流程

算法 7.2 是本节的主体算法，以深度学习模型为主体完成了对通信关系识别。使用算法 7.1 优化的数据训练模型。然后将需要测试的数据输入深度模型得到初步结果，结合物理意义对结果进行修正。

算法 7.2

作用：用均衡化后的数据训练神经网络，并进行分类

输入：$X=\{x_0,x_1,\cdots,x_i,\cdots,x_n\}$，$x_i=\{t_i,f_i,b_i,p_i\}$

输出：$Y_{out}=\{y_1,y_2,\cdots,y_i,\cdots,y_n\}$

1. 将待识别的数据的频率、带宽和功率归一化

2. 使用算法 7.1 优化的数据训练出神经网络模型，得到初步的识别结果

3. 结合物理意义对识别结果进行修正得到 $Y_{out}=\{y_1,y_2,\cdots,y_i,\cdots,y_n\}$

7.2.4 神经网络模型设计

7.2.4.1 设计方案

本节介绍两种设计方案以及神经网络模型。这两种设计方案没有本质上的差别。

第一种设计方式输出整个时间序列的识别结果，中间的每一个时间数据都将其他数据作为输入。第二种设计方式，只是判断出最后一个时间数据的识别结果，将之前的数据时间信息作为时间特征。第一种解决方案如图 7.4(a)所示，输入长度为 k 的时间序列 $X=\{x_0,x_1,\cdots,x_i,\cdots,x_k\}$，输出 $Y=\{y_0,y_1,\cdots,y_i,\cdots,y_k\}$。其中 y_i 表示 x_i 为需要识别通联关系的结果，输出了整个时间序列的输出结果，是对整个时间序列进行识别。第二种解决方案如图 7.4(b)所示，输入也是 k 的时间序列 $X=\{x_0,x_1,\cdots,x_i,\cdots,x_k\}$，输出为 y_k，仅输出时间序列 X 最后一个监测数据 x_k 的识别结果。

其中 $x_i=\{t_i,f_i,b_i,p_i\}$，t_i、f_i、b_i、p_i 分别表示此次轮询周期内某一信号的时刻、中心频率、带宽、功率；n 代表输入的神经网络的时间序列长度。标签用独热(one-hot)编码表示，$y_i=\{y_{it},y_{if}\}$，标签正类样本标记为[1,0]，负类样本标记为[0,1]。

两种设计方案的损失函数是两部分的组合：一部分是防止过拟合使用 L2 正则化部分，另一部分使用交叉熵函数。第一种神经网络输出为输入长度 $n\times2$ 的序列，为了区分表示，将神经网络输出表示为 $p=\{p_0,p_1,\cdots,p_i,\cdots,p_k\}$，$p_i=\{p_{it},p_{if}\}$。而第二种设计方案的

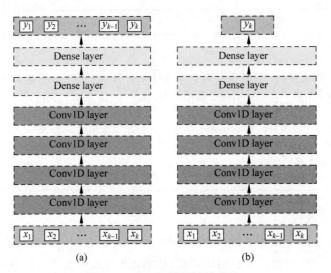

图 7.4　神经网络设计模式图

损失函数为最后一个时间片的交叉熵,交叉熵用独热编码表示。具体公式如下:

$$\text{loss}(y_i, p_i) - \sum_{i=1}^{k} (y_{it} \times \log p_{it} + y_{if} \times \log p_{if}) \tag{7-1}$$

7.2.4.2　神经网络结构

本节使用一维卷积神经网络来提取时间特征,再将提取的时间特征输入全连接层得到预测结果。本节主要介绍第二种设计方案,其结构如表 7-1 所示。

表 7-1　时间特征识别方案卷积神经结构

层　　级	输入大小	参　　数	激活函数
Conv1D	256×4	32 filter,filter_size=3,strides=2,padding=same	ReLU
Conv1D	128×32	64 filter,filter_size=3,strides=2,padding=same	ReLU
Conv1D	64×64	128 filter,filter_size=5,strides=2,padding=same	ReLU
Conv1D	32×128	256 filter,filter_size=5,strides=2,padding=same	ReLU
Flatten	16×256	—	—
Dense	4096	256neurons	ReLU
Dense	256	2neurons	sigmoid

表 7-1 中网络输入大小为 256×4,将频谱监测收集到的数据传入神经网络,包括时间刻、中心频率、带宽和功率。使用 4 层卷积层从输入的频谱信息中提取高级特征。其中卷积网络使用全 0 填充,更好的提取边缘信息。神经网络的步长为 2,使每层输出的特征图的长度减半,但是每层卷积核的个数加倍,保证每层卷积网络的特征容纳量保持不变。为了减少过拟合,使用 L2 正则化,并使用 Dropout $p=0.5$。激活函数使用 ReLU,其中 L2 正则化的权重为 0.001 来防止过拟合。最后一层使用 sigmoid 进行归一化,将预测结果以概率的形式输出。

7.2.5　实验结果及分析

7.2.5.1　仿真设置

在宽度 20km、纵深 30km 的区域随机设置 10 部超短波电台,它们之间随机通信。图 7.5 展示了电台之间通信的逻辑网络。红色矩形表示频谱监测设备,圆圈表示电台,其中蓝色表示需要识别的通信对电台用 R1 和 R2 表示,绿色表示其余通信电台用 D1～D8 表示。通信监测设备的扫描速率为 80GHz/s,监测范围为 30～90MHz。

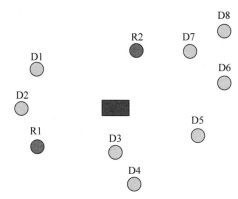

彩图

图 7.5　时间特征方案场景示意图

7.2.5.2　数据说明

电台通信数据样本的具体设置为:同一时刻最多可以存在 3 个通信对,为了更好地验证神经网络的效果,测试数据有意增加蓝色电台和绿色电台的通信时间中困难样本,如 R1 和 D1 通信(见图 7.5)。这些困难样本占整个测试集的 39.23%。

训练数据集格式如表 7-2 所示,包含轮询的时刻,和在此轮询时刻监测到的无线信号的中心频率、带宽以及功率信息,标签使用独热编码。在输入神经网络之前,数据经过归一化处理。

表 7-2　训练数据 X

X	时间/ms	频率/kHz	带宽/kHz	功率/dBm	标　签
x_1	0.1	63 349	9.7	18.234	[0,1]
x_2	1	63 349	9.7	18.448	[0,1]
⋮	⋮	⋮	⋮	⋮	⋮
x_i	$0.9×(i-1)$	82 100	9.8	27.654	[1,0]
⋮	⋮	⋮	⋮	⋮	⋮

7.2.5.3　实验结果分析

大多数学习系统通常假设用于学习的训练集是平衡的,然而数据不均衡会严重影响识别效果。在本节实验数据的采集过程中,发现实验数据的分类结果不是很理想,经过分析发现样本不均衡严重影响了分类结果。

通过对数据进行均衡化可以有效提高分类器的性能。由实验结果可知算法 7.1 对识别率有显著的提升。图 7.6 展示了算法 7.1 使用优化的数据和未优化的数据在测试集上的表现。横坐标是训练轮次,纵坐标为识别率,所用的测试数据集为数据分别是刻意构造的同一个测试集。如图 7.6 所示,未优化的数据在类别均衡的测试集上识别率波动较大且收敛时的识别效果比较差。

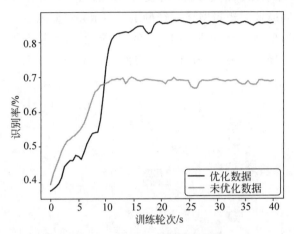

图 7.6　算法 7.1 效果示意图

　　训练样本的类别不均衡对训练模型的结果有很大的影响。如表 7-3 所示,未优化的数据正类样本识别率较高,但负类样本的识别率较低。经过统计和分析发现,频率和带宽所携带的信息比较多,在训练数据出现种类不均衡的情况下,识别结果与频率和带宽信息有更大的相关性。在物理意义上表现为图 7.5 中对需要识别的通联关系 R1 和 R2 通信识别率较高,绿色电台之间的通信识别率比较高。对一些情况下的识别率比较低,如绿色电台和蓝色电台之间进行通信,如 R1 和 D1 之间通信而此时 R2 与 D2 也在进行通信。通过发现困难样本并重复加入训练数据集进而使数据均衡化。实验结表明,使用优化的数据进行训练的模型,负类样本的识别率显著提高。

表 7-3　算法 7.1 识别率对比表

数据类型	正类样本识别率	负类样本识别率
未优化的数据	0.920	0.628
优化的数据	0.919	0.841

　　由于两种设计方案的设计目标和理念不同所以性能也有所差异。图 7.7 展示了两种设计方案的识别率。第一种设计方案的损失函数如式(7-1)所示,表示长度为 k 的时间序列交叉熵之和。第二种方案的损失函数是第 k 个数据的交叉熵。在同样网络层数下的两种方案相比较,第二种设计方案更优。

　　方案一比方案二的识别速度要快。方案一输入为长度 k 的时间序列,输出结果 $Y = \{y_0, y_1, \cdots, y_i, \cdots, y_k\}$,可以判断出每个时间切片 x_i 的分类。方案二每次输入只能输出最后一个数据的结果 y_k。

　　本节使用一维卷积网络进行实验,在输入长度相同时识别结果没有明显差异。但是不同输入长度的神经网络识别结果有显著的差异,下面对不同输入长度的神经网络识别率进行对比分析。

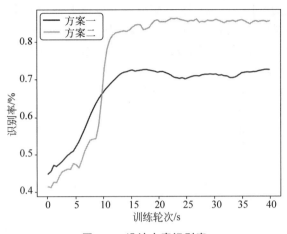

图 7.7　设计方案识别率

图 7.8 展示了窗口大小为 64、128 和 256 的模型的识别率表现。很明显,增加窗口尺寸会降低收敛速度。输入长度为 128 的神经网络和输入长度 256 的神经网络识别率差别不大,输入长度为 128 的神经网络收敛时平均准确率为 84.4%,长度为 256 的神经网络识别率为 84.5%。当输入长度为 64 时识别率最低,收敛时平均准确率为 79.3%。通信场景中通信电台的数量、监测扫频速率可能对输入的窗口长度的需求有所影响。在窗口低于一定尺寸时,神经网络无法有效地提取时间特征,使得识别率无法得到有效保证。

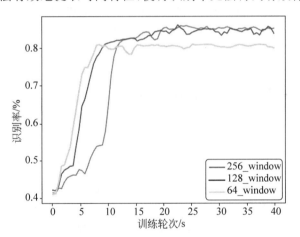

图 7.8　窗口尺寸对识别率影响示意图

彩图

算法 7.2 所示,在使用过程中经过神经网络后,再结合频率信息对识别结果进行修正,进行修正后识别率确实有所提高,但提升识别率并不稳定。表 7-4 对未修正和修正的识别率进行了比较。

表 7-4　物理修正效果提升对比表

	64_window	128_window	256_window
未修正	79.32%	84.42%	84.52%
修正	86.21%	89.11%	89.14%

此算法进行修正的设计理念是：同一帧可能被频谱监测信号多次扫描到，同一帧的扫描信号具有相同的分类结果。经过修正，识别率有比较明显的提升。如图 7.9 所示，蓝色表示同一帧的扫描信号。若第一个监测数据经过神经网络判断结果与其余同一帧扫描数据的判别结果不同，则进行修正。

彩图

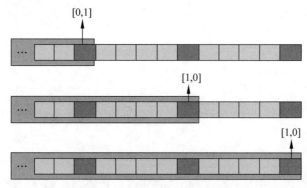

图 7.9　识别结果校正示意图

7.2.6　小结

本节将深度学习的方法初步运用到通联关系识别问题中。尝试了两种不同的设计方案并对两种设计方案的性能进行了分析。使用一维卷积提取频谱数据中的时间特征，尝试不同输入长度的神经网络，输出神经网络的时间序列长度会影响识别率。由实验结果可知，本节所提的数据均衡算法对通联关系识别问题有很好的适应性。依据物理原理对神经网络的识别结果进行修正，从而提出了一种完整的识别通联关系的方案，使识别率达到 89.1%。

7.3　基于 VGG 网络的时间序列分类与识别

7.3.1　概述

在时间特征识别方案的基础上，对通联关系识别问题深入探究，使实验场景更加接近真实环境，使用长短记忆网络和卷积神经网络模型进一步进行实验。经过实验分析，发现了时间特征分类方案存在的缺点。其中通过使用长短记忆网络和增加模型深度都无法有效提高识别率，时间特征分类方案深度模型陷入局部最小值。本节通过二分类问题进行展开，将场景变得更复杂以进一步验证神经网络方案的识别能力。在 7.2 节的时间特征分类方案中，神经网络承担着预测和分类的任务，由于数据的原因使深度网络模型陷入局部最小值。本节的出发点是：通过数据处理使深度网络模型只承担分类的任务，将含有时间特征的预测分类问题转化成时间序列分类问题进行解决。

通过分析，发现算法 7.2 限制了局部最小点问题对识别率的影响。算法 7.3 按照频率将属于同一个信号的监测信息放在一起。算法 7.4 将不同通信对产生的信号分离，使一段时间内同一通信对的监测信息放在一起。通过以上两个算法将问题转化为时间序列分类问题，将处理后的数据输入神经网络进行分类。在神经网络训练过程发现模型存在不收敛问题，经过分析发现可能存在使梯度爆炸的悬崖梯度结构，在这种情况下可使用梯度截断算法。其中针对梯度截断算法的阈值设置进行了优化。梯度截断阈值是超参数，设置过大会使模型收敛效果较差,过小会无法跳过局部最小值点,使用指数衰减学习率和梯度截断算法可以起到动态调整阈值的效果。本节分析了通联关系识别时容易陷入局部最小点的原因以及通联关系识别中影响神经网络识别率的因素,给出了如何调整这些因素的建议。为了具体部署到工程,进而提出了基于 VGG 网络的二分类通联关系识别方法。

7.3.2 模型建立

7.3.2.1 时间序列分类模型

在实验中发现了时间特征分类方案存在的缺点。其中通过增加模型深度无法提高识别率,时间特征分类方案深度模型陷入局部最小值。在 7.2 节的时间特征分类模型方案中,神经网络承担着预测和分类的任务,由于数据的原因使深度网络模型陷入局部最小值。本节通过数据处理使深度网络模型只承担分类的任务,从而解决含有时间特征的预测分类问题转化成时间序列分类问题。

7.3.2.2 频谱监测数据的获取

对于 60MHz 的监测范围,监测设备无法做到同时在全频段中监听,监测设备需要扫描才能监听全频段。扫频设备的扫频周期一般为 $0.75 \leqslant T_{roll} \leqslant 1.5\text{ms}$。下面结合图 7.10 进行详细说明,在最左侧的箭头表示中间监测数据帧的频率,监测范围为 $30 \sim 90\text{MHz}$。虚线中间是需要监测的信号,红色和蓝色代表不同频率的信号。第三行和第四行表示对应信号监测过程,每一个矩形代表扫频周期,矩形的边是监测到对应频率的时刻。第五行表示监测设备监测到的信息,每一个矩形表示一个监测数据。如图 7.10 所示,同一个数据帧的监测信息并不存放在一起,且不能比较精准地估计监测到的数据帧的长度即跳频的驻留时间。监测设备的扫频周期越短,监测数据的信息相对越完整。

彩图

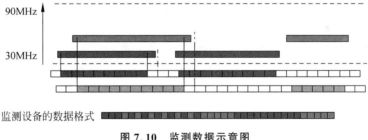

图 7.10 监测数据示意图

7.3.3 算法设计

为了有效限制局部最小点问题对通联关系识别的影响,需要对数据进行处理,使神经网络只承担分类的任务。算法 7.3 和算法 7.4,使不同通信对产生的数据分离,使神经网络承担较少的任务。通过算法 7.3 将属于同一个信号的监测数据存储在一起,经算法 7.3 处理的数据通过算法 7.4 将属于不同通信对产生的数据分离。经过算法 7.4 后,频谱监测数据已经被分成多段,一段数据表示属于同一通信对产生的传输数据。然后将经过处理的数据展开送入神经网络进行分类。在通联关系时间序列分类中,神经网络输入输出的意义如下:输入神经网络的数据是经过处理的时间序列,输出表示此段时间序列的分类结果。

监测设备中频谱监测数据是按照时间顺序存储的。如图 7.10 所示,一个信号被监测设备多次监测到,所以存在多个监测信息但并没有存储在一起。通过数据可视化(如图 7.11 所示),发现频谱监测数据中,同一个跳频周期的监测信号在频域上是可分的。算法 7.3 依据频率对数据进行处理,将属于同一个信号的监测信息的数据放在一起。

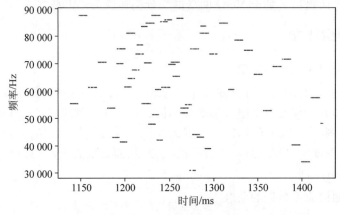

图 7.11　频谱数据展示图

　　在算法 7.3 中设置两个参数。第一个参数是 num_threshold,它的作用是减少数据的处理量。本节中它的设置与场景中两个因素成正相关:同一时刻存在的最大通信对个数;最大跳频周期与扫频周期比值,本节设置的 num_threshold 是同一时刻存在的最大通信对个数与最大跳频周期的乘积。第二个参数是 threshold,表示跳频频率的波动允许范围。

　　跳频监测数据用 X 表示,$X = \{x_0, x_1, \cdots, x_i, \cdots, x_n\}$,$x_i = \{t_i, f_i, b_i, p_i\}$。$t_i$ 表示监测到数据的时间,时间信息并不是精确值,是由扫描次数与扫描周期的乘积所表示,f_i 表示此次轮询周期内的中心频率,b_i 表示此次轮询周期内的带宽,p_i 表示轮询周期内的平均功率。

算法 7.3

作用:根据频率信息,将同属于一个信号的监测信息存放在一起

输入:$X = \{x_0, x_1, \cdots, x_i, \cdots, x_n\}$, $x_i = \{t_i, f_i, b_i, p_i\}$

输出:$S = \{s_1, s_2, \cdots, s_i, \cdots\}$,$s_i = \{x_1, x_2, \cdots\}$

1.	S 初始化为空	//存放输出结果
2.	while X 不空	
3.	temp_s 初始化为空	//存放同一个信号的监测信息
4.	temp_fre = x_1 的频率信息	//记第一个监测信息的频率
5.	将 x_1 加入 temp_s	
6.	从 X 中删除 x_i	
7.	for i in range(1:num_threshold) //避免无效的循环,减少算法时间复杂度	
	if abs(x_i 的频率-temp_fre)< threshold1:	
8.	将 x_i 加入 temp_s	
9.	从 X 中删除 x_i	
10.	end if	
11.	end for	
12.	temp_s 加入 S	
13.	temp_s 置空	
14.	end while	

经过算法 7.3 数据处理后,属于同一信号的监测信息数据存储在一起。算法 7.4 对数据进行进一步处理,使不同通信对的监测信息分离。跳频周期由两部分组成:传送数据的驻留时间和跳频频率转换时间。为了有效传送数据,在跳频通信中,驻留时间往往要长于频率转换时间,且在一段时间内驻留时间和频点转换时间的比例保持不变。驻留时间用监测到的信号持续时间估计,如 s_i 为第一数据 x_1 和最后数据 x_{end} 的时间间隔。频率转换时间用两个信号之间时间间隔估计。

算法 7.4 具体使用以下规则,使属于不同通信对的监测信息分离。具体规则结合图 7.12 进行详细说明,不同颜色表示属于不同的通信对的信号。本节将具体场景分成以下情况进行分析:

(1) 属于同一跳频网络的通信对的跳频周期相同,但信号开始的时刻不同,早结束必然早开始,同一通信对产生的下一个信号也会早开始,使属于同一通信对产生的跳频信号有一定时间联系性质,满足贪心选择的性质。如图 7.12 所示信号 a 比信号 c 开始得早,和 a 同属一个通信对的 b 比和 c 同属一个通信对的 d 开始时间要早。

(2) 不属于同一跳频网络的通信对,可以通过驻留时间来进行区分。

(3) 在通信对通信没有结束时,上述规则是适用的,但一次通信结束时贪心选择性质就不适用了,所以需要判断通信是否结束。通过用相邻驻留时间之间的时间间隔来估计频点转换时间,属于同一通信对驻留时间和频点转换时间的比例相同,从而判断一组通信对通信结束。

依据以上性质本节提出了算法 7.4,将多组通信对产生的数据进行分离。由于通信过程中存在噪声,为了增加算法的鲁棒性,算法对噪声进行了判断处理。

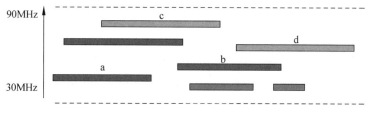

图 7.12　跳频规则示意图

彩图

算法 7.4

作用:将属于不同通信对的监测数据分离
输入: $S = \{s_1, s_2, \cdots, s_i, \cdots\}$, $s_i = \{x_1, x_2, \cdots\}$
输出: $Z = \{z_1, z_2, \cdots, z_i, \cdots\}$
1. Z 初始化为空　　　　　　　//存放输出结果
2. While S 不空:
3. 　　初始化 z_temp 为空
4. 　　temp_last $= s_1$　　　　　//记录上一个信号
5. 　　将 s_1 加入 z_temp　　　　//存放同一通信对的监测信息
6. 　　for i in range(1: S 的长度):
7. 　　　　if(temp_last 与 s_i 时间没有重叠):

8. $\qquad$ $\text{temp\_hop\_ratio} = \dfrac{\text{time}_{i\_end} - \text{time}_{i\_start}}{\text{time}_{i\_start} - \text{time}_{i\_end}}$　//记录信号驻留时间和转换时间比例

9. $\qquad$ if z_temp 的长度 $==1$ 并且 s_i 与 temp_last 的驻留时间相同

$\qquad$ //初始化 hop_ratio

10. $\qquad$ hop_ratio $=$ temp_hop_ratio

11. $\qquad$ z_temp 中加入 s_i

12. $\qquad$ temp_last $= s_i$

13. $\qquad$ else

14. $\qquad$ if s_i 与 temp_last 的驻留时间相近并且 temp_hop_ratio 与 hop_ratio 相近

$\qquad$ //通信未结束且满足贪心性质

15. $\qquad$ z_temp 中加入 s_i

16. $\qquad$ if z_temp 的长度长时间未增加

$\qquad$ //一次通信结束,早结束循环

17. $\qquad$ if length of z_temp$>$2

18. $\qquad$ 将 z_temp 加入 Z

19. $\qquad$ 从 S 中删除 z_temp

20. $\qquad$ else

$\qquad$ //对噪声数据进行处理

21. $\qquad$ 从 S 中删除 z_temp 中数据

22. $\qquad$ Break //跳出 for 循环

23. $\qquad$ if $i==S$ 的长度

24. $\qquad$ 将 z_temp 加入 Z

25. $\qquad$ 从 S 中删除 z_temp

26. $\quad$ end for

27. end while

7.3.4　神经网络模型设计

本节使用的神经网络类型包括长短记忆网络和卷积神经网络。主要对实验结果比较好的 VGGNET[2] 结构进行介绍,介绍了如何调整 VGGNET 以二分类问题。以输入时间序列窗口长度为 256 的神经网络结构为例进行介绍。对 VGGNET 进行以下调整以适应本问题,详细网络结构如图 7.13 所示。通联关系识别问题是时间序列问题,只需要提取一维时间特征,而 VGGNET 解决是图像问题提取二维的空间特征,所以将 VGG 网络使用的二维卷积改为一维卷积。由于本问题的输入与 VGGNET 进行图像识别的输入数量相差较大,所以本节对网络层数进行了缩减。对于一维卷积来说,VGGNET 中的小卷积核代替大卷积以减少参数的结论并不适用[2]。本节使用 4 层卷积网络,前两层卷积核大小为 3,后两层卷积核大小为 5。使用全 0 填充以保证特征图边缘的感受野,使用批归一化函数将特征图归一化,以获取更快的收敛速度,增强网络的泛化能力。每层网络的卷积核步长为 2,每层输出的特征图长度变为之前的一半,但卷积核的个数是上层网络通道数的 2 倍,这样使每层网络的特征容纳总量保持不变。在机器视觉领域,池化函数会使神经网络学习特定的特征,如最大池化趋向学习图片的纹理,平均池化会趋向学习图片的背景。为了保留更多的特征,本书将所有池化函数去掉,将 VGGNET 中的卷积核步长改为 2。如图 7.14 所示,每层卷积首先进行卷积操作,然后用批归一化函数对特征图进行归一化,输入 ReLU 激活函数进行非线性操作增强模型的表达能力,最后用 Dropout p$=$0.2 函数增强网络的泛化能力。经过卷积网络提取特征后将提取的特征图展开,输入全连接层。本节解决的问题是指二分类问

题,所以使用 sigmoid 函数对输出进行归一化,使用交叉熵函数来度量模型输出和真实标签的差距。选用自适应矩估计算法来更新神经网络参数。

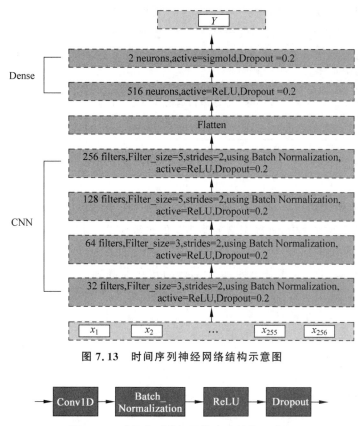

图 7.13　时间序列神经网络结构示意图

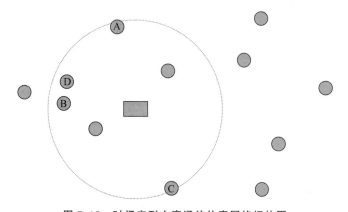

图 7.14　时间序列神经网络卷积结构示意图

7.3.5　实验结果及分析

7.3.5.1　仿真设置

在宽度 20km、纵深 30km 的区域随机设置 12 部超短波电台,如图 7.15 所示,圆形表示

彩图

图 7.15　时间序列方案通信仿真网络拓扑图

电台,红色和蓝色表示不同的通信网络。红色的矩形表示频谱监测设备,其中蓝色 A 和 B 电台表示需要识别的通信对,主要对神经网络在通联关系识别问题的有效性进行研究,所以只解决二分类问题。实验目标就是判别监测的数据是否属于 A 和 B 通信所监测到的。Liu[3] 实现了定频数据和跳频数据的分离和定频通信的分类,所以本节只对跳频通信部分进行实验。通信监测设备的扫描速率为 80GHz/s,监测范围为 30~90MHz,电台参数以及通信分组具体设置见表 7-5。

表 7-5　短波电台通信网络参数设置

电台网络	通信类型	载波频率范围/MHz	带宽/kHz	发送电台工作功率	跳频周期
红色组网	跳频通信	30~90	10	50W	12.5ms 或 11.7 ms 或 11.11ms
蓝色组网	跳频通信	30~90	10	50W	10ms 或 9.5ms 或 9.09ms

7.3.5.2　数据说明

在时间序列分类方案中,神经网络的输入是经过算法 7.1 和算法 7.2 处理的数据,然后展开处理成一样长度的样本进行分类,其中数据都经过归一化处理。经过算法 7.2 处理后的数据 $\{z_1, z_2, \cdots, z_i, \cdots\}$,其中 z_1 是属于同一通信对监测到的信息,z_1 和 z_2 存储不同通信对的监测信息。在窗口长度为 128 的输入中,将 z_i 处理成长度 128 的小的时间序列 $z_i = \{t_{i1}, t_{i2}, \cdots, t_{ij}, \cdots\}$,将小样本 $t_{ij} = \{x_1, x_2, \cdots, x_{128}\}$ 输入神经网络进行分类。在时间特征分类方案中,神经网络输入是未经数据处理的(只进行归一化)。输入神经网络的标签同样是独热编码,时间序列方案中标签表示整个时间序列的分类结果,[1,0] 表示是 A 和 B 通信监听的信息,[0,1] 表示不是 A 和 B 通信监听的信息。

在前期的实验中发现,功率信息是比较容易学习的特征,由于电台设置的功率相同,不同电台被监测到的功率差异与位置和地形有关。为了更好地验证神经网络对时间特征的提取效果,现增加环境的复杂性。设置了电台 C 到监测站点的距离与 A 到监测站点的距离相近,电台 D 到监测站点的距离与 B 到监测站点的距离相近。目的是验证神经网络对时间特征的提取能力,如跳频周期和 ACK 应答时间等时间特征。在测试集中增加复杂场景的数据所占的比例,如 A 电台和 B 电台与蓝色通信网络中的其他电台通信,C 电台和 D 电台通信。

7.3.5.3　模型局限性分析

在时间特征分类方案中,识别率无法达到预期的效果。浅层网络识别率低的原因可能是其感受野的限制使得模型提取特征必须达到一定的层数。层数加深并没有提升效果,可能是求解过程容易陷入局部最小点。表 7-6 是时间特征分类方案 20 次实验的平均识别率,使用不同窗口长度的神经网络的识别结果,其中输入窗口长度为 256 的卷积神经网络效果较好。LSTM 网络识别率都趋向于 75.5%,识别率陷入了局部最小值。表 7-7 展示了 20 次实验的最好结果,和表 7-6 中平均识别率相比差距较大,实验结果依赖参数的初始化。在时间特征分类方案中,分析发现识别结果是由两部分信息决定的,包括整个时间序列所携带的时间特征和时间序列,以及最后一个数据所携带的功率带宽和频点信息。整个时间序列所携带的时间特征是比较难提取的,这使得神经网络更容易学习最后一个数据所携带的信息而陷入局部最小值。LSTM 通过遗忘门来学习和遗忘序列数据之间的长期依赖关系,从而使模型更容易只学习最后一个数据的信息,遗忘掉序列所携带的时间特征从而更容易陷入局部最小值。神经网络中损失函数并不是严格的凸函数,存在多个局部最小值。本节主要依靠数据的处理和方案的设计来减少局部最小点对实验的影响,使神经网络只承担分类任务。

表 7-6　时间特征识别方案 20 次实验平均识别率

	64_window	128_window	256_window
CNN	75.6%	76.3%	78.5%
LSTM	75.5%	75.5%	75.5%

表 7-7　时间特征识别方案 20 次实验最好识别率

	64_window	128_window	256_window
CNN	79.3%	83.3%	84.1%
LSTM	75.5%	75.5%	75.5%

7.3.5.4　方案结果分析

在时间序列分类方案中,算法 7.1 将属于同一信号的监测数据处理存放在一起,算法 7.3 将属于同一通信对的信息处理存放在一起,使原问题得到转化变成通联关系识别问题。频谱监测数据的时频图如图 7.11 所示,属于同一个信号的监测数据在频率上是可以区分的。图 7.16 给出了经过算法 7.3 处理后频谱数据的效果展示图,数据相连表示频谱监测数据处理存储在一起。图 7.17 展示了算法 7.4 的处理效果,算法 7.4 使一段时间内的不同通信对的监测信息分离,不同颜色的数据表示不同通信对产生的数据。

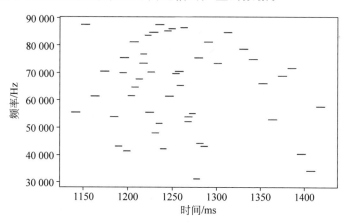

图 7.16　算法 7.3 处理后频谱示意图

在实验中发现,模型振荡不收敛,经过分析发现存在梯度悬崖[4]。如图 7.18 所示,神经网络在训练过程中,模型识别率振荡不收敛,很难得到一个较为稳定的模型。识别率在短时间变化较大,近乎呈直线上升并且出现梯度爆炸的情况。梯度悬崖的情况使得无法获得稳定模型。通联识别问题容易陷入局部最小值,所以本节使用和指数衰减学习率算法结合的梯度截断算法对此类问题进行解决。图 7.20 中 batch_size=32 的曲线与图 7.18 相比识

彩图

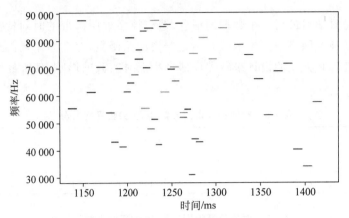

图 7.17 算法 7.4 处理后频谱示意图

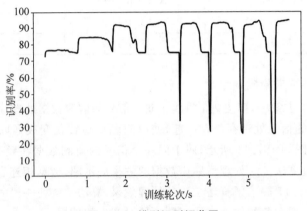

图 7.18 模型识别振荡图

别结果陷入局部最小点的趋势变弱。本书使用指数衰减算法和梯度截断算法结合的方案，对于解决批次较大的易陷入平缓的局部最小点的问题也会起到一定的作用。

梯度悬崖问题可以通过梯度截断算法来解决，梯度截断算法中超参数 clip_normal 大小的设置影响识别效果和模型收敛效果，使用梯度截断算法和指数衰减学习率算法结合的方式减少了调整 clip_normal 大小的时间。经过分析，由于在通联关系识别中功率特征是容易学习到的，时间特征是不容易学习到的，使模型容易只学习功率信息忽略时间特征，从而使神经网络容易陷入局部最小值。梯度截断算法如式(7-2)所示，需要设置超参数 clip_normal，当参数更新梯度 **dw** 的大小小于设置的参数时，按照所求梯度进行更新；当梯度更新大小大于设置的参数时，梯度方向不变，梯度的模变为设置的参数。阈值 clip_normal 的设置越大模型振荡相对越剧烈，阈值过小可能会陷入局部最小值。

$$\mathbf{dw} = \begin{cases} \mathbf{dw}, & \|\mathbf{dw}\|_2 < \text{clip\_normal} \\ \dfrac{\text{clip\_normal}}{\|\mathbf{dw}\|_2} \times \mathbf{dw}, & \|\mathbf{dw}\|_2 \geqslant \text{clip\_normal} \end{cases} \tag{7-2}$$

本节优化了阈值的设置。本节使用 Adam 优化器，神经网络参数更新如式(7-3)所示。通过设置该阈值的大小使参数 $\alpha \times \dfrac{v_{\mathbf{dw}}^{\text{correct}}}{\sqrt{s_{\mathbf{dw}}^{\text{correct}}} + \varepsilon}$ 受到限制，其中 α 表示学习率。本节设计理

念是开始初始化 clip_normal 为较大的值,从而使 $\dfrac{v_{\mathbf{dw}}^{\text{correct}}}{\sqrt{s_{\mathbf{dw}}^{\text{correct}}}+\varepsilon}$ 较大,模型可以更大的可能逃

离局部最小点。在训练过程中学习率 α 不断衰减,使 $\alpha\times\dfrac{v_{\mathbf{dw}}^{\text{correct}}}{\sqrt{s_{\mathbf{dw}}^{\text{correct}}}+\varepsilon}$ 在更新过程中不断衰

减,可以使模型收敛。学习率衰减使用指数衰减学习率算法如式(7-4)所示,decay_rate 表
示衰减系数,本书初始化为 0.99,globel_steps 表示当前的神经网络更新次数,对
$\left\lfloor\dfrac{\text{globel\_steps}}{\text{decay\_steps}}\right\rfloor$ 使用取整函数实现模型的学习率每隔 decay_steps 次进行一次衰减。实验
效果如图 7.19 和图 7.20 所示,可以看到,模型振荡的情况明显变弱。文献[5]证明了梯度
裁剪方法对自适应的优化算法和卷积神经网络是有效的,这为应用到本节环境中提供了理
论支撑。面对悬崖问题,本节认为通过减少批量的大小也能起到较好的效果。

$$\begin{cases} v_{\mathbf{dw}}=\beta_1\times v_{\mathbf{dw}}+(1-\beta_1)\times\mathbf{dw}, & \beta_1=0.9 \\ s_{\mathbf{dw}}=\beta_2\times s_{\mathbf{dw}}+(1-\beta_2)\times\mathbf{dw}^2, & \beta_2=0.999 \end{cases} \tag{7-3}$$

$$\begin{cases} \alpha=\alpha\times\text{decay\_rate}^{\left\lceil\frac{\text{globel\_steps}}{\text{decay\_steps}}\right\rceil} \\ w=w-\alpha\times\dfrac{v_{\mathbf{dw}}^{\text{correct}}}{\sqrt{s_{\mathbf{dw}}^{\text{correct}}}+\varepsilon}, & v_{\mathbf{dw}}^{\text{correct}}=\dfrac{v_{\mathbf{dw}}}{1-\beta_1^t}, & s_{\mathbf{dw}}^{\text{correct}}=\dfrac{s_{\mathbf{dw}}}{1-\beta_2^t} \end{cases} \tag{7-4}$$

在实际的工程部署中,神经网络输入长度会影响算法的实时性和识别效果。输入神经
网络长度越长,模型的识别速度越慢;输入神经网络长度过短会无法有效识别。如图 7.19
所示,当输入窗口的长度高于一定值时,识别结果较为稳定。其中输入窗口长度为 128 时,
模型收敛后的平均识别率最高达到 97.4%。当输入窗口长度低于一定值时,识别率会陷入
局部最小点。如输入神经网络的窗口长度小于 64 时,识别率会陷入局部最小值。经过分析
发现,输入长度 64 的时间序列的时间和跳频通信中一次通信 ACK 应答的时间相近。在实
际应用中,为了有效调整参数,输入窗口长度的持续时间要大于一次 ACK 应答的时间,才
能使数据包含完整的时间特征,从而达到应有的识别效果。为了保证模型的识别率和可靠
性,神经网络窗口长度应大于一次 ACK 应答的时间,实时性要求越高窗口长度越短(达到
识别率和识别速度的均衡)。

本节使用 Adam 算法更新神经网络参数,Adam 梯度更新公式如式(7-4)所示。Adam
从训练集合中抽取 m 个训练样本 $\{t^1,t^2,\cdots,t^m\}$,对梯度进行无偏估计。如式(7-5)所示,
$L(f(t^i;w),y^i)$ 表示损失函数,本节使用交叉熵函数,y^i 表示标签,w 表示神经网络中需
要估计的参数。$\mathbf{dw}$ 表示需要估计的梯度。

$$\mathbf{dw}=\frac{1}{m}\sum_{i=1}^{m}\nabla_w L(f(t^i;w),y^i) \tag{7-5}$$

实验中发现较小的批次对梯度悬崖问题也有一定的缓解,在通联关系识别中使用较小
的批次会更容易得到更优的效果和更快的收敛速度。通联关系识别问题的求解计算,是部
署在资源受限的设备中。收敛速度更快是指在计算能力有限的情况下更快地完成识别。与
图像识别问题相比,通联关系识别问题中,批量的大小更容易影响识别结果。如图 7.20 所
示,以批次 $m=32$ 输入训练模型识别效果最好,随着批次的增大模型变得越来越不稳定。

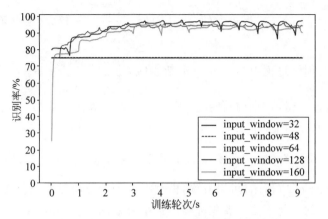

彩图

图 7.19 不同窗口长度识别效果的影响示意图

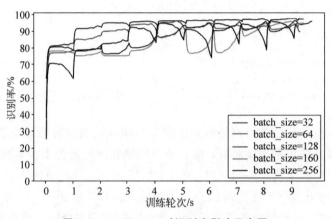

彩图

图 7.20 batch_size 对识别率影响示意图

批次大小扩大一倍,为了保证模型的泛化能力学习率也应以线性方式扩大一倍[6],根据以上规则设置参数,但是本节实验结果中并没有产生应有的效果。

具体分析如下:在通联关系识别问题中,识别率与发送方的功率和带宽,接收方的功率带宽、跳频周期、频率的波形变化,发送方与接收方应答时间等特征有关。在以上特征中,发送方的功率特征相对容易获取,不同类别数据中发送方的功率特征相对越明显。批量的大小越大,每个批次差距越小,使用 Adam 算法使用指数加权平均,会使梯度更容易沿着梯度平均变化最大的方向移动,从而使神经网络趋于学习发送方的功率特征,陷入局部最小值。经过分析发现,发送方的功率是不同种类数据中差别最大的,属于文献[7]中对应的锐利的最小点[8]。本节中最优解应该是多种特征结合的最小值,相对于容易陷入的局部最小值的梯度应该平缓。如图 7.21 所示,全局最优点对应平缓的最小点,容易陷入的局部最小点对应锐利的最小点。锐利最小点和平缓的最小点的区别是锐利最小点识别率变化得快,平缓的最小点识别率变化得慢。图 7.20 中随着批次增大,识别率向下波动的趋势更明显。本节的实验结果符合批量越大越容易收敛到锐利最小点的结论。

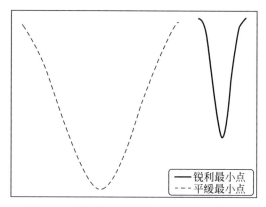

图 7.21 锐利最小点和平缓最小点示意图

7.3.6 小结

本节给出了基于深度学习进行频谱数据通联关系识别的一个较为成熟的方案。在通联关系识别中,提出将跳频通信的规律和神经网络结合的方案,限制局部最小点对神经网络识别效果的影响,最终在测试集上达到 97.4% 的识别率。分析给出通联关系识别时,神经网络容易陷入局部最小值的原因。对在通联关系识别中影响神经网络识别效果的因素进行实验分析。对调整这些因素的方法给出建议和理论支撑。对梯度截断阈值的设置进行优化,使该参数的设置变得简单,节省了在训练过程中调整参数的时间,最终给出与指数学习率算法结合的梯度截断算法来解决悬崖问题。经过实验和分析,得出使用较小的批次训练神经网络也是有效的方法的结论。

7.4 开放性讨论

本章研究采用深度学习方法,摆脱前述各章对模式的假设,初步达到了进一步减少先验性假定情况下的电磁通联行为识别的目标,但还需要在以下方面进行进一步探索研究:

(1)本章主要对通信关系识别的神经网络方案有效性进行研究,对神经网络具体部署到工程的任务未完成。后续工作需要对神经网络模型进行优化设计和模型压缩量化以满足应用场景实时性和计算能力的要求。

(2)本章的研究结果,还需要经过更多实际通信模式和场景的检验,以验证神经网络模型和算法设计的合理性。在此基础上,提出各种不同场景、不同条件以及不同识别需求下的模型和算法优化方案。

7.5 相关算法代码

7.5.1 时间分类识别部分代码

```
from scipy.io import loadmat
import os
```

```python
import numpy as np
import pandas as pd
import h5py
import rnn_cell_300 as rnn
def prelabel():
    t = []
    for i in range(1, 5):
        path = "data/" + str(i) + "/table_com.mat"
        data_path = os.path.join(os.getcwd(), path)
        set_data = loadmat(data_path)
        data = set_data['table_com']
        c = []

        c.append(data[0][0][6][0][0])
        c.append(data[0][0][7][0][0])
        t.append(c)
    return t
# ----------------------------------------------------------------
def predata1(label):
    d_label = []

    for i in range(2):
        d_label.append(0)

    d_label[0] = 1.0

    r_data = []
    path = "data3/" + str(label) + "/dst_data1.mat"
    data_path = os.path.join(os.getcwd(), path)
    set_data = loadmat(data_path)
    # print set_data

    data = set_data['dst_data']

    tem = len(data[0])
    for i in range(tem):
        r_data.append(data[0][i])
    r_data1 = []
    for i in range(len(r_data)):
        c = []

        c.append(r_data[i][0][0][0])
        c.append(r_data[i][2][0][0])
        c.append(r_data[i][6][0][0])
        c.append(r_data[i][7][0][0])

        c = c + d_label
        r_data1.append(c)
    return r_data1
def predata2(label):
```

```
        d_label = []

        for i in range(2):
            d_label.append(0)

        d_label[1] = 1

        r_data = []
        path = str(label) + "/dst_data3.mat"
        data_path = os.path.join('/media/zhanghaibo/新加卷/datadata', path)
        set_data = loadmat(data_path)
        # print set_data
        # data = set_data.values()
        data = set_data['data_sum']
        # print data
        tem = len(data[0])
        for i in range(tem):
            r_data.append(data[0][i])
        # print r_data[0]
        # c = []
        # for i in range(len(r_data[0])):
        # c.append(r_data[0][i][0][0])
        # print c
        # for i in range(10):
            # print r_data[i]
        # print r_data[0][1]
        r_data1 = []
        for i in range(len(r_data)):
            c = []
            # [('fre', '0'), ('id', '0'), ('time', '0'), ('supid', '0'), ('comid', '0'), ('packid',
        '0'), ('dbm', '0'),
            # ('band', '0')])
            c.append(r_data[i][0][0][0]) # fre
            c.append(r_data[i][2][0][0]) # time
            c.append(r_data[i][6][0][0]) # dbm
            c.append(r_data[i][7][0][0])
                # print c
            c = c + d_label
            r_data1.append(c)
        return r_data1

def dst():
    # data_all = []
    data_temp1 = predata1(1)
    data_temp2 = predata2(1)

    data_temp = np.vstack((data_temp1, data_temp2))
    # [('fre', '0'), ( ('time', '0'), ( ('dbm', '0'), ('band', '0')])
    data_temp = data_temp[data_temp[:, 1].argsort()]
    n_batch = data_temp.shape[0] / rnn.n_steps/rnn.batch_size
    data_temp = data_temp[:rnn.n_steps * n_batch * rnn.batch_size, :] #
```

```
        Dst = data_temp

        for i in range(2, 13):
            # data_temp = []
            dst1 = predata1(i)
            dst2 = predata2(i)
            data_temp = np.vstack((dst1, dst2))
            data_temp = data_temp[data_temp[:, 1].argsort()]
            n_batch = data_temp.shape[0] / rnn.n_steps / rnn.batch_size
            # 记录
            data_temp = data_temp[:rnn.n_steps * n_batch * rnn.batch_size, :] #
            Dst = np.vstack((Dst, data_temp))
        # Dst = data_sum[data_sum[:, 2].argsort()]
        print Dst
        np.save('/media/zhanghaibo/新加卷/datadata/dst_data300', Dst)
        # print data_sum.shape


def main():
    # dst()
    Data_test1 = predata1(11)
    Data_test2 = predata2(11)
    Data_test = np.vstack((Data_test1, Data_test2))
    Data_test = Data_test[Data_test[:,1].argsort()]
    np.save('/media/zhanghaibo/新加卷/datadata/data_test',Data_test)
     # dst()


if __name__ == '__main__':
main()
```

7.5.2 VGG 识别部分代码

```
#!/usr/bin/env python
try:
    import tensorflow.python.keras as keras
except:
    import tensorflow.keras as keras
import numpy as np
import os
import tensorflow as tf
from tensorflow.keras import Model
from matplotlib import pyplot as plt
from tensorflow.keras.layers import Conv1D, BatchNormalization, Activation, MaxPool1D,
Dropout, Flatten, Dense, GlobalAveragePooling1D
np.set_printoptions(threshold = np.inf)
physical_devices = tf.config.experimental.list_physical_devices('GPU')
print("All the available GPUs:\n",physical_devices)
if physical_devices:
    gpu = physical_devices[0]
    tf.config.experimental.set_memory_growth(gpu, True)
    tf.config.experimental.set_visible_devices(gpu, 'GPU')
```

```python
batch_size = 8
Dir_data_train = '../train_data3_256_shuffle.npy'
Dir_data_test = '../test_data3_256.npy'
class ConvBNRelu(Model):
    def __init__(self, ch, kernelsz = 3, strides = 1, padding = 'same'):
        super(ConvBNRelu, self).__init__()
        self.model = tf.keras.models.Sequential([
            Conv1D(ch, kernelsz, strides = strides, padding = padding),
            BatchNormalization(),
            Activation('relu')
        ])

    def call(self, x):
        x = self.model(x, training = False)
        return x


class InceptionBlk(Model):
    def __init__(self, ch, strides = 1):
        super(InceptionBlk, self).__init__()
        self.ch = ch
        self.strides = strides
        self.c1 = ConvBNRelu(ch, kernelsz = 1, strides = strides)
        self.c2_1 = ConvBNRelu(ch, kernelsz = 1, strides = strides)
        self.c2_2 = ConvBNRelu(ch, kernelsz = 3, strides = 1)
        self.c3_1 = ConvBNRelu(ch, kernelsz = 1, strides = strides)
        self.c3_2 = ConvBNRelu(ch, kernelsz = 5, strides = 1)
        self.p4_1 = MaxPool1D(3, strides = 1, padding = 'same')
        self.c4_2 = ConvBNRelu(ch, kernelsz = 1, strides = strides)

    def call(self, x):
        x1 = self.c1(x)
        x2_1 = self.c2_1(x)
        x2_2 = self.c2_2(x2_1)
        x3_1 = self.c3_1(x)
        x3_2 = self.c3_2(x3_1)
        x4_1 = self.p4_1(x)
        x4_2 = self.c4_2(x4_1)
        # concat along axis = channel
        x = tf.concat([x1, x2_2, x3_2, x4_2], axis = 2)
        return x
class Inception10(Model):
    def __init__(self, num_blocks, num_classes, init_ch = 16, ** kwargs):
        super(Inception10, self).__init__(** kwargs)
        self.in_channels = init_ch
        self.out_channels = init_ch
        self.num_blocks = num_blocks
        self.init_ch = init_ch
        self.c1 = ConvBNRelu(init_ch)
        self.blocks = tf.keras.models.Sequential()
        for block_id in range(num_blocks):
            for layer_id in range(2):
```

```python
            if layer_id == 0:
                block = InceptionBlk(self.out_channels, strides = 2)
            else:
                block = InceptionBlk(self.out_channels, strides = 1)
            self.blocks.add(block)
          # enlarger out_channels per block
          self.out_channels *= 2
       self.p1 = GlobalAveragePooling1D()
       self.f1 = Dense(num_classes, activation = 'softmax')


class VGG16(Model):
    def __init__(self):
        super(VGG16, self).__init__()
        self.c1 = Conv1D(filters = 64, kernel_size = 3, padding = 'same')
        self.b1 = BatchNormalization()
        self.a1 = Activation('relu')
        self.c2 = Conv1D(filters = 64, kernel_size = 3, strides = 2, padding = 'same')
        self.b2 = BatchNormalization()
        self.a2 = Activation('relu')
        # self.p1 = MaxPool2D(pool_size = (2, 2), strides = 2, padding = 'same')
        self.d1 = Dropout(0.2)

        self.c3 = Conv1D(filters = 128, kernel_size = 3, padding = 'same')
        self.b3 = BatchNormalization()
        self.a3 = Activation('relu')
        self.c4 = Conv1D(filters = 128, kernel_size = 3, strides = 2, padding = 'same')
        self.b4 = BatchNormalization()
        self.a4 = Activation('relu')
        # self.p2 = MaxPool2D(pool_size = (2, 2), strides = 2, padding = 'same')
        self.d2 = Dropout(0.2)

        self.c5 = Conv1D(filters = 256, kernel_size = 3, padding = 'same')
        self.b5 = BatchNormalization()
        self.a5 = Activation('relu')
        self.c6 = Conv1D(filters = 256, kernel_size = 3, padding = 'same')
        self.b6 = BatchNormalization()
        self.a6 = Activation('relu')
        self.c7 = Conv1D(filters = 256, kernel_size = 3, strides = 2, padding = 'same')
        self.b7 = BatchNormalization()
        self.a7 = Activation('relu')
        # self.p3 = MaxPool2D(pool_size = (2, 2), strides = 2, padding = 'same')
        self.d3 = Dropout(0.2)

        self.c8 = Conv1D(filters = 512, kernel_size = 3, padding = 'same')
        self.b8 = BatchNormalization()
        self.a8 = Activation('relu')
        self.c9 = Conv1D(filters = 512, kernel_size = 3, padding = 'same')
        self.b9 = BatchNormalization()
        self.a9 = Activation('relu')
        self.c10 = Conv1D(filters = 512, kernel_size = 3, strides = 2, padding = 'same')
        self.b10 = BatchNormalization()
```

```python
        self.a10 = Activation('relu')
        # self.p4 = MaxPool2D(pool_size = (2, 2), strides = 2, padding = 'same')
        self.d4 = Dropout(0.2)

        self.c11 = Conv1D(filters = 512, kernel_size = 5, padding = 'same')
        self.b11 = BatchNormalization()
        self.a11 = Activation('relu')
        self.c12 = Conv1D(filters = 512, kernel_size = 5, padding = 'same')
        self.b12 = BatchNormalization()
        self.a12 = Activation('relu')
        self.c13 = Conv1D(filters = 512, kernel_size = 5, strides = 2, padding = 'same')
        self.b13 = BatchNormalization()
        self.a13 = Activation('relu')
        # self.p5 = MaxPool2D(pool_size = (2, 2), strides = 2, padding = 'same')
        self.d5 = Dropout(0.2)

        self.flatten = Flatten()
        self.f1 = Dense(512, activation = 'relu')
        self.d6 = Dropout(0.2)
        self.f2 = Dense(512, activation = 'relu')
        self.d7 = Dropout(0.2)
        self.f3 = Dense(6, activation = 'softmax')
def Data_read(dir):
    data_x = np.array((data.item()['data']))
    print('------------------')
    print('data_x', data_x.shape)
    data_y = np.array((data.item()['label']))
    t = int(len(data_x)/batch_size)
    print('data_y.shape', data_y.shape)
    return data_x[0:t * batch_size], data_y[0:t * batch_size]


x_train, y_train = Data_read(Dir_data_train)
x_train = np.array(x_train)
y_train = np.array(y_train)
data_test_x, data_test_y = Data_read(Dir_data_test)
test_x = np.array(data_test_x)
test_y = np.array(data_test_y)
class NaturalExpDecay(tf.keras.optimizers.schedules.LearningRateSchedule):
    def __init__(self, initial_learning_rate, decay_steps, decay_rate):
        super().__init__()
        self.initial_learning_rate = tf.cast(initial_learning_rate, dtype = tf.float32)
        self.decay_steps = tf.cast(decay_steps, dtype = tf.float32)
        self.decay_rate = tf.cast(decay_rate, dtype = tf.float32)


    def __call__(self, step):
        return self.initial_learning_rate * tf.math.exp( - self.decay_rate * (step / self.
decay_steps))
natural_exp_decay = NaturalExpDecay(initial_learning_rate = 0.00001,
                                    decay_steps = 1,
                                    decay_rate = 0.05)
opt = tf.keras.optimizers.Adam(learning_rate = natural_exp_decay
                              )
```

```
metrics = [tf.keras.metrics.SparseCategoricalAccuracy()]
model = VGG16()
loss = tf.keras.losses.SparseCategoricalCrossentropy(from_logits = False)
model.compile(optimizer = opt,
              loss = loss,
              metrics = ['sparse_categorical_accuracy'])
checkpoint_save_path = "./checkpoint_VGG/VGG.ckpt"
if os.path.exists(checkpoint_save_path + '.index'):
    print('------------ load the model ---------------- ')
    model.load_weights(checkpoint_save_path)

cp_callback = tf.keras.callbacks.ModelCheckpoint(filepath = checkpoint_save_path,
                                                 save_weights_only = True,
                                                 save_best_only = True)


print(model.predict(test_x))
```

参考文献

[1] Batista G E,Prati R C,Monard M C. A study of the behavior of several methods for balancing machine learning training data[J]. ACM SIGKDD explorations newsletter,2004,6(1):20-29.

[2] Simonyan K,Zisserman A. Very deep convolutional networks for large-scale image recognition[J]. ArXiv preprint arXiv,2014:1409.1556.

[3] Ruder S. An overview of gradient descent optimization algorithms[J]. ArXiv preprint arXiv,2016:1609.04747.

[4] Pascanu R,Mikolov T,Bengio Y. Understanding the exploding gradient problem[C]. Proceedings of The 30th International Conference on Machine Learning,2012.

[5] Zhang J,He T,Sra S,et al. Why Gradient Clipping Accelerates Training:A Theoretical Justification for Adaptivity[C]. International conference on learning representations,2020.

[6] Goyal P,Dollar P,Girshick R B,et al. Accurate,Large Minibatch SGD:Training ImageNet in Hour[J]. ArXiv:Computer Vision and Pattern Recognition,2017.

[7] Keskar N S,Mudigere D,Nocedal J,et al. On large-batch training for deep learning:Generalization gap and sharp minima[J]. ArXiv preprint arXiv:1609.04836,2016.

[8] Hochreiter S,Schmidhuber J. Flat minima[J]. Neural Computation,1997,9(1):1-42.

第8章

基于模型压缩快速学习的电磁通联行为识别

8.1　引言

在第 7 章的基础上,将二分类问题拓展成多分类问题。问题变得更复杂,识别所需要的模型变得更复杂,但模型所需要的计算能力、运行所占的内存以及模型的推理速度与实际的部署所需的环境是冲突的。针对这个问题,本章主要通过模型优化的设计技巧和知识蒸馏方法进行解决。本章承接第 7 章的内容,数据经过均衡化处理,使用时间序列分类方法中数据处理的方法。在具体的应用中不仅需要保证可靠性(即识别率高。本书测试集数据各个种类的分布比较平均,所以用识别率作为模型可靠性的评价指标),还需要保证实时性和实用性等。实时性的标准就是模型推理速度快,本书在减少模型深度的同时优化设计模型来保证实时性。实用性是指设备的计算能力和内存是有限的,模型部署到设备中必须在设备的计算能力承受范围内。深度模型在推理过程中往往需要占用大量的内存,而设备内存大小是受限的。为了满足这些需求,本书通过对模型优化设计和模型压缩对模型进行优化。本章的主要工作如下:

(1) 对神经网络模型设计优化技巧进行研究。对 1×1 卷积核、批归一化算法、全局平均池化算法的原理进行研究阐述。通过这些优化技巧,达到减少模型参数并优化模型性能的目的。

(2) 通过神经网络优化方法对较为成熟神经网络模型进行调整优化,使网络模型可以应用到通联关系识别问题中。

(3) 使用知识蒸馏方法对模型压缩进行研究。使用知识蒸馏的方案对模型进行压缩,满足具体应用中的可靠性、实时性和实用性需求。

(4) 对教师网络选取的方法和原因进行阐述。阐述了使用知识蒸馏方法进行模型压缩的可行性,给出了本书设置知识蒸馏超参数的方法和理论依据。

8.2　面向快速学习的神经网络模型压缩优化

神经网络可以通过特殊的设计,减少神经网络模型参数,提高神经网络的识别性能。本章通过 1×1 卷积核和全局平均池化在保证识别精度的前提下减少网络参数,通过批归一化、残差网络结构和 Inception 结构方案提高网络的识别性能。

8.2.1 卷积核的优化设计

在不显著影响识别性能的基础上,1×1 卷积改变特征图的通道数,从而减少卷积神经网络参数个数[1]。在 Inception 中起降维的作用,在 ResNet 中起到使输出通道数相同的作用。1×1 卷积核的使用可以改变特征图的通道数,先在通道维度上进行卷积,然后在总维度上进行卷积,从而减少卷积核参数。用本书使用的一维卷积进行介绍。输入的特征图为 1×7×4(4 对应的是通道数 channels),使用两个 1×1 的卷积核,使输出特征图的通道变成了 2,即输出特征图的通道数等于卷积核的个数。1×1 卷积核并不是只有一个参数,参数的个数为输入的通道数,即 1×1 的卷积核的真实维度是 1×1×4。每个卷积核对输入进行卷积计算后输出一个通道,如图 8.1 所示。通过 1×1 卷积核对通道维度进行卷积,给不同通道不同的权重(更符合物理意义),然后在长和宽的维度上进行卷积。

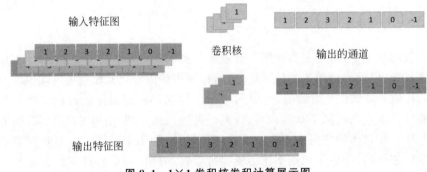

图 8.1　1×1 卷积核卷积计算展示图

8.2.2 批归一化算法

批归一化算法[2](Batch Normalization)是 2015 年谷歌公司提出的算法,目前已经成为了卷积神经网络的基础部分。在生成网络循环神经网络也使用类似的归一化操作(如图像风格转移问题中实列正则化)。批归一化常常用在卷积计算之后,是神经网络内部对特征图进行归一化的操作,批归一化之后再使用激活函数激活。

神经网络难以训练的重要原因是网络各层之间有强耦合。随着深度的增加,一些微弱的变化(如噪声)会被放大,参数会适应输入的分布的变化从而导致模型收敛速度慢。这就是批归一化算法提出的原因。另外,激活函数如 sigmoid 或者 tanh 存在饱和问题(在定义域内大部分范围的梯度为 0),使用批归一化可以将输入限制在一定范围内,缓解梯度消失的问题。神经网络训练过程中存在内部协变量偏移问题,这个问题具体是指神经网络训练过程中通过参数的不断变化去适应输入数据分布不同的状态。在机器学习领域可以通过去白化的方法解决(如 PCA)。但是 PCA 等方法需要计算均值和方差,再进行线性变换求出特征矩阵,代价太大,不适于用在多层的神经网络中,且线性变换后参数表达能力消失,因此在卷积神经网络中通常使用批归一化算法。

批归一化算法的具体过程是通过对输入的特征图进行标准正态化处理,使输入的特征分布变成标准正态分布。然后对分布进行拉伸和偏移,保留数据的表达能力,保留了输入的分布信息。通过这些特殊的设计,将数据的分布特征和数据的其他特征分开进行训练,达到了更好的识别效果。如图 8.2 所示,其中 k 表示第 k 个卷积核输出的通道,t 表示第 t 个样本对应的特征图,总共 batch 个数据。

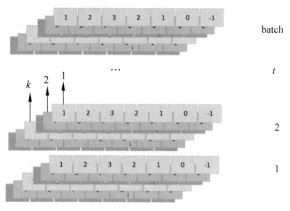

图 8.2 批归一化算法示意图

批归一化的公式如式(8-4)所示,x^k_{batch} 为批归一化算法的对应像素点的输出,$H^k_{i,t}$ 为原输入图像的像素点,表示 k 个卷积核输出特征图中第 i 个元素,t 表示第 t 个样本(批归一算法中使用小批量训练方法)。μ^k_{batch} 表示小批量数量为 batch,其中第 k 个卷积核输出的特征图中的所有像素的平均值。σ^k_{batch} 表示小批量数量为 batch,其中第 k 个卷积核输出的特征图中的所有像素的方差。$H^{'k}_{batch}$ 表示经过标准正态化之后的像素,x^k_{batch} 表示批归一化操作的最终输出的结果,γ_k 和 β_k 分别表示缩放因子和偏移量,它们是可训练的。其中均值和方差在训练时可以使用指数滑动平均的方式去保留历史信息(在 2.2.5.2 节做了详细介绍)。

批归一化算法的优点:可以有效缓解梯度消失;有正则化的效果;有利于消除由噪声导致的局部最小问题。

$$\mu^k_{batch} = \frac{1}{m \times batch} \sum_{t=1}^{batch} \sum_{i=1}^{m} H^k_{i,t} \tag{8-1}$$

$$\sigma^k_{batch} = \sqrt{\delta + \frac{1}{m \times batch} \sum_{t=1}^{batch} \sum_{i=1}^{m} (H^k_{i,t} - \mu^k_{batch})^2} \tag{8-2}$$

$$H^{'k}_{batch} = \frac{H^k_i - \mu^k_{batch}}{\sigma^k_{batch}} \tag{8-3}$$

$$x^k_{batch} = \gamma_k H^{'k}_{batch} + \beta_k \tag{8-4}$$

8.2.3 全局平均池化优化设计

在卷积神经网络模型中,卷积层起到提取特征的作用,然后将提取的特征输入全连接层进行分类。全连接层是整个模型参数最集中的层(如 VGGNet 中全连接层的参数占整个模型的 90%),存在参数量多(冗余)、容易过拟合的缺点。全局平均池化和平均池化的区别主要体现在平均池化是在一个固定窗口内采样,而全局平均池化是将整个特征图求平均值,将一个通道映射成一个点(不同的通道有不同的意义)。全局平均池化的使用会导致模型收敛速度变慢[1]。由于不增加参数,不容易过拟合。本章中的 Inception 模型和 ResNet 模型都是使用全局平均池化来减小模型过拟合的概率和减少模型推理时所占的内存的。

如图 8.3 所示,全局平均池化(GAP)把每个通道映射成一个节点,使每个通道对应一个节点,不同通道有不同的物理意义。Inception 模型和 ResNet 模型都可以增加通道维度来提高模型的性能,然后通过 GAP 进行分类。

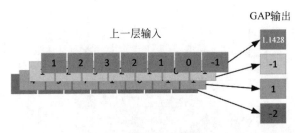

图 8.3　全局池化示意图

在本章中使用 Inception 网络结构和 ResNet 网络结构,提高网络模型的宽度,在保证识别率的基础上减少深度,提高宽度提高模型的推理速度。TensorFlow 可以通过计算流的分配提高模型的并行化(GPU 或者智能处理芯片),模型设计的越宽,TensorFlow 底层代码并行化程度越高。下面对本书使用 Inception 网络和 ResNet 网络进行介绍。

8.2.4　Inception 结构网络具体实现

GoogLeNet 是通过特殊的设计来增加神经网络的宽度,提高网络的并行化能力,达到较高的识别率[3]。批归一化算法也是 GoogLeNet 进行推广的。Inception 网络结构主要特点是大量使用 1×1 的卷积核,对输入特征图的通道数进行改变,减少卷积核的参数。通过使用不同尺度的卷积核来提高神经网络的宽度(不同尺度的卷积核提取特征的感受野不同,可以理解成不同尺度的卷积提供了不同的视角)。

Inception 结构是经过调整以适应通联关系识别问题后网络结构。本书中 Inception 结构卷积层一般包括三部分:卷积、批归一化、激活。Inception 结构通过使用 1×1 卷积核,减少了输入特征图的通道数,然后使用 1×3 的卷积核和 1×5 的卷积核,和 1×3 的池化提供不同的视角(都使用全 0 填充),然后将这些特征图在通道上进行"相加"。卷积核和池化的步长为 1,这样不改变输出特征图的大小,通过设置 1×1 卷积核步长还起到改变特征图的大小的作用。

如图 8.4 所示,一个 Inception 结构有 4 个分支,分别用 a、b、c、d 表示。其中卷积核用 C 表示,如 1×1 C 表示 1×1 卷积,1×3 P 表示最大池化。a 分支用 1×1 卷积核进行卷积操作,保留原始图片的特征,b 和 c 分支先用 1×1 的卷积核进行降维,再分别用 1×3 和 1×5 的卷积核进行卷积,d 分支使用 1×3 的最大池化。其中全零填充的使用保证了池化前特征图的大小和池化后特征图大小相同。卷积和池化的步长相同保证了每个分支输出特征图的大小都是相同的,可以直接在通道上进行拼接,若每个分支的输出的通道数是 16,那么总的输出的通道数是 64。

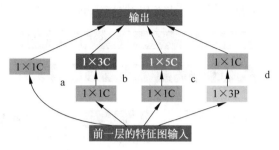

图 8.4　Inception 结构示意图

如图 8.5 所示,一个大的 Inception 块分为两个小的 Inception 块(A 部分和 B 部分)。A 部分通过 1×1 的卷积核进行卷积,改变了特征图的大小和通道数,将步长设置为 2,使输出特征图的长度变为输入的一半。将卷积核的个数设置为上一层 Inception 卷积核的 2 倍,如上一层输出的通道数为 16×4(16 为每个分支卷积核的个数,一共有 4 个分支),本层的每个分支卷积核个数变为 32,总的通道数为 32×4。其中 1×1 卷积核起到减少参数的作用,如第二分支如果不使用 1×1 卷积核,1×3 卷积核的参数为 $32\times1\times3\times64$,而使用 1×1 卷积核后 1×3 卷积核的参数为 $32\times1\times3\times32$(卷积核数×卷积核的长×卷积核的宽×输入特征图的通道数),使用 1×1 卷积核减少了接近一半的参数。

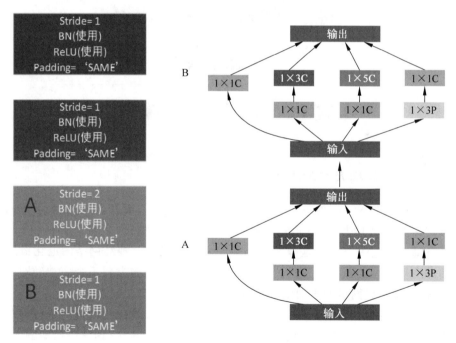

图 8.5　Inception 块示意图

Inception 网络如图 8.6 所示,一共使用 3 个 Inception 块,每个 Inception 块的中分支卷积核个数依次为 128、256、512,经过每个 Inception 块后特征图的长度减半,但是由于卷积核个数加倍,所以保证了特征图的特征容纳量没有改变。本节的 Inception 网络结构可以概括为以下部分:首先经过一个卷积层,然后使用 Inception 结构网络层提取特征,使用全局平均池化减少全连接层的参数,最后将提取的特征输入全连接层进行分类,最后全连接层

（Dense 6）使用 SoftMax 函数进行归一化处理，使输出的含义为每个类别的概率。

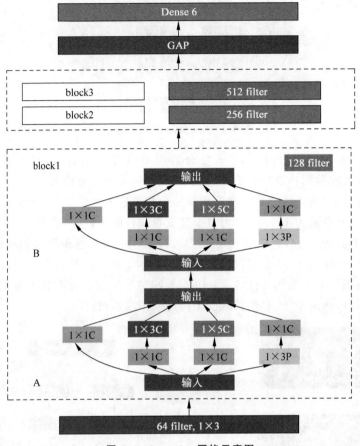

图 8.6　Inception 网络示意图

8.2.5　残差结构网络的具体实现

VGGNet 网络的提出使神经网络可以在深度上有很大的提升，通过逐层训练的方法使神经网络的深度达到 19 层，但 19 层之后随着深度的提升神经网络的性能不会显著提升其至会有所下降。何恺明[4]认为这种情况是神经网络的退化。神经网络的退化概述为在神经网络的深度达到一定层数之后，通过简单地堆砌神经网络的方式不会使神经网络的性能再提高，反而会使神经网络的识别效果变得更差。

为了解决神经网络退化的问题，将恒等映射的思想引入卷积神经网络，提出残差结构。如公式所示，$\mathrm{layer}(x)$ 表示参差结构的输出，x 表示上一层的输出（即这一层的输入），$F(x)$ 表示对 x 进行卷积计算，$w(x)$ 表示使用 1×1 的卷积核对输入进行下采样（使输入 x 的维度和 $F(x)$ 维度相同）。

$$\mathrm{layer}(x) = F(x) + x \tag{8-5}$$

$$\mathrm{layer}(x) = F(x) + w(x) \tag{8-6}$$

如图 8.7 所示，一个基础残差块可以分为两部分：一部分输入与卷积后维度相同的部分 B 直接相加。A 部分由于输入 x 和卷积计算后输出 $F(x)$ 的维度不相同，所以需要使用

1×1 的卷积核改变 x 的维度。通过使用 1×1 卷积核对输入进行下采样使输出特征图的通道数相同,通过设置步长为 2 使输出特征图的长变为之前的一半和 1×3 卷积后的特征图长度相同。

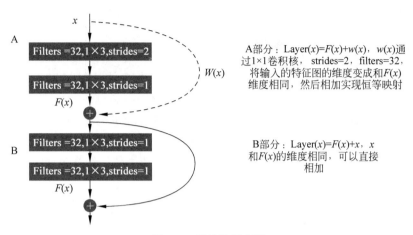

图 8.7　残差块示意图

每个卷积层内部都使用 CBA 结构(卷积、批归一化、激活)。残差网络中的相加是指数值的相加,Inception 网络中的相加是将通道拼接。它们的设计理念是不同的。残差网络是将恒等映射的设计理念加入神经网络,Inception 是通过优化设计在通道上进行拼接。本书的残差网络同样使用全局平均池化层防止过拟合和减少模型参数。本书使用的残差网络具体结构如图 8.8 所示,首先使用一个单独的卷积层,对数据进行卷积,然后使用残差网络结构,其中包含 4 个卷积块,卷积核的个数依次为 64、128、256、512。

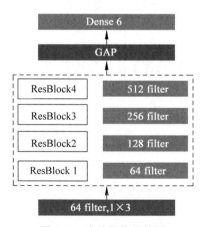

图 8.8　残差网络结构图

8.3　基于知识蒸馏方法的模型训练算法

深度网络的参数个数在一定范围内,模型使用的参数越多,神经模型的表达能力和学习能力越强。参数较多的模型被训练后识别效果相对较好,但模型中存在较多的冗余参数,将这些参数去掉,模型的识别率不会发生变化。模型压缩有很多方法:模型剪枝、知识蒸馏、模型量化等。知识蒸馏方法可以将模型结构优化和模型压缩相统一,达到人为控制优化后模型结构的目的。本章选择使用知识蒸馏方法,对模型进行初步压缩。通过将模型参数减少使模型推理过程中所占的内存和吞吐量减少,有效降低了对设备计算能力的需求,提高了模型的推理速度。

8.3.1 Teacher-student 模型设计

使用知识蒸馏[5]的方法,对模型进行压缩。知识蒸馏的本质是知识迁移,将大模型的表达能力"传授"给小模型,使小模型同时具有较高的识别率和更快的推理速度。参数较多的神经网络模型用教师模型(Teacher Model)表示,参数较少的模型用学生模型(Student Model)表示。然后用训练数据和训练好的教师模型对学生模型进行训练。图 8.9 展示了知识蒸馏的过程,教师网络通过知识蒸馏的方法将学习能力传授给学生网络。

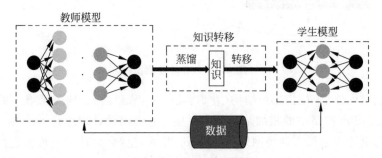

图 8.9　知识蒸馏示意图

使用知识蒸馏的方法是使用教师网络输出,来"传授"学生神经网络的学习能力(Response-Based Knowledge)。教师网络的输出经过"软处理"后称为软标签表示(Soft targets),训练数据的标签被称为硬标签(Hard targets)。图 8.10 展示了软标签和硬标签的区别。样本用独热编码表示,第三类对应的位置为 1,其余全为 0,所以标签表示第三类。软标签包含各类的分布信息,其中也包含了被错分成其他类别的概率。样本识别为第一类和第二类的概率分别为 0.09 和 0.01。这些软标签中的包含的信息被称为暗知识(dark knowledge)。暗知识的使用有利于增强学生网络的表达能力。

硬标签	[0, 0, 1, 0, 0, 0]

1　2　3　4　5　6

软标签	[0.09,0.01,0.9, 0, 0, 0]

图 8.10　软硬标签示意图

软标签是教师网络学习能力的外在表达,其中通过温度系数将标签软化。教师神经网络输出的分布中会存在比较小的概率,如图 8.10 中的被分为第二类概率的 0.01,诸如此类的小概率对损失函数的贡献比较小,为了更好地利用教师网络的输出,输出结果同除以温度系数 T,以缩小分布之间的差异,再用 SoftMax 函数进行归一化,如式(8-7)所示。温度系数 T 越大,归一化后属于各类的概率差异越小,教师网络输出的标签相对越"软",有利于学习到暗知识。q_i 是教师网络输出中软标签的概率,表示判别为第 i 类的概率。z_i 是神经网络最后一层第 i 个节点的输出值。

$$q_i = \frac{\exp\left(\dfrac{z_i}{T}\right)}{\sum\limits_j \exp\left(\dfrac{z_j}{T}\right)} \tag{8-7}$$

8.3.2 知识蒸馏训练方法实现

知识蒸馏(KD)的损失函数用 L_{KD} 表示,具体形式如式(8-8)所示。L_{KD} 包括两部分:一部分是为了引导教师网络向学生网络传授学习能力,是通过最小化教师网络推理的软标签 R_T^τ 和学生网络推理软标签 R_s^τ 的交叉熵实现的;另一部分通过最小化硬标签 y_{true} 和学生网络的推理分布 R_s 的交叉熵实现对教师网络传授给学生网络的内容的修正,T^2 是为了使软标签和硬标签梯度的相对贡献值可以更好地在损失函数中表达出和 Hinton 原文中的损失函数没有区别。

$$L_{KD} = \alpha T^2 \times CrossEntropy(R_s^\tau, R_T^\tau) + (1-\alpha) \times CrossEntropy(R_s, y_{true}) \tag{8-8}$$

使用知识蒸馏模型如图 8.11 所示,详细展示了教师网络进行知识蒸馏的过程,实现了将知识迁移到学生网络,完成了模型压缩,实现了从大模型到小模型的转化。通过使教师网络输出的软标签和学生网络输出的软标签的交叉熵最小化,实现了教师网络向学生网络传授知识的过程。通过使未经温度系数软化的学生网络输出的分类结果最小和硬标签的交叉熵最小,完成对传授内容的修正和提高学生网络自己从真实标签中学习知识的能力。

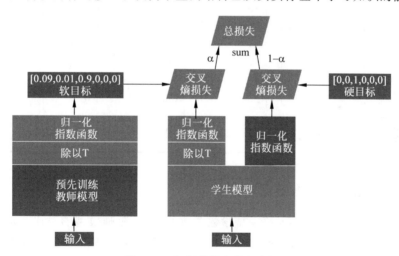

图 8.11 知识蒸馏实现示意图

8.4 实验结果及分析

8.4.1 仿真设置

在宽度 20km、纵深 30km 的区域随机设置 12 部超短波电台,如图 8.12 所示,圆形表示电台,红色和蓝色表示不同的通信网络。红色的矩形表示频谱监测设备。本章要解决的问题是多分类问题,需要识别的电台 A 的通联关系,需要识别的是 A 与 B 通信、A 与 C 通信等。通信监测设备的扫描速率为 80GHz/s，监测范围为 30～90MHz，电台参数以及通信分组具体设置见表 8-1。

彩图

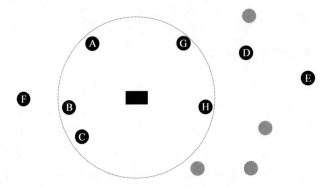

图 8.12　多分类场景示意图

表 8-1　超短波电台通信网络参数设置

通信电台对	电台组网	通信类型	载波频率/范围	带宽	发送电台工作功率	跳频周期
A-B	蓝色网络	跳频通信	30～90MHz	10kHz	50W	10ms 或 9.5ms 或 9.09ms
A-C	蓝色网络	跳频通信	30～90MHz	10kHz	50W	10ms 或 9.5ms 或 9.09ms
A-D	蓝色网络	跳频通信	30～90MHz	10kHz	50W	10ms 或 9.5ms 或 9.09ms
A-F	蓝色网络	跳频通信	30～90MHz	10kHz	50W	10ms 或 9.5ms 或 9.09ms
A-E	蓝色网络	跳频通信	30～90MHz	10kHz	50W	10ms 或 9.5ms 或 9.09ms
绿色电台	绿色网络	跳频通信	30～90MHz	10kHz	50W	12.5ms 或 11.7ms 或 11.11ms

8.4.2　网络模型参数数量对比分析

本章的实验结果分析包括网络模型参数个数的展示、教师模型的对比和选择以及知识蒸馏方法实验效果的展示。教师网络部分主要对残差网络模型和 Inception 网络的识别结果进行展示和说明(在参数个数接近的条件下比较两种网络的识别效果)。由于本书中的 ResNet 网络模型在通联关系识别问题的识别效果比较好，所以最终选择使用残差网络作为教师网络去指导学生网络进行学习，学生网络同样选择使用残差网络模型结构。

教师残差网络使用 4 个残差块，教师 Inception 网络使用 3 个 Inception 块，这样设置使教师网络中参数个数接近。表 8-2 展示了教师 Inception 网络的具体参数分布，表 8-3 展示了教师残差网络中参数的分布。教师 Inception 网络和教师 ResNet 网络的总的参数个数接近。残差网络中卷积层中没用使用偏执参数(输出可以表示为 $ReLU(wx)$)，相对于 Inception 结构中 $ReLU(wx+b)$ 不使用偏执参数 b)，所以第一个卷积层参数个数相对少一些。

表 8-2　教师 Inception 网络参数

层	参　　数
卷积批正则化整流线性单元	1088
多维特征提取模块	3 451 136
全局平均池	0
密度	6150
训练参数	3 447 494
未训练参数	10 880
总参数	3 458 374

表 8-3　教师残差网络参数

层	参　　数
卷积批正则化整流线性单元	1024
多维特征提取模块	3 852 800
全局平均池	0
密度	3078
训练参数	3 847 302
未训练参数	9 600
总参数	3 856 902

学生神经网络使用残差网络结构,主体使用两个残差块,参数个数远远小于教师网络的个数,具体参数分布如表 8-4 学生网络总的参数个数为 232 838,比教师网络少了一个数量级。教师残差网络的参数个数为 3 847 302,接近学生网络的 10 倍。

表 8-4　残差学生网络参数

层	参　　数
卷积批正则化整流线性单元	1024
多维特征提取模块	232 960
全局平均池	0
密度	774
训练参数	232 838
未训练参数	1 920
总参数	234 758

8.4.3　教师网络实验对比分析

本节展示了不同的神经网络的识别效果。如图 8.13～图 8.16 所示,识别效果用混淆矩阵进行展示,竖坐标表示数据的真实标签;横坐标表示神经推理结果;颜色表示识别程度,颜色越深,识别效果越好。为了更好地展示模型的表达能力,下面通过使用归一化的混淆矩阵和未归一化的矩阵展示了模型的识别效果。混淆矩阵的对角线上的数据表示被正确分类,其余表示被错误分类。下面将按照表格超短波电台通信网络参数设置电台网络,通信种类顺序分别用第一类和第二类等表示。如 A 和 B 通信用第一类表示,A 和 C 通信用第二类表示。

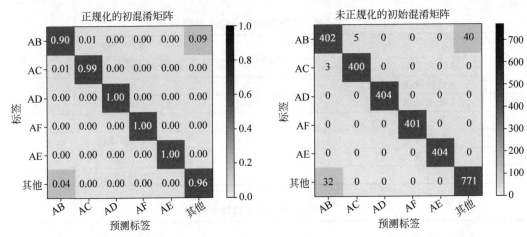

图 8.13　教师 Inception 网络归一化混淆矩阵　　图 8.14　教师 Inception 网络混淆矩阵

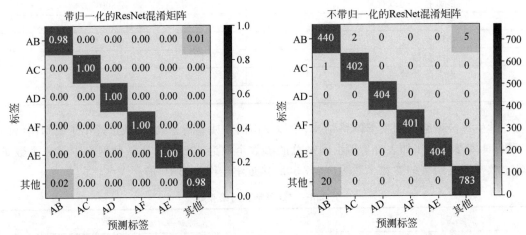

图 8.15　教师残差网络归一化混淆矩阵　　图 8.16　教师残差网络混淆矩阵

　　由数据可知,错分的种类集为第一类与第六类的错分,第一类与第二类的错分。其余类别几乎没有被错分的,说明神经网络能够充分提取电台的位置特征。为了更好地检验神经网络的识别能力,对场景进行以下设置:设置 B 电台和 C 电台位置相对接近,设置电台 G 和 H 相对于监测电台的位置,与电台 A 和 B 相对于监测电台的位置相当。通过这些场景来验证神经网络对于跳频周期、ACK 的应答时间间隔等时间特征的提取能力。通过错分数据的分布,可以看到神经网络几乎能完全提取电台的位置特征,对于时间特征的提取能力也是符合应用需求的。

　　在网络参数个数接近的情况下,本书残差网络识别效果要明显优于 Inception 网络结构。由于本书测试集做了均衡化处理,所以使用识别率作为评价指标。教师残差网络的识别率为 0.99,而教师 Inception 网络的识别率为 0.972,由此可知,残差网络的识别效果好于 Inception 网络。

　　对残差网络的识别效果优于 Inception 网络的理解如下:残差网络不仅增强了网络深度,而且相当于进行了不同深度神经网络的集成学习。在 ResNet 网络、随机深度残差网络[6]和宽残差网络[7]中发现,增加残差网络的宽度同样可以使残差网络的识别效果变好,说明残差网络结构的优越性不仅在于使网络的深度变得更深,增加残差模型的宽度同样可以增强模型的识别效果。文献[8]认为残差网络是通过短连接(恒等映射)使残差模型相当于不同深度的神经网络进行集成学习。随机删除残差网络的一些参数并不会影响识别效果,验证了残差网络相当于多个不同深度神经网络集成学习的观点,同样证明神经网络模型中有很多参数是冗余的。模型存在冗余的参数是使用知识蒸馏的方法对模型进行压缩的出发点,也是模型压缩后识别效果依旧很好的原因。

8.4.4　知识蒸馏训练方法对比分析

实验结果表明,通过知识蒸馏的方法可以将模型压缩,可以使学生模型保留教师模型的性能。提升小模型的性能,使小模型同时具有识别率高、推理速度快、内存占用少的特点。直接使用比较小的神经网络识别性能一般较差的原因有两方面。

(1) 模型深度的影响。卷积神经网络是逐层学习的一个过程,是从局部特征到整体特征的过程。随着深度的增加,特征图的每个特征的感受野的范围也在扩大,所以深度网络学习到的特征由局部特征到总体特征逐渐变化。在一定范围内,模型深度越深越容易提取输入图片的总体特征。小模型相对大模型受到深度的限制,不容易提取总体特征。

(2) 模型参数的制约。在一定范围内,模型参数越多,模型的表达能力越强。如残差网络,随着宽度和深度的增加,模型搜索到最优解的可能性越大。因此直接使用较小神经网络的识别性能往往较差,不能满足具体的需求。

对学生网络直接进行训练,识别效果如图 8.17 和图 8.18 所示,识别率达到了 0.936。通过知识蒸馏的方法如图 8.19 和图 8.20 所示对学生网络进行训练使总的识别率达到了 0.973,使识别率提高了接近 4 个百分点。知识蒸馏中软标签的相对贡献值为 $\alpha=0.99$,使学生网络可以向"教师网络学习更多的知识"。通过将温度系数 $T=10$ 设置为相对较大的值(本书尝试了 $T=2,5,8$)。其中温度系数为 10 时效果较好,本书认为通过将 α 设置较大,使模型趋向学习教师网络的"知识",真实标签只是起到修正模型的作用。本书由于场景中噪声比较小,所以选择较大的温度系数。当 T 越大标签越平缓(softmax(x)中 x 越小,梯度越小,软标签越平缓,当 T 为无穷大时,每个种类的概率为平均值即 1/6),T 越大越容易学习标签中的暗知识(其中包括噪声)。因为实验环境噪声比较小,所以设置了比较大的温度系数。

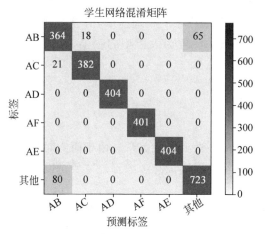

图 8.17　学生网络混淆矩阵

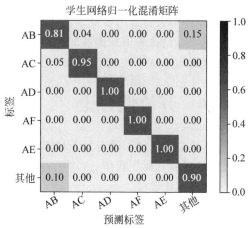

图 8.18　学生网络归一化混淆矩阵

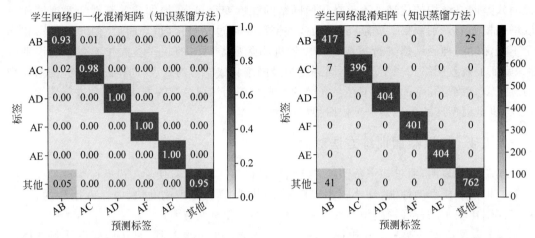

图 8.19 学生网络归一化混淆矩阵（知识蒸馏方法） 图 8.20 学生网络混淆矩阵（知识蒸馏方法）

所有神经网络模型在测试集上的识别如表 8-5 所示。

表 8-5 神经网络识别率汇总表

网络模型	教师残差网络	教师 Inception 网络	学生网络	学生网络（蒸馏）
识别率	0.9902	0.9720	0.9357	0.9727

8.5 本章小结

本章通过神经网络模型设计和知识蒸馏对神经网络模型进行了优化,提高方案的实用性。为了满足具体场景实时性的要求和内存的限制。使用知识蒸馏的方法对模型进行压缩,使小模型具有较高的识别率和推理速度快的优点。小模型参数数量为大模型参数数量的十分之一,但是识别率接近,达到 97.27%,相比于不使用知识蒸馏的方法直接进行训练识别率提高了 3 个百分点。在 TensorFlow 框架下模型的推理速度与网络层数有关,层数越少,模型推理速度越快。由于部署设备和训练模型的设备是异构的,不同设备运行速度相差很大,在训练设备上的模型推理速度无法展示真实部署模型的推理速度,所以本书没有展示模型在训练设备的识别速度的实验结果。但小模型的深度为大模型的一半,所以小模型的推理速度远远高于大模型的推理速度。

8.6 开放性讨论

本章通过深度学习的方法从谱监测数据中识别出电台的通联关系。由于研究时间不够充足,未部署到具体工程中,许多工程实施细节和应用的限制没有考虑到。主要是以下两个方面的工作尚未完成。

(1) 神经网络模型量化。只对模型参数个数的冗余进行了处理,对神经网络参数精度的冗余未进行处理。通过精度裁剪的方法,可以使用更少位数的参数来保存网络模型。通过量化处理可以提高模型的推理速度,降低模型内存空间占用。

（2）底层算子库编写。一些通信设备的硬件（如 FPGA 设备）可能不包含本书使用的算子。可以通过分析硬件的特征，编写适合硬件的底层算子，这样可节省大量的时间（如 x86 架构的流水线：取指、译码、取操作数、执行指令、写回，大量时间浪费在寻址和写回上了，通过设计编写特定算子可节省大量的时间）。

参考文献

［1］　Lin M,Chen Q,Yan S. Network in network[J]. ArXiv preprint arXiv：1312. 4400,2013.

［2］　Ioffe S,Szegedy C. Batch normalization：Accelerating deep network training by reducing internal covariate shift[J]. ArXiv preprint arXiv：1502. 03167,2015.

［3］　Szegedy C,Liu W,Jia Y,et al. Going deeper with convolutions[C]. Proceedings of the IEEE conference on computer vision and pattern recognition,2015：1-9.

［4］　He K,Zhang X,Ren S,et al. Deep residual learning for image recognition[C]. Proceedings of the IEEE conference on computer vision and pattern recognition,2016：770-778.

［5］　Hinton G,Vinyals O,Dean J. Distilling the knowledge in a neural network[J]. ArXiv preprint arXiv：1503. 02531,2015.

［6］　Huang G,Sun Y,Liu Z,et al. Deep networks with stochastic depth[C]. European conference on computer vision. Springer,Cham,2016：646-661.

［7］　Zagoruyko S,Komodakis N. Wide residual networks[J]. ArXiv preprint arXiv：1605. 07146,2016.

［8］　Veit A,Wilber M J,Belongie S. Residual networks behave like ensembles of relatively shallow networks[C]. Advances in neural information processing systems,2016：550-558.

图 书 资 源 支 持

感谢您一直以来对清华大学出版社图书的支持和爱护。为了配合本书的使用，本书提供配套的资源，有需求的读者请扫描下方的"书圈"微信公众号二维码，在图书专区下载，也可以拨打电话或发送电子邮件咨询。

如果您在使用本书的过程中遇到了什么问题，或者有相关图书出版计划，也请您发邮件告诉我们，以便我们更好地为您服务。

我们的联系方式：

地　　址：北京市海淀区双清路学研大厦 A 座 714

邮　　编：100084

电　　话：010-83470236　010-83470237

资源下载：http://www.tup.com.cn

客服邮箱：tupjsj@vip.163.com

QQ：2301891038（请写明您的单位和姓名）

教学资源·教学样书·新书信息

人工智能科学与技术
人工智能|电子通信|自动控制

资料下载·样书申请

书圈

用微信扫一扫右边的二维码,即可关注清华大学出版社公众号。

质检5